东北亚和平与发展研究丛书

本书由2020年度大连外国语大学出版基金资助

东北亚地区环境治理与中日韩环保产业合作

薛晓芃◎著

中国财经出版传媒集团
经济科学出版社
Economic Science Press

图书在版编目（CIP）数据

东北亚地区环境治理与中日韩环保产业合作/薛晓芃著.
—北京：经济科学出版社，2020.9
（东北亚和平与发展研究丛书）
ISBN 978-7-5218-1845-1

Ⅰ.①东… Ⅱ.①薛… Ⅲ.①环境综合整治-研究-东亚②环保产业-产业合作-白皮书-中国、日本、韩国
Ⅳ.①X321.310.2②X324

中国版本图书馆CIP数据核字（2020）第167976号

责任编辑：孙丽丽 胡蔚婷
责任校对：刘 昕
版式设计：陈宇琰
责任印制：李 鹏 范 艳

东北亚地区环境治理与中日韩环保产业合作
薛晓芃◎著
经济科学出版社出版、发行 新华书店经销
社址：北京市海淀区阜成路甲28号 邮编：100142
总编部电话：010-88191217 发行部电话：010-88191522
网址：www.esp.com.cn
电子邮箱：esp@esp.com.cn
天猫网店：经济科学出版社旗舰店
网址：http://jjkxcbs.tmall.com
北京季蜂印刷有限公司印装
710×1000 16开 16.5印张 230000字
2020年10月第1版 2020年10月第1次印刷
ISBN 978-7-5218-1845-1 定价：66.00元
（图书出现印装问题，本社负责调换。电话：010-88191510）

序　言

东北亚位于太平洋西北部，包括地理位置相连，生态系统相接、又处于同一季风模式下的六个国家：中国、日本、韩国、俄罗斯、蒙古国和朝鲜。东北亚的地理环境决定了一国国内的污染极易扩散至邻国，造成跨界环境问题。20 世纪中叶以来，东北亚地区各国的经济增长加快，地区经济总量占世界经济份额的比重越来越大。1988 年，东北亚地区 GDP 总额仅为 3.17 万亿美元，约占世界 GDP 总额的 16.5%。经过 30 年的快速发展，2018 年，东北亚地区 GDP 总额已超过 21 万亿美元，约占世界经济总量的 25.6%。[①] 东北亚地区已经成为世界经济发展增量最快的地区之一，同时也面临着较为严重的环境问题。从全球碳排放的指标来看，2018 年，东北亚地区共排放超过 128 亿吨二氧化碳，占亚太地区二氧化碳总排放量的 76.6%，占世界二氧化碳排放总量的 38%。[②] 也就是说，东北亚地区的经济增长依然建立在高碳排放的基础之上，因而，面临着包括大气污染在内的广泛的环境问题。

为解决本地区的环境问题，东北亚地区各国自 1992 年里约地球峰会以来，在多边、双边以及次国家区域层面展开了广泛的合作，尽管起步较晚，但增长较快。20 年来，东北亚地区共形成了 8 个主要地区环境合作机制，既有一般性合作机制，包括中日韩环境部长会议（TEMM）、东北亚次

---

① GDP (current US $) | Data，World Bank，https://data.worldbank.org/indicator/NY.GDP.MKTP.CD? most_recent_year_desc = false，访问日期：2019 年 10 月 25 日。

② 《BP 世界能源统计年鉴 2019》，BP 网站，WWW.BP.com，访问日期：2019 年 10 月 25 日。

区域环境合作项目（NEASPEC）、东北亚环境合作会议（NEAC），也有针对具体问题的专项合作机制，如西北太平洋行动计划（NOWPAP）、东亚酸沉降监测网（EANET）、区域沙尘技术支持计划（DSS－RETA）、黄海大海洋生态系统战略行动项目（YS－LME）和东北亚远程大气污染联合研究（LTP）。这些合作机制通过定期召开政府间会议，发布并执行具体行动计划，为项目募集资金，以及建立合作秘书处等途径推动着东北亚地区环境合作不断发展。然而，尽管东北亚地区存在众多的区域和次区域环境合作机制，环境合作进展神速，但“并未给本地区的环境状况带来实质性的进展”①。

从大气状况来看，一方面，根据 EANET 的统计数据，根据图 0－1 可以看出，从 2006 年到 2017 年，东北亚地区各国大气中二氧化硫年均含量

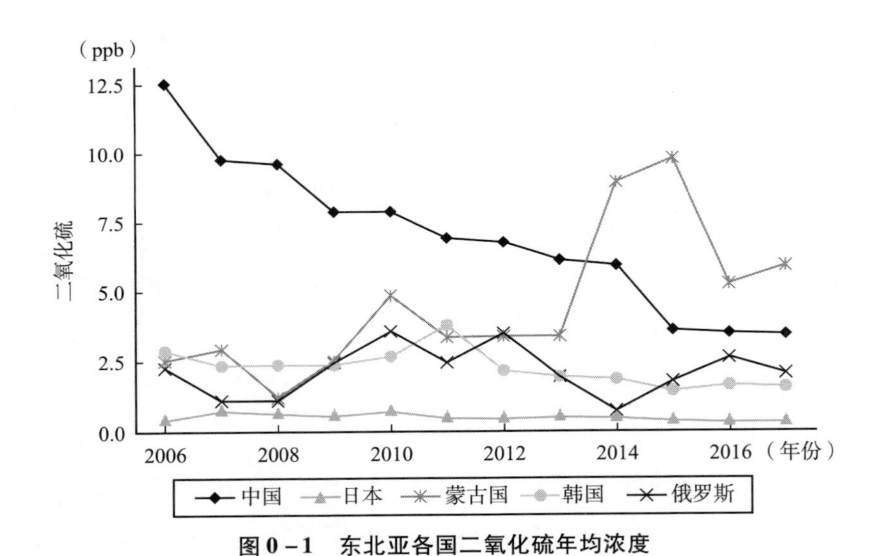

图 0－1　东北亚各国二氧化硫年均浓度

资料来源：根据 EANET 监控数据整理。②

① Park，Soo Jin. “A Multi-scale Assessment of Environmental Issues and Cooperation in Northeast Asia”，paper on Conference on Geography，2008：76. www.dbpia.co.kr/Journal/ArticleDetail/1020028，访问日期：2020 年 3 月 6 日。

② EANET 网站，https：//www.eanet.asia，访问日期：2020 年 3 月 8 日。

总体呈下降趋势。其中，中国二氧化硫的含量降幅最大，从 2006 年的 12. 5ppb 下降到 2017 年的 3. 5ppb。然而，蒙古国的二氧化硫含量从 2006 年的约 2. 5ppb 上升至 2017 年的约 6. 25ppb，这部分成为中国的二氧化硫含量的大幅下降并未使地区整体状况得到同等比例改善的原因。蒙古国成为目前东北亚地区大气中二氧化硫含量浓度最高的国家。日本、韩国和俄罗斯的改善状况并不明显，韩国的排放呈现小幅下降，日本在相对较低的排放水平上维持稳定，而俄罗斯的指标在震荡中维持同 2006 年大体一致的水平。可以看出，从 2006 年到 2017 年，区域内各国大气污染治理力度不均衡，区域治理缺乏统一的治理标准。

另一方面，细粉尘作为危害东北亚地区的严重空气污染物，自 2013 年以来，得到了东北亚地区各国的广泛关注。细粉尘多数粒径在 0. 1 ~2. 5 微米之间，俗称细粒子（Fine Particulates）或 PM2. 5，也称为肺颗粒物（可呼吸的粒子），主要来源于燃煤火力发电厂和交通运输等化石燃料的燃烧，对人体健康危害极大。因此，近年来，东北亚地区各国致力于防控 PM2. 5，从世界银行的统计数据来看，这一行动取得了良好成效。从图 0 -2 可以看出，在东北亚地区，中国和蒙古国是 PM2. 5 排放最大的两个国家，其次是朝鲜、韩国和俄罗斯，日本始终处于相对较低的浓度水平。从 2010 年到 2017 年，东北亚地区 PM2. 5 的浓度总体处于下降的趋势，其中，中国下降最为明显。2011 年，中国 PM2. 5 每立方米浓度达到峰值，总量为 70. 542 微克，到 2017 年，这一指标约为 52. 665 微克，下降 18 个单位，低于 1990 年的水平；朝鲜比 2010 年的峰值下降了 6 个单位，蒙古国从 2011 年峰值的 45. 36 微克下降到 2017 年的 40. 113 微克，下降了 5 个单位，韩国比 2010 年的峰值下降了 4 个单位，而俄罗斯和日本分别下降了 3 个单位。可以看出，东北亚地区 PM2. 5 状况的改善主要来自中国的防控成效。在东北亚地区，PM2. 5 浓度最低的国家是日本，然而日本 2017 年 PM2. 5 的含量约为 13 微克，仍然超出了世界卫生组织公布的 10 微克的标准，可见，东北亚地区 PM2. 5 的污染情况仍然十分严重。

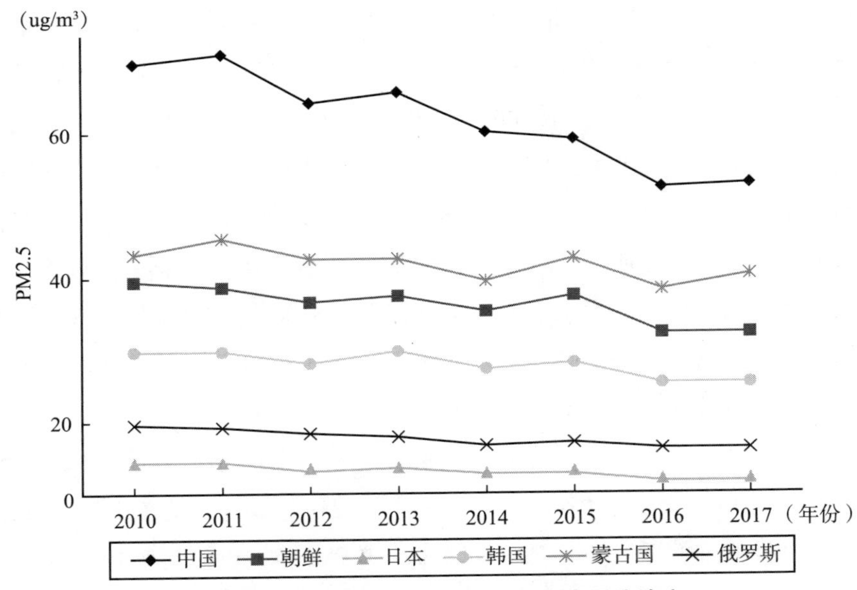

图 0－2　东北亚各国 PM2.5 每立方米平均浓度

资料来源：根据世界银行数据整理。①

从以上两个主要空气质量指标可以看出，在东北亚地区，中国存在着比较严重的空气质量问题，但同时也是大气污染治理成效最为显著的国家，为本地区空气质量改善做出了巨大的贡献。蒙古国最近十年间在大气污染物排放方面正在成为东北亚地区新的污染物排放国。总体来看，东北亚地区大气污染状况仍然十分严重。

从海洋污染情况来看，石油和有毒物质泄漏是危害东北亚海域环境生态系统最严重的问题之一。东北亚地区海域是世界海上交通运输最繁忙的地区之一，繁忙的海上交通导致船只发生碰撞的概率增大，造成污染物质泄漏。从 1990 年到 2015 年，该地区共有 334 起石油和有毒物质泄漏事件，

① 世界银行网站，https：//data. worldbank. org/indicator/EN. ATM. PM25. MC. M3？contextual = default&locations = CN－JP－KP－KR－MN－RU，访问日期：2020 年 2 月 5 日。

包括 286 起石油泄漏事件和 48 起有毒物质泄漏。[①] 中国东海海岸、韩国南部海岸，俄罗斯符拉迪沃斯托克港口附近海岸，以及日本海是这一区域海上交通最密集的地区，也是海上石油和有毒物质泄漏的频发地。其中，韩国和中国海域海岸线复杂，撞船事件高发，海上油污程度最为严重，在韩国附近的日本海海域的海洋浮油量已经高于其他海域三倍。

海洋垃圾是东北亚海域面临的另一大严重问题。据估计，世界海洋中 95% 的塑料是由 10 条主要河流运输进入海洋，其中 8 条河流在亚洲，而亚洲国家快速增长的市场和相对不完善的废弃物处理体系对海洋塑料垃圾问题的影响约为 60% 。[②] 在东北亚地区，海洋垃圾主要类型为塑料和聚苯乙烯。根据 NOWPAP 2010 年的监测数据，中、日、韩、俄四国海域共有 11200 件海上垃圾漂浮物，总计 10 公吨。[③] 这些海洋垃圾会被紫外线和海水分化成碎片，污染海水和海岸线，通过阻挡阳光减少海洋生产力。2011 年日本海啸产生的垃圾约占目前世界海洋垃圾的 20% ，福岛核电站的泄漏也对该区域产生了不可挽回的影响。[④] 海洋污染严重影响了海洋生态系统，从 1956 年到 2008 年，黄海小黄鱼的平均体长减少了约 70 厘米，黄海海域的渔业资源的数量和质量均呈现不同程度的下降。[⑤]

从东北亚地区环境问题的简要回顾可以看出，东北亚地区的环境问题

---

① NOWPAP Merrac Report，“Risk Assessment of Oil Spill Incident：Focusing on Likelihood Analysis in the Nowpap Region”，https：//wedocs. unep. org/bitstream/handle/20. 500. 11822/26238/risk_assess_oilspill_likelihood. pdf? sequence = 1&isAllowed = y，访问日期：2020 年 2 月 7 日。

② “Key Environment Issues，Trends and Chanllenges in Asia – Pacific Region，Economic and Social Commission for Asia and the Pacific”，2018. https：//www. unescap. org/sites/default/files/CED5_1E_0. pdf，访问日期，2020 年 2 月 5 日。

③ NOWPAP CEARAC Center，“Regional Report on Measures and Best Practices for Prevention of Marine Litter Input from Land – Based Soures in the Nowpap Region”，2013，NOWPAP 网站，http：//www. cearac – project. org/RAP_MALI/Regional_report_on_best_practice. pdf，访问日期，2020 年 2 月 7 日。

④ 梁云祥、张家玮、吴焕琼：《东北亚海洋环境公共产品的供给——理论、现状与未来》，载于《日本问题研究》2019 年第 5 期。

⑤ YSLME，“Restoring Ecosystem Goods and Services and Consolidation of a Long – term Regional Environmental Governance Framework”，http：//www. yslmep. org/wp – content/uploads/2018/12/Project_Brochure. pdf，访问日期：2020 年 2 月 8 日。

越来越成为威胁本地区民众生存和健康的大问题，地区各国应当通力合作共同应对环境危害。然而，理论上的应然与现实中的实然在东北亚地区呈现出巨大的鸿沟。从理论上说，全球治理强调不同行为体、不同治理机制的相互协调，当前的全球治理模式表现出从国家中心主义的制度治理向多中心制度治理过渡的趋势。[①] 这一概念的前提是：人类的工业文明越是发展，面临的问题就越呈现出多元性、综合性和全球性。无论是国家、市场还是逐步成长起来的公民组织都无法单独承担应对危机的重任。因此，全球治理必定需要多元化的主体治理结构。按照全球治理的理念，国家只不过是“全球体系—区域组织—国家—国家地区（和社区）—民间组织—个人”这一连续体的一个中间环节[②]。然而，在全球治理的现实中，国家是所有治理行为体中最有权力和能力的一员，尽管不能够解决全部的问题，但仍然主导和影响着治理进程。国家并没有跌落到全球治理为其设置的位置，而是居于所有行为体的上层，这使得全球治理出现结构性失灵。在东北亚地区，复杂的安全和政治局势使这一结构性困境更加凸显。

东北亚地区囊括了国际社会所面临的所有类型的安全威胁，既包括领土主权安全威胁，也包括核安全和广泛的其他类型的非传统安全威胁；并存着新旧两大世界秩序，既有冷战时代世界秩序的遗留，又是世界权力结构调整的互动场；包含着不同经济和社会发展诉求的国家，既有发达经济体和新兴经济体，又存在着亟待发展的经济体和自我封闭式经济体。此外，在这一复杂的背景下，东北亚地区各国的关系还面临着历史问题的纠葛和现实利益的争夺，这些复杂的因素交织在一起使东北亚地区的环境治理呈现出其他地区所没有的特殊性，也使原有的治理模式和治理路径受到极大的挑战。

首先，在东北亚地区，传统安全是首要安全，国家间关系的指征是环境合作的风向标。东北亚地区是谜一样的存在，是国际政治格局时空的交

---

① 石晨霞：《试析全球治理模式的转型——从国家中心主义治理到多元多层协同治理》，载于《东北亚论坛》2016年第4期，第109页。

② 丛日云：《全球治理、联合国改革与中国政治发展》，载于《浙江学刊》2005年第5期。

错，既有冷战时期两极对抗的体系特征，又有在全球化背景下作为整体世界的治理需求。这两股新旧力量的撕扯使东北亚地区环境治理举步维艰。1990 年至今，东北亚地区安全局势经历了数次“紧张—缓和—紧张”的循环，尽管环境合作在这一过程中并未中断，甚至成为紧张时期各国沟通的重要渠道，但区域内国家间关系在极大程度上影响着环境治理机制的运行，合作实质未有突破。地区国家间信任的缺失使东北亚地区合作成本增加，尽管持续合作近三十年，东北亚地区仍然缺乏有关区域环境整体状况的完整、连续和可信的数据。国家间的关系使区域内的环境资源无法得到有效整合，环境治理依然依靠各国自助式的行动。

其次，功能领域的合作效果并未出现外溢，地区主义缺失无法助力环境合作。欧洲的一体化进程为新功能主义提供了有利的现实条件，功能领域的合作有助于信任建设，推动国家间合作从低级别政治领域向高级别政治领域扩散，从而加深地区合作。然而，东北亚地区的合作实践质疑了新功能主义理论的普适性。从 1999 年开始，东北亚地区的三个核心国家：中国、日本和韩国建立了 21 个部长级会议，以推进三国在各领域，主要是低级别政治领域的紧密合作和互动。这些部长级合作会议与中日韩三国领导人峰会一同构建了中日韩合作的总体框架，旨在为三国搭建广泛的合作平台，推动合作深化。从 1999 年到 2019 年，中日韩 21 个部长级会议中，环境部长会议是最为成功的合作机制，按计划共召开了 21 次会议，经贸部长会议共召开了 12 次，文化部长会议共召开了 11 次，科技部长会议共召开了 4 次，中日韩领导人峰会受到各种因素影响只召开了 8 次。在这一过程中，中日韩之间的政治关系极大地影响了三国在功能领域的合作，间断性的合作态势无助于建立合作信任，功能领域的合作成效也不足以影响各国政治合作，地区主义进程一再受阻。东北亚地区环境合作先于地区主义的发展，这使环境合作无法在地区一体化的框架下借势而为，而要在不断尝试中探索治理的可能路径。政治关系，是东北亚地区一切合作的起点也是终点。

再次，各国环境外交的重点不同，经济利益是环境合作的主要驱动力。中日韩三国处于不同的发展阶段，对参与区域环境治理的利益需求各不相同，环境合作在各国的政治议程中的地位也不相同。随着各类环境问题逐渐凸显，中国急需通过节能技术和清洁技术改造传统的能源密集型产业，实现经济增长方式的转变。但目前中国自身的技术水平有限，需要依靠引进国外技术来满足需求，因此，中国参与区域环境合作的诉求是学习先进的环境治理经验和技术，服务整体外交工作需要[①]；日本的节能环保技术成熟，体系完善，相比欧美主要发达国家来说日本每单位能耗所生产的 GDP 处于世界领先位置。日本在污水处理、环保住宅、环保汽车、可再生能源等方面拥有世界领先技术，对中国和韩国有着重要的合作意义。但是，日本区域环境外交的诉求并不意在东北亚，而是整个亚太地区，借以发挥区域环境大国的作用。这使日本对于推进东北亚地区的环境合作劲头不足；韩国的技术优势在于中小企业低成本的节能技术，并在中国有广阔的市场空间，在外交上，韩国希望能够发挥中等强国外交影响力，因此对于推进区域环境合作较为积极。

正因如此，中日韩三国环境合作的动力到目前为止仍然维系在各自的经济利益需求上，而非像其他区域的环境治理那样，最初以经济利益为主要驱动力，逐渐演变为以共同价值、共同利益、共同规制为动力的合作。[②] 因此，三国的合作始终面临动力不足的问题。三国在区域层面和国际层面的诸多不同合作诉求，影响了他们在东北亚地区形成整齐划一的行动安排。

可以说，东北亚地区的环境治理障碍重重，维持合作是能够追求的最现实目标。更为严重的问题是，从目前的文献来看，无论是国内还是国外学界对东北亚地区环境治理的知识贡献都非常匮乏，这使针对这一领域的研究长期得不到有效更新，理论上的匮乏导致实践上的固步不前。

---

① 石晨霞：《区域治理视角下的东北亚气候变化治理》，载于《社会科学》2015 年第 4 期，第 14 页。

② Zafar Adeel, ed. *East Asian Experience in Environmental Governance*: *Response in a Rapidly Developing Region*, Tokyo: United Nations University Press, 2003, P. 38.

首先，东北亚地区环境合作的基本信息提供不足。环境治理并非是东北亚地区各国最关心的核心政治议题，因此既没有得到各国政府的核心关切，也无法得到学者的普遍关注，因此，该地区的环境合作机制并未得到充分的建设和发展，这使各合作机制的信息发布普遍滞后，缺乏对本地区环境合作基本状况的持续信息更新和合作进程评价。基本信息的缺乏使理论研究缺乏必要支撑；其次，国内外学界对东北亚地区环境合作的研究还十分不足。国内外学界针对东北亚地区环境合作的研究更新较慢，这使研究水平不能得到有效提高，研究领域的空白无法得到及时和有效填补。目前学界针对东北亚环境治理的研究大多停留在对宏观治理模式和公共产品供给路径上的理论研究，缺乏现状研究和对有潜力的合作机制的深入研究。理论研究的匮乏使合作实践缺乏理论指引；再次，对东北亚地区环境治理的研究缺乏多元视角。目前，东北亚地区环境治理研究在环境科学领域、国际关系领域和区域经济领域存在着鸿沟，这使学科知识无法得到交融，研究空间有限。此外，对东北亚地区环境治理的研究还缺乏足够的战略视角，环境合作应在东北亚地区主义的大背景下，以及中日韩三国推行的重点国际合作战略框架下，赋予自身更多的角色和功能，吸引各国政府对这一领域的更大关注；最后，中国学者对这一主题的研究贡献还非常有限，这使三国学者在这一问题上无法形成互动，不能形成知识界的共识。

那么，东北亚地区环境治理的未来在哪里？是欧洲的地区主义治理模式，还是北美贸易框架下的治理模式，抑或是东盟协调一致的治理模式？东北亚地区环境治理机制进化的路径是什么？环境合作如何能够发挥拉动地区主义发展的引擎作用？本书试图在分析东北亚地区环境合作现状的基础上回答上述问题。

本书将东北亚地区环境治理研究分为三大部分，第一部分作为本书研究的基础，重点分析东北亚地区环境治理的现状及合作特点；第二部分主要考察东北亚地区环境治理在实践中取得的进展与成效，并尝试在理论上进行抽象和总结。这一部分主要考察两个本地区运行较为成功的合作机制——中日韩环境部长会议和北九州清洁环境项目，考察中央政府和地方政府参与区域环境治理的实践，总结两个合作机制能够产生治理成效的治理路径；第三部分考察东北亚地区环境合作的潜力，将研究视角投向环保产业合作和环保技术合作领域，探讨中日韩环保产业合作提升东北亚地区环境治理水平的路径；考察中日韩三国环保技术转移体系，分析地区环保技术转移合作的潜力，为中国推进环保技术成果转化体系提出借鉴路径，为中日韩在地区内外推进环境合作提供新的路径。

本书可以为研究国际关系，特别是研究全球治理与区域治理、东北亚地区国际关系、东北亚地区非传统安全合作的人员提供参考，也可以满足对这一领域有兴趣的普通读者的需求。

目录

第一部分　东北亚地区环境治理现状

第二部分　东北亚地区环境治理的实践路径

第三部分　东北亚地区环境治理的潜力

第一部分

东北亚地区环境治理现状

东北亚和平与发展研究丛书

第一章

东北亚地区环境治理现状及特点

东北亚地区的环境合作从1992年开始至今已有近30个年头，在这三十年间，环境合作随着地区形势的变化经历了突飞猛进的发展阶段，也经历过黯淡无望的困难时期。三十年在人类历史的长河中弹指一挥间，但足以成就一些事也足以没落一个国。东北亚地区环境合作站在“三十而立”的门槛上，需要思考合作历程，沉淀合作经验，挖掘合作潜力，开辟合作空间，将环境合作置于地区主义、全球治理和各国未来发展战略的框架下，以更多元的视角和更远大的抱负思考下一个三十年的进路。盘点并评估东北亚地区环境治理的已有进程是规划未来路径的重要基础。

治理是学者们用来评价东北亚地区环境合作最常用的理论标准之一。1995年联合国全球治理委员会对治理做出如下定义：“治理是个人和制度、公共和私营部门管理其共同事务的各种方法的综合。它是一个持续的过程，其中，冲突或多元利益能够相互调适并能采取合作行动，既包括正式的制度安排也包括非正式的制度安排。”[①] 20世纪90年代开始，奥兰·杨就使用治理的概念解释国家在日益紧密的生态相互依存状况下，在地区和

① The Commission on Global Governance, *Our Global Neighborhood: the Report of the Commission on Global Governance*, New York: Oxford University Press, 1995, pp. 55 – 58.

全球层面的环境合作。[①] 而小森康正（Yasumasa Komori）在总结了罗西瑙等人的定义后认为："区域环境治理是地区内正式和非正式的协调机制互动的过程，既包括公共也包括私人行为体，区域机制能够有效引导和约束人类行为以实现共同管理自然资源，减少区域环境危害的目标。"[②]

通常，评价区域环境治理有三个标准：非国家行为体的参与和影响力、区域内治理机制间的协调互动以及治理结果是否形成了有约束性的制度规范（regulatory regimes）。[③] 下面我们将从这三个方面来评估目前东北亚地区环境治理的效率。

第一节
东北亚地区环境治理主体评述

在环境治理中，除国家外通常有两类重要的非国家行为体：非政府组织和知识共同体。这两类非国家行为体以各自的专业技能影响政府行为，参与国家决策。同时，他们还能够作为区域游说团体，说服各国政府积极参与环境合作非国家行为体的发展状况里考察治理状况的重要指标。

一、东北亚地区环境非政府组织（ENGO）的角色与作用

环境学者普遍认为在环境合作中非政府组织的参与能够起到监督国家决策，唤起公民环保意识，引导环境合作向有利的方向发展等作用。环境

---

① SangminNam. "Ecological Interdependence and Environmental Governance in Northeast Asia: Politics vs. Cooperation", in Paul G. Harrised., *International Environmental Cooperation: Politics and Diplomacy in Pacific Asia*, Boulder, CO: University Press of Colorado, 2002, P. 173.

② Yasumasa Komori. "Evaluating Regional Environmental Governance in Northeast Asia, Asian Affairs". *An American Review*, Vol. 37 No. 1, 2010, P. 4.

③ Yasumasa Komori. "Evaluating Regional Environmental Governance in Northeast Asia, Asian Affairs". *An American Review*, Vol. 37 No. 1, 2010, pp. 1 – 25.

非政府组织专门关注环境问题，但“政府体制却不是为有效地解决环境问题而设计”，[①] 所以非政府组织在环保合作中的立场最为坚定。在西方的环保合作中非政府组织发挥着巨大的作用，他们通过组织抗议、印刷书籍、举行环保讲座和培训来宣传环保理念，提高民众环保意识。1975 年法国宣布停止大气层核试验，1992 年宣布放弃地下核试验，这些都与绿色和平组织和世界各种反核力量的持续不断抗议和压力有关。德国的绿党政治也极大地影响着政府在环境政策方面的决策；美国专业的环境非政府组织也非常活跃，并拥有非常稳定的财政支持。

在东北亚环境治理中，非政府组织在提高公民环境意识以及组织公民环境抗议行动上发挥了重要的作用。[②] 马修·莎皮罗（Mattew A. Shapiro）和凯南·戈特沙尔（Keenan Gottschall）通过对中日韩三国环境政策的调查发现，各国的非政府组织对政府环境决策产生了积极影响。在中国和韩国这种趋势较为明显，环境非政府组织的建立与环境政策的出台有着直接相关性。在韩国，每成立一个非政府组织就会提高环境政策的出台率，其中大气污染防治政策提高 6.93%，一般环境政策提高 2.02%；在中国这个比例依次是 14.00% 和 8.22%；但很有趣的是这种趋势在日本这个东北亚地区非政府组织历史最悠久的国家则不明朗，日本非政府组织的成立会带来大气污染政策的提高，但会导致总体环境政策的减少。[③] 东北亚各国的环境非政府组织的发展总体上并不成熟。

日本的非政府组织在 20 世纪 60 ~ 70 年代就已经出现，并组织了许多市民抗议活动，但并没有形成强有力的利益集团，这使非政府组织的存在非常薄弱。1995 年日本有 26000 个非政府组织，但是只有 906 个具有合法地位，能够获得政府免税待遇，这种发展的障碍在于政府对其活动的控制

---

① John L. Petersen. “Entering the 21st century”, in Charles W. Kegeley and Jr. Eugene R. Wittkopf, *The Global Agenda: Issues and Perspectives*. Beijing: Peking University Press, 2003, P. 390.

② Hyuk – Rae Kim. “Globalization, NGOs, and Environmental Governance in Northeast Asia”, *Korea Observer*, Vol. 38 No. 2, 2007, pp. 285 – 311.

③ Mattew A. Shapiro and Keenan Gottschall. “Northeast Asian Environmentalism: Policies as a Function of ENGO”. *Asian Politics & Policy*, Vol. 3 No. 4, 2011, P. 562.

非常严格。[①] 到了 2016 年，日本 NGO 的数量只有约 400 家，其中，环境 NGO 约占 19.9%。[②] 在日本，非政府组织除了很难取得政府的合法地位，他们还无法从政府得到关于政策计划和决策信息，这对于非政府组织的发展非常不利。通过对非政府组织和市民参与的限制，日本政府有效阻止了本国环境治理翻版西方环境非政府组织主导的模式。[③] 以资历最久的国际非政府组织——世界野生动物基金（World Wildlife Fund）为例，2000 年这一组织在日本只拥有 5 万名成员，而这一组织在德国和美国分别拥有 18 万和 100 万人。[④] 由于有限的人力和财力资源，日本非政府组织对政府的环境政策影响十分有限。大多数非政府组织在这样艰难的环境下解体了，少数坚持下来的非政府组织都集中在地方环境问题上，很少一部分关注区域环境问题。[⑤] 因此，日本虽然是发达国家中最自律的一个，但是这并非来自非政府组织的监督。

中国第一个环境非政府组织中国环境科学协会成立于 1979 年，此后的几十年间，中国环境非政府组织发展迅速。根据中华环保联合会（ACEF）的统计，到 2005 年底，中国共有 2768 个环境社会团体。[⑥] 2008 年，这一数字猛增到 3500 个，到 2012 年，在民政部登记注册的生态环境类社会组织总数已达到 7968 家。这些非政府组织即包括政府主导的，如中国野生动物保护协会，也包括民间组织，如成立于 1994 年的中国第一家民间环保组

---

① Miranda A. Schreurs. "*Civil Society, International Relations and the Promotion of Environmental Cooperation in East Asia*". Korea Observer, Vol. 36 No. 1, Spring 2005, P. 130.

② 俞祖成：《日本非政府组织参与全球治理研究——历史演变、发展现状及其支持政策》，载于《社会科学》2017 年第 6 期，第 30 页。

③ Sangbum Shin. "Domestic Environmental Governance and Regional Environmental Cooperation in Northeast Asia". Paper Presented at the Seoul Workshop of Nautilus Institute on *Interconnections of Global Problems in East Asia: Climate Change Adaptation and its Complexity in Perspective of Civil Society Initiative*, March 16 – 19, 2009, Paju, South Korea. P. 13. Nautilus Institute, http://nautilus.org/wp-content/uploads/2011/12/Domestic_Environmental_Governance_and_Cooperation_in_NEA.pdf，访问日期：2020 年 3 月 1 日。

④⑤ Yasumasa Komori, "Evaluating Regional Environmental Governance in Northeast Asia", *Asian Affairs: An American Review*, Vol. 37 No. 1, 2010, P. 16.

⑥ 徐凯：《近年来中国环境非政府组织研究：进展、问题与前景》，载于《当代世界社会主义问题》2007 年第 1 期，第 1 页。

织——自然之友，还包括国际非政府组织在中国的分支机构。中国国内的环境非政府组织绝大多数都是由政府领导的，独立性较弱。中国政府倾向于非政府组织在提高公民环保意识和提高公民对环保关注方面发挥更大作用。非政府组织普遍存在资金缺乏、人员短缺和组织能力不足的问题。因此虽然发展速度惊人，但其发挥的作用非常有限。

韩国的环境非政府组织从 20 世纪 80 年代中期开始得到蓬勃发展，1991 年，韩国绿色联盟（Green Korean United）成立，目前其成员已发展至 15000 人；[①] 韩国环境运动联盟（KFEM）在 1993 年成立，目前拥有成员 85000 人，是韩国最大的环境非政府组织。[②] 这些环保组织在提高民众环保意识，提高媒体关注和提供环保信息方面发挥了重要的作用，同时也对政府的行动进行了有效的监督。在韩国，环境非政府组织最成功的环境保护运动是通过动员社会力量成功阻止了 Dong River（东江）大坝建设项目以及扶安郡核工厂建设工程；[③] 这表明，韩国的环境非政府组织有能力在特定环境问题上通过公众力量的参与，影响政府决策。

韩国的环境非政府组织还曾促成了政府信息公开，1996 年韩国出台了信息公开行动法案（*Act on Disclosure of Information*）赋予公民获得政府信息的权利；1998 年，行政程序法案（*Administrative Procedure Act*）生效，这个法案要求政府公开将对公众产生影响的行政措施。[④] 在非政府组织的推动和压力下，政府建立了可持续发展总统委员会，作为咨询性质的委员会。然而，20 世纪 90 年代后半期开始，韩国非政府组织动员社会力量关注环境问题的力量减弱，一方面是由于在韩国没有大规模的环境事件出现，另一方面也由于韩国经济下滑和民主化进程推进使公众的关注吸引到

① “Green is Life”，Green Korean United 网站，https：//green - korea. tistory. com/1，访问日期：2020 年 3 月 8 日。

② Yasumasa Komori：Evaluating Regional Environmental Governance in Northeast Asia，*Asian Affairs：An American Review*，Vol. 37 No. 1，2010，P. 20.

③ KFEM 合作历程，KFEM 网站，http：//kfem. org/who - we - are，访问日期，2020 年 2 月 4 日。

④ Miranda A. Schreurs. “*Civil Society*，*International Relations and the Promotion of Environmental Cooperation in East Asia*” . Korea Observer，Vol. 36 No. 1，Spring 2005，P. 126.

政治和经济领域，而非环境议题。当然，这也同韩国加大污染治理力度，整体环境状况趋好有关。[①] 韩国的环境非政府组织和民众都将重点集中在国内的环境问题上，而非区域和全球环境议题。[②] 在涉及区域和全球环境议题时，韩国的环境非政府组织倾向于将问题交由政府解决，这使韩国民众没有参与到地区和全球环境合作之中。近些年，这些非政府组织开始意识到国际合作的重要性，其国际合作领域主要集中在东亚地区。

可见，东北亚各国环境非政府组织的发展并不成熟，这使绝大多数非政府组织只能将有限的资源投放在国内环境问题上，而较少参与区域乃至全球的环境合作。表 1 - 1 列出了东北亚一些主要环境合作机制参与者情况，从中可以看出东北亚环境机制的参与方都不全面，主要参与方为中央或地方政府，尽管非政府组织蓬勃发展 20 年，但其参与地区环境合作的程度非常低，这使各国政府仍然是地区环境合作的主导者。

表 1 - 1　　东北亚主要环境合作机制参与者情况

	国际组织	政府		私人部门		
		中央	地方	专家	企业	环境非政府组织
TEMM		部长			√	√
NEASPEC	√	高级官员				
NEAC	√	√	√	√		
NEAR			√	√	√	√
TPM				√		

注：表格数据来自东北亚环境合作项目组报告。

资料来源：东北亚环境管理联合研究项目组：《东北亚环境合作》，中国环境科学出版社 2009 年版，第 116 页。

① Esook Yoon, Seungwan Lee, Fengshi Wu. "The State and Nongovernmental Organizations in Northeast Asia's Environmental Security", in In – Taek Hyun, Miranda A. Schreurs, eds. *The Environmental Dimension of Asian Security*, Washington D. C. : United States Institution of Peace Press, 2007, P. 218.

② Yasumasa Komori: Evaluating Regional Environmental Governance in Northeast Asia, *Asian Affairs: An American Review*, Vol. 37 No. 1, 2010, P. 11.

近些年，东北亚地区出现了环境非政府组织网络的苗头，1995 年由来自中国、日本、韩国、中国香港、中国台湾地区，以及蒙古国和俄罗斯的非政府组织建立了东亚大气行动网（Atmospheric Action Network East Asia），这是东北亚地区唯一一个常设的环境非政府组织网络合作平台，其主要目标是检测跨界大气污染状况和减少酸雨污染排放；2002 年开始，中日韩环境信息网站（www. enviroasia. info/）开始用三种语言为三国民众提供环境相关信息，这一合作苗头有望发展成为东北亚环境非政府组织网络大力量，然而就目前来看，这些非政府组织在区域内的合作仅限于提供信息和立场沟通上，并没有实质参与到东北亚区域的环境合作中，也远未对各国环境决策产生直接作用。东北亚环境非政府组织未能作为一支整体力量出现，也没有发挥应有的作用。

二、东北亚地区环境认识共同体（Epistemic Community）的角色与作用

共有知识是治理出现的必要前提，共识能够塑造国家对于环境问题的理解并影响他们的合作偏好。库珀强调："一旦对问题本身及其原因和解决方法上达成一致或者在很大程度上实现共识，那么合作的实现会相对容易"[①]。认识共同体不仅限于科学界，还包括对问题具有相同理解和相似规范和政策偏好的学者和政府官员。

在北美和斯堪的纳维亚半岛，环境合作都开始于科学界一致的呼声。比如 1968 年，很多斯堪的纳维亚半岛国家注意到其鱼类种群下降的问题，科学家很快达成一致并认为这些国家的降雨酸化是引起该问题的关键；20 世纪 70 年代，北美酸雨问题由于加拿大科学家的发现而甚嚣尘上，科学家很快进行调查证实北美的生态破坏主要来自美国西北部的排放。[②] 这些科学界的一致观点形成一股强大的舆论力量，进而推动了该地区国家针对酸

① 转引自元东郁：《东北亚环境合作的现状和方向》，北京大学博士学位论文，2002 年。

② InKyoung Kim. "Environmental Cooperation of Northeast Asia: Transboundary Air Pollution". *International Relations of the Asia - Pacific* Vol. 7, 2007, P. 448.

雨问题的集体行动，形成有约束力的公约。但是在东北亚，这个办法至今未能奏效。

以区域酸雨问题为例，20 世纪 90 年代就有研究指出，“随着东北亚国家经济的不断发展，到 2020 年二氧化硫的排放总量将会超过 1.1 亿吨”[①]，因此区域内各国从 20 世纪 90 年代初期便开始了大气污染合作，区域内也出现了多个以此为议题的环境机制。但是，中日韩三国对酸沉降移动方式的认定始终未达成一致，中日韩针对这一问题的研究和争论持续了二十年，因此合作进程较为缓慢。中国科学院大气物理研究所经过研究认为“个别东亚国家排放的硫化物的大部分都沉降在排放国国内，只有一小部分跨越国境进行移动，而且在各排放国范围之外输送的硫化物大部分都沉降在大海中”。“中国只对日本总体的酸沉降状况负 3.5% 的责任”。[②] 日本电力研究所的研究却得出了完全不同的结论，他们认为“日本的湿沉降一半来自中国”；[③] 也有数据显示“中国二氧化硫的排放占整个亚洲的 65%，其中在朝鲜、韩国和日本酸沉降的比率分别为 35%、13% 和 17%”。[④] 而根据 RAINS – ASIA 模型计算的结果认为中国的硫化物排放占韩国和日本的酸沉降分别为 16.2% 和 11.3%。[⑤] 近些年，日本与韩国学者的研究又为这一研究增添了新的数据，认为中国排放的污染物在温带季风的作用下，经由黄海、东海进入日韩境内分别造成 37% 和 34% 的酸雨危害；而中国社会科学院的一份研究报告则表明来自中国的二氧化硫排放只对日韩造成 5%

---

① Downing, R. J., Ramankutty, R. and Shah, J. J, “Rains – AISA: An Assessment Model for Acid Deposition in Asia”. The World Bank, August, 1997, P. 11, http://documents.worldbank.org/curated/en/631801468766457178/RAINS – ASIA – an – assessment – model – for – acid – deposition – in – Asia，访问日期：2020 年 3 月 2 日。

② Yasumasa Komori: Evaluating Regional Environmental Governance in Northeast Asia, *Asian Affairs: An American Review*, Vol. 37 No. 1, 2010, P. 18.

③ 元东郁：《东北亚环境合作的现状和方向》，第 90 页。

④ 以上数字转引自 InKong Kim. “Environmental Cooperation of Northeast Asia: Transboundary Air Pollution”. *International Relations of the Asia – Pacific*. Vol. 7, 2007, P. 447.

⑤ Takahashi, W. “Problems of Environmental Cooperation in Northeast Asia”, in P. Harris, ed., *International Environmental Cooperation: Politics and Diplomacy in Pacific Asia*. Colorado: University Press of Colorado, 2007, pp. 221 – 247.

和8%的影响。[①] 在此分歧基础上，三国关于污染物迁移路径、影响范围与责任划分方面也存在较大争议。

东北亚科学界的认知失调同各国科研机构的划分有着密切关系。中日韩大多数科研机构隶属于不同政府部门，因此由于部门的需求各异，导致国家内部的科学家无法形成一个认识共同体，这也导致了东北亚环境合作表现不佳。威尔·肯宁（Wilkening K. E.）将这种局限于部门内部的交流称为垂直结构，机构内部的科学家们形成基于部门利益的共识，而缺少横向往来使国内知识共同体难以形成。[②]

科学界的共识可以减少区域内各国政府制定环境政策时的不确定性，并促进区域环境合作。但是在东北亚至今还没有对酸雨造成的影响达成共识，因此各国将酸雨问题作为潜在而非紧急危险。恰恰由于是潜在危险才需要各国立即采取措施防止情况进一步恶化，但是任何集体行动都需要有各国政府均认可的科学佐证，而在这一点上，东北亚国家始终争执不断。在这种不确定的情况下，各国不会自缚手脚接受减排约束。[③]

认识共同体的缺失不仅体现在科学界，也体现在其他领域。东北亚各国对合作中的财政问题各持己见，缺乏在这一问题上的共识也使合作举步维艰。尽管目前东北亚环境合作机制得到了亚洲发展银行、联合国发展署（UNDP）以及世界银行的财政支持，但这只占据了所需财政的一部分，其余部分仍然依靠成员国的提供。由于东北亚国家处于不同的发展阶段，有着不同的经济状况，因此关于这个问题的原则和立场也不同。日本倡导“共担责任、平摊财政”，希望成员国能够分担财政负担。而韩国提倡自愿原则加财政能力。中国政府则倡导“共同及自愿原则，但强调差别责任”。

---

① 李雪松：《东北亚区域环境跨界污染的合作治理研究》，2014年吉林大学博士学位论文，第85页。

② Wilkening，K. E. “Acid Rain Science and Politics in Japan：*A History of Knowledge and Action toward Sustainability*”. Cambridge：MIT Press，2004，P. 216.

③ 接受减排协议还涉及发达国家和发展中国家不同观点的冲突，这将在后面的章节进行讨论。

这些各自不同的原则立场，导致各环境合作机制均面临财政困难。[①] 如果区域内国家不做出财政承诺，域外的机构就不太可能提供财政支持，因为毕竟区域内还有日本和韩国这两大世界上最大的援助国。

事实上，为建立认识共同体，东北亚各国均进行了积极的努力。其中较有成就的是在日本的倡议和支持下建立了 EANET，其宗旨在于建立地区国家对酸沉降问题的共识。经过八年的努力，2001 年 EANET 实现了对包括东北亚在内的整个东亚地区的酸沉降状况监测。但是基于 EANET 的日本背景，以及中日在政治上的对立和矛盾，中国不可能支持日本推动的 EANET 秘书处建立在 UNEP 框架之下的问题。从这个角度来说 EANET 的前途有限；[②] 另一个问题是检测以监测点为基础而非以国家为基础，而且监测点的数量与欧洲和北美相比也非常有限，因此监测结果很难显示某一国或是地区整体的酸沉降状况。[③] 然而，EANET 实施监测的意义不在其科学成果而在于协调各国行动的努力。东北亚地区由于在很多领域缺乏认识共同体，因此各国多边合作的努力仍然处于信息与政策交流，以达成共识的磋商阶段。由于缺乏这些共识，同时也缺乏有效建立这些共识的渠道，东北亚各国在心理上仍十分疏远，目前没有迹象表明东北亚各国将他们看作是区域环境安全共同体。

可见，在东北亚地区，无论是非政府组织还是认识共同体的发展都未形成地区整体力量，也未成熟到能用各自的专业技能影响政府决策的阶段。如此分散而又薄弱的力量无法在区域环境合作中发挥协调和游说的作用。因此正如有学者评价的那样：跨国科学网络、非政府组织以及广泛的公众关注是环境合作非常重要的要素，而在东北亚一个都不具备。因此，

① Sangmin Nam, "Ecological Interdependence and Environmental Governance in Northeast Asia: Politics vs. Cooperation", in Paul G. Harris, ed., *International Environmental Cooperation: Politics and Diplomacy in Pacific Asia*, Boulder, CO: University Press of Colorado, 2002, P. 189.

② 王志芳、张海滨：《新常态下中国在东北亚大气污染环境合作中的策略选择》，载于《东北亚论坛》2015 年第 5 期，第 102 页。

③ 以上信息来自同 EANET 研究人员 Tsuyoshi Ohizumi 的电子邮件。

各国都以各自的国家利益作为环境合作的驱动，而非从保护环境的角度出发。[①] 不成熟的非国家组织网络是东北亚环境合作所面临的难题。

第二节
东北亚地区环境治理进程评估

与国家统治不同，治理依靠正式与非正式的机制（regimes）和制度（institutions）来维持全球或是区域的正常秩序。治理方式强调不同行为体间的动态协调，而不是静态的机制安排。在这个意义上，治理的概念具有了进程导向的性质，其重点在于“为推动体系整体利益在不同层面上进行的整合进程”。[②] 因此，治理的另一个重要因素就是将不同层面的众多制度安排整合起来，以追求共同利益。也就是说，治理是众多机制在共同目标下协调作用的结果。

欧洲的环境治理之所以被奉为经典就在于其专门环境机制（ad hoc regimes）、全面环境合作机制（comprehensive environmental regime）以及国家环境决策之间形成了紧密的互动关系，这使欧洲的环境治理体系协调发展。以海洋环境治理为例，在欧洲每一片海域都发展出了一个区域海洋机制，1972 年 13 个东北大西洋海域国家签署了防止船舶和飞行器向海洋倾倒废物的《奥斯陆协定》；1974 年 12 个东北大西洋海域的国家再次签署《巴黎协定》防止从陆地向海洋倾倒垃圾。此后，奥斯陆委员会（OSCOM）和巴黎委员会（PARCOM）分别成立于 1974 年和 1978 年，并且两个委员会联系非常紧密，其共用秘书处设在伦敦（OSPARCOM）。1984 年

---

① Lee Shin – Wha. “Environmental Regime – building in NEA: Korea's Pursuit of Leadership”, in Charles K Armstrong, et al., eds., *Korea at the Center: Dynamics of Regionalism in Northeast Asia*, Amonk, NY, USA: M. E. Sharpe, Inc., 2006, P. 237.

② B. Guy Peters and Jon Pierce. “Multi – level Governance and Democracy: A Faustian Bargain?” in Bache and Mattew V. Flinder, ed., *Multi – Level Governance*. Oxford: Oxford University, 2004, P. 78.

欧洲海洋环境合作更进一步，北海部长级会议（North Sea Ministerial Conference）成立，将合作从由专家层面发展到高级部长层面。尽管北海部长级会议发布的部长声明（Ministerial Declarations）没有涉及法律约束，但实际上奥斯陆委员会和巴黎委员会同部长级会议紧密合作，这两个委员会的约束性规定实际上让部长级会也具有了约束权威。在这一过程中出现的一些政策创新影响了欧盟的政策形成，如预防性原则（Precautionary Policy）。[①]

东北亚的黄海地区自1990年以来共形成了5个专门解决海洋环境问题的合作项目：西北太平洋行动计划（NOWPAP），黄海大海洋生态项目（YSLME）、图们江区域开发项目（TRADP）、西太平洋政府间海洋委员会次委员会（IOC/WESTRPAC）以及东亚海洋环境管理项目（PEMSEA）。除此之外中日韩三方环境部长会议（TEMM）、东北亚环境合作会议（NEAC）、东北亚环境合作论坛（NEAR）等一般性环境合作机制也将海洋污染列为合作议题之一。

同欧洲的海洋环境治理相比，东北亚的治理是自上而下进行的，并非从解决微观问题入手，这使每个治理制度都从宏观上将所有海洋环境问题囊括其中。这种情况使得各机制功能相似，治理任务重叠。而且每个机制都独立运行，缺乏沟通，这使发展各有长短的相似机制没有形成互补，影响了治理效率。同时，在这众多的治理机制中没有哪个有能力发展成为全面海洋管理机制，这也使各个机制的运行缺乏必要的协调，更谈不上各机制之间乃至同国家环境政策间的互动。黄海海洋环境治理目前仍然是“群龙治水”，因此，20年来这些合作机制不断施行各种项目以改善黄海海洋状况，但是效果不明显，黄海仍然被认为是世界上污染最严重的海域之

① Hideaki Shiroyama. “Environmental Cooperation in East Asia: Comparison with the European Region and the Effective of Environmental Aid”, in T. Terao and K. Otsuka, eds., *Development of Environmental Policy in Japan and Asian Countries*. New York: Institute of Developing Economies, 2007, P. 254.

一。鱼群减少、海洋生物多样性丧失以及富养化现象仍困扰着黄海。[①] 这种混乱的局面并非是海洋环境治理特有的现象，在东北亚环境合作的各个领域情况大多如此。

一、合作机制间缺乏沟通和协调

由于各个合作项目之间缺乏沟通以及缺乏协调机制，使得地区的环境问题并未得到均衡的关注。大气污染问题和生物多样性丧失等问题得到了过分的关注，另一些问题如环境与能源问题以及土地退化问题等则没有得到应有的重视；而对于那些被过度关注的环境问题而言，就会不可避免地出现任务和活动的重叠，这些是由于各机制独立运行，缺少协调所致。尽管很多合作机制都强调同其他合作计划建立沟通和协调，但是这些协调都只见于声明中，而没有具体的实际活动。[②]

在东北亚环境合作中，地缘政治因素导致区域内出现相互重复的动议，EANET 和 LTP 的相继成立体现了日本和韩国的外交较量。日本倡导建立 EANET 的目的之一是谋求冲破宪法对其军事上的限制，成为政治大国。因此日本一手主导了整个 EANET 的发展，这也导致其他国家政府对其政治用意的疑虑，也不愿对其主导的网络全面开放[③]；韩国因为害怕失去由韩国政府倡议的区域项目 LTP 的可信度而极力抵制日本主导的 EANET 项目。EANET 成员决定将联合国发展计划署（UNDP）在泰国的办公室作为

① Suh – Yong Chung. "Strengthening Regional Governance to Protect the Marine Environment in Northeast Asia: From a Fragmented to An Integrated Approach." *Marine Policy*, Vol. 34 No. 3, 2010, P. 549.

② 东北亚环境管理联合研究项目组：《东北亚环境合作》，中国环境科学出版社 2009 年版。

③ Sangmin Nam, "Ecological Interdependence and Environmental Governance in Northeast Asia: Politics vs. Cooperation", in Paul G. Harris, ed., *International Environmental Cooperation: Politics and Diplomacy in Pacific Asia*, Boulder, CO: University Press of Colorado, 2002, P. 186.

其秘书处也是考虑到“降低日本在这一项目的主导形象”。[1] 这种区域治理的地缘政治因素不但导致治理进程缓慢，同时还导致区域内出现了执行相似任务的不同的合作渠道。两个机制都在东北亚地区国家进行大气污染监控，但是他们在各国内检测活动的合作几乎为零。[2]

尽管存在相互重叠的功能，在这两个项目之间还是存在一定的互补。EANET 主要关注东亚地区酸沉降的检测，而 LTP 也同时进行二氧化硫、氮化物、三氧化二氮、PM10 和 PM2.5 的监测，但是更专注于模拟远程跨界大气污染系统的研究。[3] 因此，两大机制的合作无疑会增强区域治理能力。这两大机制将区域内的酸雨问题的专家集合在一起能够帮助东北亚建立起知识联盟。[4] 可见，现有合作制度间的整合对于东北亚环境合作来说至关重要。

缺乏统一的区域组织协调各机制间的活动是另一大重要原因。东北亚环境合作机制不是太少而是太多，而且各自为政、力量分散。东北亚各国用于环境合作的有限的资源在一定程度上被目的相似、主题雷同的论坛和研讨会所消耗。出现这种状况同东北亚环境合作缺乏领导国或者领导机制相关。欧盟对欧洲环境合作方面具有极大的推动力，比如统一在贸易与生产过程中与经济活动一致的环境标准。欧盟在远程大气污染防控方面也有公约，欧盟委员会为成员国提供基本的秘书服务，成员国服从意愿也很高。欧盟的财政和技术转让机制已经同远程跨界污染防控公约联系起来，这显然让成员国更愿意遵守公约及其协定。[5]

---

① Laura B. Campbell. “The Political Economy of Environmental Regionalism in Asia”, in T. J. Pempel, ed., *Remapping East Asia*: *The Construction of a Region*, N Y: Cornell University Press, 2005, P. 223.

② 东北亚环境管理联合研究项目组：《东北亚环境合作》，中国环境科学出版社 2009 年版。

③ Yasumasa Komori. Evaluating Regional Environmental Governance in Northeast Asia, *Asian Affairs*: *An American Review*, Vol. 37 No. 1, 2010, P. 17.

④ InKyoung Kim. Environmental Cooperation of Northeast Asia: Transboundary Air Pollution. “*International Relations of the Asia – Pacific*”, Vol. 7, 2007, P. 448.

⑤ Takahashi, Wakana. “Problems of Environmental Cooperation in Northeast Asia”, in Paul G. Harris, ed., *International Environmental Cooperation*: *Politics and Diplomacy in Pacific Asia*, Colorado: University Press of Colorado, 2002, pp. 221 – 247.

东盟在东南亚环境合作中的作用虽然没有欧盟那样明显，但是能够为成员国通过东盟秘书处提供行政支持。东盟发展了很多区域环境行动计划、环境项目、战略行动计划和跨界污染行动计划。东盟通过东盟高级环境官员会议、东盟环境部长会议、东盟部长会议和东盟峰会等会议支持这些环境项目的实施。所以，东盟的存在协调了各个项目、计划和机制间的关系。

而东北亚没有像东盟和欧盟那样的区域组织存在，因此，没有组织来协调这些环境合作。每一个次区域项目、计划和论坛的功能和活动都可能重叠。区域内国家均认识到这种任务重复不仅会导致时间和有限资源的浪费，同时还会导致不良竞争。因此各国政府都在讨论如何整合现有多边合作渠道，但是各国政府出于种种原因对执行有效治理的方式仍然犹豫不决。

二、东北亚环境合作机制的制度体系不完善

东北亚环境合作机制发展不一致，有些合作呈现出了一定的机制化，有些合作项目只停留在磋商和意见交流阶段，而没有具体的行动计划，有些合作机制还面临着存续性危机。这些合作制度各有优劣，但同时运行，缺乏彼此协调，这导致东北亚环境合作难以形成协调体系。

从成员国覆盖的地理范围来看，并非所有机制都囊括了东北亚全部国家。环境污染作为一种区域公害，其影响具有非排他性，也就是说污染对区域内任何国家的损害同样重大；同时任何一国的污染排放行为都会对区域内所有国家造成危害，各个国家的命运被环境问题牢牢地绑定在一起。东北亚由中、日、俄、韩、朝、蒙古国六个国家组成，由于东北亚的特殊情况，将这六个国家都囊括进来的合作机制并不多。一般性机制中只有NEASPEC 和 NEAR 拥有来自全部东北亚国家的代表，专门机制中也只有YS – LME 说服了朝鲜加入。朝鲜加入的重要性在于能在所有相关国家间建立必要的联系与协调，从而获取完整的区域环境污染数据和信息，这是区

域环境治理的基本也是关键所在。朝鲜的缺失让东北亚环境合作的制度安排缺少了重要一环，也让行动效果难免大打折扣。

在制度建设方面，建立强制性财政计划和独立秘书处被认为是使机制更正式化和更有效率的做法，在这个层面上东北亚环境合作项目的发展水平不一致。在东北亚，TEMM、NEAC、NEASPEC 这三个一般机制行使相似的功能，如交换区域内各国对不同环境问题的观点；确定区域内共同的环境关切；在如何表述这些环境关切上达成一致以及实施改善地区环境状况的项目。这三个机制中，NEAC 的发展最弱，从 2007 年后没有再召开会议，而最后一次会议已经将其明确定位为更大环保机制的附属机构。[①] 这可以被看作是机制间自然选择的结果，20 年来 NEAC 作为东北亚环境信息交换的平台，其最大的特点就是市民组织的参与，[②] 这将是 NEAC 留下的最宝贵的财富。

另外两个主要的环境合作机制 TEMM 和 NEASPEC 都没有设立独立的秘书处，但由于各自不同的组织结构，两个机制的发展状况并不相同。中日韩三国环境部长会议（TEMM）首先由韩国倡议建立，主要形式是召开官员会议、专家会议和政策研讨会，并达成共识，在这一基础上国家政府委派附属研究机构来执行联合研究。[③] TEMM 的运行方式较为特别也很简单，每年 TEMM 三方会议都由主办国轮流做秘书处工作，并进行相关的财政预算，因此有观点认为主办国已经承担了秘书处的工作，因此没有必要建立单独的秘书处。[④]尽管成员身份和部长级的限制有可能会局限 TEMM 的议事日程，但是一旦他们认为某个国家在解决某一问题上非常重要，他们

---

①④ 东北亚环境管理联合研究项目组：《东北亚环境合作》，中国环境科学出版社 2009 年版。

② Chan – woo Kim. "Northeast Asian Environmental Cooperation：From a TEMM's Perspective ", *Korea Review of International Studies*, pp. 19 – 36, https：//gsis. korea. ac. kr/wp – content/uploads/2015/04/12 – 1 – 02 – Chan – woo – Kim. pdf，访问日期：2020 年 3 月 1 日。

③ Hidetaka Yoshimatsu. "Regional Governance and Cooperation in Northeast Asia：The Cases of the Environment and IT", Research Paper, 2010, Ritsumeikan Asia Pacific University, http：//www. apu. ac. jp/rcaps/uploads/fckeditor/publications/workingPapers/RCAPS _ WP09 – 9. pdf，访问日期：2020 年 3 月 1 日。

就会很有弹性地将其囊括进来。比如，DSS 问题是一个东北亚最紧迫的环境问题之一，三国部长邀请蒙古国环境部长召开了 TEMM +1 的会议。[①] 因为其弹性的合作方式，TEMM 一直是东北亚地区最有效率和影响最大的组织。三国的部长实际上是东北亚环境合作的领导。他们以区域视角讨论地区环境事务。

在东北亚地区，中日韩三国开展大气污染合作既有环境利益需求，也有经济和政治需求。中日韩三国在东北亚环境合作中，有更紧密合作的可能性。而 NEASPEC 是三国可能支持的区域大气环境合作机制。虽然俄罗斯的政治经济利益需求相比环境合作更大，但其对 NEASPEC 的兴趣为这个机制成为区域主导机制增添了助力。蒙古国、朝鲜属于寻求“搭顺风车”、争取任何可获得利益的参与者，对机制合作没有特别的兴趣。因此，东北亚各国在环境合作领域的利益倾向，为 NEASPEC 成为大气环境合作的主导平台创造了条件。NEASPEC 设有临时秘书处，但是作用并不明显。ESCAP 作为临时秘书处仅仅促使参与国建立了信托基金，并敦促他们建立自己的秘书处，也成功地举行会谈并让国家更愿意留在现有的机制中。因此，NEASPEC 缺乏一致性和有效的协调。NEAPSEC 的决策机构——东北亚环境合作高级官员会议（SOM）实际上是早于 TEMM 的高级官员会议，其重要的意义在于将东北亚地区的朝鲜、蒙古国和俄罗斯吸收进合作机制中，使其成为东北亚六国环境合作的交汇点。[②] 东北亚所有国家的参与对于环境合作来说至关重要，但也正是因为如此，NEASPEC 的决策过程相对缓慢，建立秘书处的谈判如此漫长却毫无结果也说明了这一点。与 TEMM 最大的不同就是 NEASPCE 是政府间会议而非部长级会议，因此参与者大多没有决策权，这使 NEASPEC 的稳定性欠佳。但是作为东北亚地区最早的多边合作机制，其所形成的沟通平台是无法代替的。

在专门环境合作机制中，各个制度的发展也面临不同的问题。在海洋

---

① 东北亚环境管理联合研究项目组：《东北亚环境合作》，中国环境科学出版社 2009 年版。

② Lorraine Elliott. “East Asia and Sub – Regional Diversity：Initiatives，Institutions and Identity”. Lorraine Elliott，ed.，*Comparative Environmental Regionalism*. London：Routledge，2011，pp. 56 – 75.

环境治理领域有两大核心机制——NOWPAP和黄海大海洋生态项目（YS-LME）同样各有长短。

西北太平洋行动计划（NOWPAP）开始于1994年，是联合国发展计划署的区域海洋合作项目。其主要目标是保护两大区域海洋，黄海和东海。NOWPAP是最被看好的合作安排，不仅被视为区域海洋资源保护集体行动的基础，还被认为是发展出更广泛区域环境治理的必经之路。[①] NOW-PAP在同其他区域以及国际环境组织的联系上具有明显优势，这有利于次区域获得区域外的经验和技术支持，也有利于全球环境问题的解决。同时，国际组织的参与还能够协调区域内国家的行动，中韩2008年联合鱼群评估行动（fish stock assessment）就是在UNEP的协调下实现的。[②]

但是NOWPAP的内部工作效率却受到多方面因素的制约。NOWPAP在2004年成立了自己的秘书处（RCU），负责协调相关信息并在4个地区行动中心间建立联系。NOWPAP同时设有自己的决策机构——Intergovern-mental Meeting（IGM），每年召开一次大会，且会期短，并非具体的执行机构，负责制定行动方案和解决财政问题。这种制度建设在东北亚区域环境合作机制中是比较先进的，但是，由于日本和韩国在环境领导权上的斗争，RCU办公室最终只能分设在韩国的釜山和日本的富山县。这种分散的办公方式使内部的沟通成为最大的障碍，更不用说办公室还要承担整个组织机构间的协调工作，这在一定程度上抵消了组织的工作效率。[③] NOW-PAP作为联合国环境规划署区域海洋项目下的一个区域项目，组织架构相对完善，主要是缺乏有效的落实、执行和资金的支持。

另外，NOWPAP还开放了四个地区活动中心，这个举措被学者认为是

---

① Sangmin Nam. "Ecological Interdependence and Environmental Governance in Northeast Asia: Politics vs. Cooperation", in Paul G. Harris, ed., *International Environmental Cooperation: Politics and Diplomacy in Pacific Asia*, Boulder, CO: University Press of Colorado, 2002, P. 187.

②③ Suh - Yong Chung. "Strengthening Regional Governance to Protect the Marine Environment in Northeast Asia: From a Fragmented to An Integrated Approach". *Marine Policy*.

“取得了重大的机制发展”。[①] 第一个中心是数据和信息网络区域活动中心（NOWPAP - DIN/RAC）设在北京，第二个活动中心负责污染区域监测（Pollution Monitoring Regional Activity Centre），建在俄罗斯海参崴的俄罗斯科学院远东分院太平洋地理研究所；第三个中心是设在韩国大田的海洋环境应急响应区域活动中心（Marine Environment Emergency Preparedness and Response Regional Activity Centre）；最后一个是特殊监测和海岸环境评价区域活动中心（Special Monitoring and Coastal Environmental Assessment Regional Activity Centre），日本政府承担中心全部工作，该中心设在位于富山县（TOYAMA）的西北太平洋区域环境合作中心（见表 1 - 2）。[②]

表 1 - 2　NOWPAP 2018 ~ 2019 年工作计划和财政预算（US$ 1000）

活动	实施责任方	批准预算	建议预算 B 选项
		2016 ~ 2017	2018 ~ 2019
海洋环境评价活动中心	海洋环境评价活动中心	140	185
数据和信息网络活动中心	数据和信息网络活动中心	140	185
海洋环境应急响应区域活动中心	海洋环境应急响应区域活动中心	140	185
污染区域临海活动中心	污染区域临海活动中心	140	185
RAPMALI	RCU and RACs	70	91
公共意识	RCU and RACs	19	20
流动中心协调 Nowpap 执行（秘书处）	秘书处	16	127
		83	
资源调动（秘书处）	秘书处	15	27
特别项目协议	秘书处	—	95

① Esook Yoon. “Cooperation for Transboundary Pollution in Northeast Asia: Non - binding Agreements and Regional Countries’ Policy Interests”. *Pacific Focus*, Vol. XXII No. 2, 2007, P. 88.

② “Regional Activity Center”, NOWPAP 网站，http://www.nowpap.org/RACs.php，访问日期：2020 年 2 月 4 日。

续表

活动	实施责任方	批准预算	建议预算 B 选项
		2016 ~ 2017	2018 ~ 2019
小计		841	1150
小计的 13% 作为项目支持支出		109	150
总计		950	1300

注：本表格来自 NOWPAP 第 22 次政府间年会议报告。①

从 NOWPAP 2018 ~ 2019 年度的工作计划和财政预算来看，四个区域行动中心（Regional Activity Center）分设在四个不同国家，各自负责不同事务。这种分配方式本身就分解了各参与国对于组织的集体认同，而凸显了国家间的问题。同时，NOWPAP 在四个活动中心的工作每年总会有所侧重，但是因为四个中心分设在四个不同国家，因此在分配资源时还要照顾各国的平衡，这就使 NOWPAP 将其有限资源平均分配给四个地区行动中心，这就无法将资源优化到最急需的领域，造成有限资源的浪费。NOWPAP 饱受机构分散之苦，花费了大量的预算运行两个秘书处和四个区域行动中心，这已经影响了改善区域海洋环境的项目执行，也使其制度有效性难免降低。

相比之下，黄海大海洋生态环境项目（YS）的运行方式较为简单，项目委员会（YSLME Commission，目前为临时委员会）负责提供行政支持，由中韩两个成员国政府组成，主要负责发起行动并解决财政问题。项目管理办公室（YS - LME Project Management Office，PMO）由项目负责人领导，执行秘书处的职能，办公地点设在韩国仁川，在北京还设有分支机构。YS 还说服了朝鲜作为观察员加入机制，这一机制的工作包括渔业资源恢复、可持续水产业、栖息地保护、监测预评估、污染防控和良好治理生

① "Repot of Meeting", Twenty Second Intergovernmental Meeting of Northwest Pacific Action Plan, Toyama, Japan, 19 - 22, December, 2017. http://www.nowpap.org/data/IGM%2016%20report.pdf, Mar. 19 February, 2018，访问日期：2020 年 2 月 8 日。

态系统六大方面，目前正在进行2014～2019年的第二阶段计划。YS第二阶段项目的总体目标是恢复黄海的生态产品和服务，确保建立长期有效的地区环境治理机制。在第二阶段的项目中，YS的另一目标是将YSLME委员会机制化，使其成为永久的软性、非法律约束性的合作机制，以协调和促进地区和国家针对黄海生态保护的长期治理。由于韩国政府的支持，YS避免了国家利益纷争对制度发展的影响，但也因为如此，YS同其他区域内的环境合作项目以及区域外国际组织的联系非常有限，使其影响力十分有限。

可见，在东北亚多边环境合作机制中，虽然各机制发展水平不一，给制度间的协调和沟通带来了一定的难度，但是各合作机制各有所长，各有其短，如果能进行合理整合，将能够提高东北亚环境合作的整体效率。

在资金来源方面，东北亚环境合作机制普遍面临资金短缺的问题。在欧洲，执行欧盟的环境计划拥有十分稳定的财政支持；东盟虽不像欧盟那样，并未负责执行环境合作计划和项目费用，但也努力寻求吸引和协调外部援助。在东北亚，没有部门提供类似服务，因此大多数环境合作计划都依靠自己解决资金问题，而强制性资金计划普遍遭遇抵制，区域内众多相似功能的合作项目在吸引资金援助方面也产生了竞争，因此遭遇了资金短缺的问题。

1996年，NOWPAP成立了信托基金（Trust Fund），所有成员国每年为基金会贡献5%，至今这个配额指标仍未改变，2004年过渡秘书处建议成员国每年向基金贡献的额度应提高到100万美元，而且贡献的额度和比例应随情况变化而定。但是这个建议仍然没有结果，成员国的利益冲突导致很难形成一致协议；2011年NOWPAP的第16次IGM会议上，成员国共投入资金390000美元，[①] 到了2018年，NOWPAP第22次会议上，成员国共投入资金500000美元，成员国的贡献资金的比例依然没有发生变化。但

① “NOWPAP 16th Intergovernmental Meet Report”，NOWPAP网站，http：//www.nowpap.org/data/IGM%2016%20report.pdf，访问日期：2020年2月3日。

是，通过对比可以看出，中国和韩国，尤其是中国的资金贡献提高的比例加大，但仍然无法满足活动需要。2018 年度信托基金总额与当年 130 万美元预算金额依然存在较大差距。资金缺口部分主要依靠吸引外来资金支持，因此资金来源缺少稳定性，这也是 NOWPAP 行动效率低下的原因之一。成员国自愿提供活动基金以及吸收外部财政支持的方式几乎是所有东北亚环境合作机制资金运行的方式（见表 1－3）。

表 1－3　NOWPAP 成员国提供财政资金状况（2012 年度及 2018 年度）

2012 年度成员国资金贡献情况	
成员国	年度贡献（US$）
中国	40000
日本	125000
韩国	100000
俄罗斯	125000
总计	390000
2018 年度成员国资金贡献情况	
成员国	年度贡献（US$）
中国	125000
日本	125000
韩国	125000
俄罗斯	125000
总计	500000

YSLME 的运行由于韩国政府提供了主要的支持，因此，在资金方面较为稳定，2014～2017 年度，YS 的项目动员资金约为 2.33 亿美元，其中来自成员国政府的现金和实物支持约 2.22 亿美元，占全部资金的 95%，其他 5% 的资金来自联合国发展规划署（UNDP）和全球环境基金（GEF）的支持。资金的稳定是机制能够发生制度性进展的重要原因（见表 1－4）。

表 1－4　　YSLME 2014～2017 年财政来源

项目周期	2014～2017 年
分配资源总额：	US＄ 233044196
全球环境	US＄ 7562430
联合国发展规划署	US＄ 1692000
其他	
• 政府资金支持	US＄ 26785812
• 政府其他支持	US＄ 195203954
• 其他	US＄ 1800000
执行部门/执行伙伴	UNOPS

注：来自黄海大海洋生态项目（YSLME）报告。[①]

NEASPEC 是东北亚地区综合性的政府间合作机制，旨在应对该地区的环境挑战，囊括了东北亚地区全部六个国家。联合国亚太经济社会委员会（UNESCAP）从 1993 年开始为该机制提供秘书处服务，2010 年 UNESCAP 东亚和东北亚办公室在韩国仁川成立，NEASPEC 将其秘书处从 ESCAP 总部调整至东亚和东北亚区域办公室（ENEA），并在第 16 次高级别官员会议上决定将秘书处的地位从临时变为常设。NEASPEC 于 2000 年成立核心基金，由成员国自愿捐助，2000 年，核心基金资金总额为约 35 万美元。[②] 2019 年，核心基金总额超过 50 万美元，其中，中国捐献 5 万美元，韩国将捐献额度从 10 万美元提高到 20 万美元，俄罗斯捐献 32.4 万美元，蒙古

① YSLME，"Restoring Ecosystem Goods and Services and Consolidation of a Long-term Regional Environmental Governance Framework"，http：//www.yslmep.org/wp－content/uploads/2018/12/Project_Brochure.pdf，访问日期：2020 年 2 月 8 日。

② "Institutional and Financial Arrangements for the Northeast Asian Subregional Programme"，Preparatory Meeting for the Sixth Meeting of Senior Official on Environmental Cooperation in North－East Asia，Economic and Social Commission for Asia and the Pacific，8－9 March，2000. NEASPEC 网站，http：//www.neaspec.org/ownload/5.pdf，访问日期：2020 年 3 月 1 日。

国也进行了自愿捐献。① 这些基金主要用于机构内部的运转，而其活动项目资金主要来自亚洲发展银行（ADB）。NEASPEC 被认为是区域中唯一一个综合环境合作项目（comprehensive regime），既有独立的财政基金，又有具体的活动实施方式，而且同国际组织的联系非常紧密，其最有效的工作就是协调控制煤电厂的污染排放，进行环境监测、数据搜集和分析。② 这些环境合作计划需要大量并且稳定的资金，以维持持续的环境合作并执行长期计划。尽管目前得到了亚洲发展银行的资助，但是 NEASPEC 长期获得资金的稳定性仍然受到质疑。这种财政体系使 NEASPEC 的预算并不稳定，也会受到国家状况的影响和机制中各不同利益的影响。

在众多机制中 EANET 的财政状况还算乐观，来自成员国组成的核心基金以及日本中央和地方组织的支持。2018 年成员国对网络中心（network center）核心基金的自愿捐赠是 35.1 万美元，日本各级组织的财政捐赠约为 68 万美元。而 2018 年，EANET 的总体财政支出约为 104 万美元。③ 日本经济状况并不乐观，因此更愿意成员国共担财政负担，但这在区域内还没有得到一致的认可。

缺乏强制的财政制度是这些机制资金短缺的主要原因，东北亚的环境合作机制的财政来源依靠成员国的自愿提供，因此时常会受到成员国经济状况以及政府决策偏好的影响，也会受到机制内来自不同方面利益冲突的影响。东北亚的环境合作机制最初都是无条件向区域内所有国家开放以吸引各国的参与，参与国普遍反对强制性的财政供给措施，因此各机制均面临财政稳定性的挑战。通常，当一个合作机制由某一国政府主导，财政状况往往会相对乐观。TEMM 是个特例，由于三国环境部长

---

① Report of the Twenty – Third Senior Officials Meeting of the North – East Subregional Pogramme for Environmental Cooperation，NEASPEC 网站，10，Otc，2019，http：//www. neaspec. org/sites/default/files//NEASPEC%20SOM – 23%20Meeting%20Report. pdf，访问日期：2020 年 2 月 8 日。

② Lorraine Elliott. “East Asia and Sub – Regional Diversity：Initiatives，Institutions and Identity”. Lorraine Elliott，ed.，*Comparative Environmental Regionalism*. London：Routledge，2011，P. 68.

③ “Report of the Twenty – First Session of the Intergovernmental Meeting on the Acid Deposition Monitoring Network in East Asia”，EANET 网站，12 – 13，Nov，2019，https：//www. eanet. asia/wp – content/uploads/2019/11/IG21_Report – of – the – Session. pdf，访问日期：2020 年 2 月 8 日。

的参与，一方面提高了政府承诺的信度，另一方面三国轮流的机制让承办国承担每年的财政预算。这种方式使每个参与国都有展示领导力和创造力的机会，因此会比参加非本国主导的合作机制更加积极，财政来源也能得到保障。

总结起来，东北亚环境合作经过多年的发展形成了众多的制度安排，但是这些制度合作受到很多因素的制约，因此每个合作制度都没有得到全面的发展，从而形成了众多发展水平不一，各有优劣的若干合作制度。这些合作制度的功能相似，任务重叠，最严重的问题是各个机制独立行事，毫无沟通。因此，目前东北亚环境合作最大的问题就是没有形成一个整合的治理体系，而是形成了基欧汉所描述的“若干具体合作安排组成的松散结合体”① 因此，将这个松散的结合体整合成为协调的治理机制是东北亚环境合作的出路，而 TEMM 集合了东北亚最重要的三个国家，拥有着虽然特别但有效的制度安排以及稳定的财政来源，因此 TEMM 的良好表现让很多学者寄希望其能够发挥领导作用。

第三节
东北亚地区环境治理成效评价

在对东北亚环境合作成果进行评估时，我们必须了解东北亚环境合作尚处于起步阶段，很多大范围和具体的合作项目还只是刚刚开始，东北亚环境合作需要时间去完善。

---

① Robert O. Keohane, and David G. Victor. “The Regime Complex for Climate Change”, Paper for Woods Institute, Stanford University, January, 2010, P. 2. Harvard Kennedy School Belfer Center, https://www.belfercenter.org/sites/default/files/files/publication/Keohane_Victor_Final_2.pdf，访问日期：2020 年 3 月 2 日。

一、治理框架下的东北亚地区环境治理评价

东北亚环境合作开展至今，尽管存在很多问题但仍然可以说是成果斐然。迈特里（Mattli）和伍兹（Woods）将治理过程划分为5个阶段：议程设定、谈判、（项目）实施、监控和强制（执行）。[①] 东北亚环境合作在这五个方面的表现都不相同。东北亚合作机制都是以信息、技术交流以及政策协调的方式展开，这说明在东北亚地区交换意见和谈判所需成本较低，因此东北亚环境合作在谈判阶段的表现非常突出。[②] 事实上，在东北亚这样一个复杂的区域，能够将相关国家汇聚在一起，定期进行环境相关信息的交流和协调，就已经非常成功了。更何况这20年来东北亚经历了多次紧张事态，但是环境谈判却从未中断；在监控阶段，东北亚环境合作也取得了可喜的成绩，EANET已经在监控东北亚酸雨状况方面取得了初步进展，而且还建立了区域酸沉降数据库。另外，NEASPEC也建立了东北亚环境信息与培训中心（NEACEDT），其目的在于监控东北亚地区的环境状况并促进数据和信息交换。尽管，这两个监测机制在运行中存在很多障碍，但是他们的建立本身就是东北亚环境合作发展迈进了一大步；在议程设定阶段，现有机制的表现也令人满意，区域内几乎所有的环境问题都得到了关注，但目前的问题是所执行的任务都是相对容易且负担较轻的，各国在那些有挑战并且涉及更多政府承诺的项目上还没有达成一致，在东北亚也没有来自政府以外的类似要求。因此东北亚环境合作的项目更多是促进信息共享，而不涉及更深入的合作。各国在东北亚环境合作中避重就轻的做法也导致他们不愿将政治和财政资源投入项目实施和执行阶段，这导致整体

---

① Walter Matti and Ngaire Woods, eds. *The Politics of Global Regulation*. Princeton: Princeton University Press, 2009, P. 24.

② YunSuk Chung. “Designing an Effective Environmental Regime Complex in Northeast Asia”, Semantic Scholar, 2010, P. 8. https://pdfs.semanticscholar.org/3e33/a5fb2474f1f5a6a46c5dadf77db023c21dd7.pdf?_ga=2.108887937.2056369829.1583113755-1605929063.1583113755，访问日期：2020年3月2日。

治理体系运行的低效率。[①] 这涉及一个环境治理的核心概念——约束性治理（regulatory governance）。

约束性治理的基础是国家政府的法律承诺，而有约束力的规则就是具有国际法效力的区域协议或是协定。很显然，东北亚各国还没有做好准备，20 年来区域没有形成一项有法律约束力的正式协定，区域国家抗拒有约束力的制度安排是主要原因。[②] 然而，有趣的是，尽管东北亚区域内众多的合作机制中目前还没有产生一项环境协议，但是东北亚区域内各国均参加了国际环境协议：中国、日本、韩国、俄罗斯参加了《京都议定书》《蒙特利尔协议》以及《生物多样性公约》，同时也接受这些公约的减排要求，朝鲜也成了《生物多样性公约》和《蒙特利尔协议》的缔约方。[③] 这种区域内外的不同表现说明区域内各国并非抗拒有约束力的环境协议，只是拒绝在区域内许下承诺。

东北亚没有任何一国政府，包括最积极的日本和韩国愿意承诺遵守法律上的约束协议。日本是最有能力为区域有效环境合作提供基本技术、财政和人力支持的国家，但并不主张合法承诺。在 NOWPAP 的最初谈判中，日本表示行动计划中一些诸如协定或是议定书之类的词汇应该被删除。[④] 日本也曾明确表示，具有法律约束性质的协议并非是其在区域环境合作的最终目标；作为地区的中坚力量，韩国希望能有地区环境决议对两个地区大国的国内环境政策有所限制。[⑤] 1999 年韩国就曾经尝试通过法律手段应对中国的污染排放问题，但这个倡议不但遭到中国的反对，也遭到日本的

---

① YunSuk Chung. "*Designing an Effective Environmental Regime Complex in Northeast Asia*", Semantic Scholar, 2010, P. 8, https://pdfs.semanticscholar.org/3e33/a5fb2474f1f5a6a46c5dadf77db023c21dd7.pdf?_ga=2.108887937.2056369829.1583113755-1605929063.1583113755，访问日期：2020 年 3 月 2 日。

② Suh-Yong Chung. "Strengthening Regional Governance to Protect the Marine Environment in Northeast Asia: From a Fragmented to An Integrated Approach". *Marine Policy*, Vol. 34 No. 3, P. 549.

③ Ibid, P. 552.

④ Esook Yoon. "Cooperation for Transboundary Pollution in Northeast Asia: Non-binding Agreements and Regional Countries' Policy Interests". *Pacific Focus*, Vol. XXII No. 2, 2007, P. 91.

⑤ Esook Yoon. "South Korean Environmental Foreign Policy". *Asia-Pacific Review*. Vol. 13, No. 2, 2006, P. 84.

反对。而韩国的经济实力和政治影响力还不足以支持其在东北亚地区倡导具有法律约束力的合作，同时韩国也不愿做出更多政府承诺；以中国为代表的发展中国家，在确定减排标准问题上与发达国家有很大分歧，目前还没有达成一致。因此，中国反对有约束性的合作，因此，东北亚环境合作目前还没有培养出统一的环境标准，也无法展开有约束性的环境合作。

1997 年俄罗斯油轮在日本福井辖区发生严重的漏油事件，这些许改变了日本的立场，日本建议设定一个有约束性的措施来应对海洋污染。[①] 但是，成员国最后选择了谅解备忘录的形式来执行《西太平洋海域溢油计划》，备忘录明确"每一个成员国都应当在溢油事件中确保人员、设备和一切应急方式的迅速行动"，但同时也明确表示"此备忘录和行动计划不会在成员国之间形成任何有法律约束力的责任"。[②] 这些含糊其词的声明反映了谅解备忘录的非约束性本质，也说明成员国不愿接受任何有约束性质的协定。2007 年在韩国忠清南道泰安郡大山港外海域一艘驳船与"河北精神号"油轮在黄海海面相撞，造成大量原油泄漏，成为韩国历史上最严重的漏油事件。NOWPAP 成员国通过《西太平洋区域溢油应急计划》（oil contingency plan）向韩国提供了紧急援助，但是由于计划并没有明确规定具体的援助程序和方式，NOWPAP 没能有效处理 2007 年的漏油事件，而是韩国政府在短期内解决了问题。[③]

其他东北亚环境合作项目也都没有形成有法律约束力的协议，东北亚环境合作高级官员会议（SOM）是 NEASPEC 的决策机构，2000 年通过了

---

① Miranda A. Schreurs. "Regional Security and Cooperation in the Protection of Marine Environments in Northeast Asia", in In – Taek Hyun and Miranda A. Schreurs, eds. , *The Environmental Dimension of Asian Security*, Washington D. C. : United States Institute of Peace Press, 2007, P. 132.

② "MOU on Regional Cooperation Regarding Preparedness and Response to Oil Spills in the Marine Environment of the Northwest Pacific Region", NOWPAP Regional Oil and HNS Sill Contingency Plan, NOWPAP MERRAC. http://merrac. nowpap. org/plan/connector/1/data/plan/basic/Glist/1//&searchKind = title&searchText = MOU，访问日期：2020 年 3 月 2 日。

③ Suh – Yong Chung. "Strengthening Regional Governance to Protect the Marine Environment in Northeast Asia: From a Fragmented to an Integrated Approach". *Marine Policy*, Vol. 34 No. 3, P. 549.

非约束性的愿景声明，鼓励区域形成工作网络也鼓励多方参与。[①] NEAC 每年在五个国家的专家间举行两次会议，每次会议都会发布非约束性的主席声明对当前的环境合作进行评价并建议行动对策。东北亚地区没有形成区域环境协议，约束性治理在区域层面上还未见端倪，然而在某些问题领域，却取得了突破性进展。近年来，东北亚最具约束性治理特征的就是 TEMM 对于电子垃圾和有毒化学品跨界转移的管理（这一问题将在第三章进行讨论）。

总之，东北亚地区没有形成地区性环境协议，约束性治理在区域层面上还未见端倪。东北亚地区环境治理无论如何无法在西方治理的分析和评估框架下取得公认的成效，然而，东北亚环境治理有其独特性，只有满足这些独特的条件，东北亚地区的环境合作才可能产生效力。

二、东北亚地区环境合作的基本特点

东北亚环境合作起步较晚，但发展速度很快。环境合作在 20 世纪 90 年代到 21 世纪的前几年呈现了快速发展的态势，形成了众多的多边环境合作安排。这些机制的建立加强了东北亚各国环境信息和数据的交流以及人员沟通，在酸沉降和黄海海洋污染问题上，东北亚地区已经实现了区域环境监测。每年有很多环境会议在东北亚地区召开，将区域相关专家、官员和学者聚集在一起。纵然 20 年来，东北亚地区政治局势几次骤变又几次平息，但环境合作的渠道始终保持畅通。韩国环境研究院的一份报告调查了中日韩的官员和学者，其中 87% 的受访者认为环境合作在过去的 10 年中取得了进展，合作已经影响到本国环境政策的进程；大多数的受访者也同意环境合作已经有助于本地区环境保护的共同利益的建设。然而这份报告

① Lorraine Elliott. “East Asia and Sub – Regional Diversity: Initiatives, Institutions and Identity”. Lorraine Elliott, ed., *Comparative Environmental Regionalism*. London: Routledge, 2011, P. 68.

也显示只有47%的受访者认为环境合作有利于推动本地区的环境质量提升。[①] 无论如何，东北亚地区与世界其他区域有着完全不同的历史、文化、族群和政治特性，东北亚的环境治理甚至是区域治理无法复制其他地区的现成经验，务必在实践中进行探索。通过观察东北亚地区环境合作20年的发展历程，其合作特点至少表现在如下三个方面：

第一，国家是东北亚地区环境合作的主要行为体。东北亚地区由六个国家组成，但是起核心作用的是中日韩三国。因此这三个国家的行为决定着环境合作的走向。中日韩三个国家的政府对各国内事务有着绝对的领导力，强势的政府必然导致社会其他参与者的相对弱势。非政府组织在中日韩三国的发展都比较薄弱，对政府决策的影响力也十分有限。因此，首先关注环境问题的不是非政府组织而是各国的政府，首先行动起来的也是各国的政府。非政府组织从一开始在环境问题上就缺少话语权，而且，各国政府在非政府组织的活动和发展上也限制颇多，这使各国的非政府组织在宣传环保知识，提高公民环保意识方面发挥了主要作用，而在影响政府决策方面则没有突出建树。由于各国非政府组织发展有限，因此其关注范围大多局限于本国内部，而没有形成区域非政府组织的联合。因此，其参与区域环境合作的程度不深，影响力也十分有限。由于非政府组织发展较弱，国家在决策时无须考虑非政府组织的声音，即使很多区域环境合作制度如TEMM，NEASPEC都表示关注到非政府组织在环境合作中的重要作用，但非政府组织参与区域环境合作的机会仍然不足。

但是最近几年中日韩三国在化学品和电子废料越境转移的问题上，非政府组织和企业都发挥了非常重要的作用。非政府组织首先发现环境问题让其在占有知识、信息以及话语权方面占据了优势，非政府组织的行动引起了国家政府的重视，促进了区域关于这两个问题的解决；另外，企业的利益在这两个问题上受到政府的关注，中日韩三国参与地区环境合作的首

① Esook Yoon. "Cooperation for Transboundary Pollution in Northeast Asia: Non-binding Agreements and Regional Countries' Policy Interests". *Pacific Focus*, Vol. XXII No. 2, 2007, P. 108.

要目的是提高各自企业在区域乃至全球的竞争力，因此企业的声音和利益成为政府决策的关键因素之一。非政府组织可以在开发合作领域方面发挥自己的作用，从而拓展区域环境合作的空间。另外非政府组织和企业的合作或可成为培育东北亚地区非国家行为体的途径。

第二，非约束性合作成为地区环境治理的基本模式。东北亚目前的环境治理呈现着同西方治理不同的方式，最大特征是20多年间未形成一项区域环境协议或是议定书。东北亚各国虽然在区域外都加入了具有法律效力的环境协议如《京都议定书》，但是在区域内部似乎集体排斥有约束力的条款。学者对于东北亚非约束性的环境合作有着不同的看法，有人认为这只是向更高级合作发展的必然阶段，而另一些学者则认为这同区域的法律传统息息相关，东亚国家普遍采用协商一致的做法，对立法有着天然的抵触。非约束性合作方式是东北亚各国的理性决策选择，也是主要国家在环境谈判过程中互动的结果。①

东北亚地区环境合作的最大特征就是没有像西方那样形成具有明确法律约束力的制度规范，这种合作方式符合东亚地区文化趋势，即便是东盟已经采取了机制化的形式，但也反对法律化程序。东亚的合作模式基于不干涉原则，通过协商而非法律程序达成一致。在 NOWPAP 最初谈判的过程中，日本表示不愿签署任何有法律效力的声明，并坚称行动计划中一些诸如协定或议定书的词汇应该被删除。日本立场由于1997年俄罗斯原油泄露事件有所转变，建议采取有约束性的措施应对海洋污染，但是最后成员国还是选择签订谅解备忘录来执行地区漏油突发事件的计划。虽然这个备忘录具有里程碑式的意义，但是成员国明确表示不愿受条款的约束，因此备忘录的措辞含糊为成员国留下足够的选择空间。区域内其他的合作渠道如 NEASPEC 和 TEMM 甚至比 NOWPAP 更缺少法律基础。

东北亚地区形成此种环境合作方式除东亚决策的文化特质外，区域内

① Esook Yoon. “Cooperation for Transboundary Pollution in Northeast Asia：Non-binding Agreements and Regional Countries’ Policy Interests” . *Pacific Focus*, Vol. XXII No. 2, 2007, P. 110.

特有问题也决定这种合作方式是各国政府理性选择的结果。其一，东北亚的环境问题大多是跨界环境污染，每个国家都既是污染的排放者又是受害者。尽管这些污染问题都非常明显，但是各国都不愿采取代价高昂的环境措施。另外，区域内除日本和韩国外其他皆为发展中国家，肩负着发展经济的重任，也缺乏足够的资源和技术解决严重的环境问题，需要国际社会的帮助。因此各国缺乏必要的动力接受有约束性的协定。其二，地区政治氛围不稳定。中日韩三方有着复杂的历史和现实关系，日本军国主义的侵略塑造着中国和韩国的现代民族意识，也同样决定着他们的政策取向。其三，经济利益是区域环境合作的最大驱动力。经济发展是中日韩三国的首要任务，因此各国参与地区主义都以促进本国经济发展为目的，通过地区主义寻求培育本国企业和工业，使其具有国际竞争力，秀隆吉松（Hidetaka Yoshimatsu）将这类地区主义称为发展地区主义（developmental regionalism）。[①] 但是环境合作与经济合作不同，并非所有的环境合作都能产生经济效益，满足各国经济发展的需要；相反，在大气污染和海洋污染这些环境合作的传统领域，污染治理需要约束各国的经济活动，这需要各国付出一定程度的经济发展的代价。这也是这些领域虽然合作时间较长，但大多停留在意见交换和信息交流的阶段，而没有形成约束性治理的原因。

换句话说，东北亚地区环境合作能否推进并非取决于环境问题本身的紧迫度，而是一方面取决于该问题领域是否符合各自国内治理的需要；另一方面取决于是否能够服务于国家经济发展的需要。非政府组织的角色和作用至关重要，但要在基本符合上述两个条件的基础上才能起到政策监督和问题导向的作用。东北亚地区环境治理中国家仍然是主要的治理主体，国家间关系仍然是影响地区环境治理的主要因素。以中日韩为合作主体的东北亚地区环境合作在当前仍需要基于利益，而非共同价值展开。

① Hidetaka Yoshimatsu. "Regional Cooperation in Northeast Asia: Searching for the Mode of Governance." International Relations of the Asia – Pacific, Vol. 10 No. 2, 2010, P. 268.

第四节
东北亚地区环境治理体系的构建

东北亚地区的环境治理虽然产生了众多的合作机制，但是这些机制从宏观上看各自为政，缺乏沟通，这导致治理项目冲突和治理任务的重叠。从微观上看，东北亚地区的每一个环境合作机制都存在发展问题，都受到资金来源有限、制度建设不完善等问题的困扰。不完善的机制之间缺乏必要的沟通和协调，这使东北亚环境治理形成了“若干具体合作安排组成的松散结合体”。因此，要提高区域环境治理能力，就必须从整合这些发展各有长短，领域重叠的机制入手。制度整合要有领导机制进行协调，东北亚地区缺乏区域一体化组织，这是东北亚地区环境治理呈现混乱状态的重要原因之一。

第一，目前东北亚急需一个有领导力的机制对现有合作机制进行整合。中日韩环境部长会议（TEMM）虽然起步较晚，但却是环境合作中级别最高，对各国环境政策具有一定影响力的机制。三国部长会议已经在跨界污染、沙尘暴、酸雨等问题上展开了合作，并取得了切实效果。[①] 中日韩作为区域内重要国家，应当承担起领导责任，引导 TEMM 整合东北亚环境合作会议、东北亚环境合作高官会议等区域会议机制，构建以中日韩环境部长会议为基础的东北亚环境合作新框架。为实现这一目标，TEMM 的未来发展要更加包容和多元。一方面，加强与非政府组织的深度合作，培育更广泛的环境共识，使在 TEMM 中形成的环境共识能够在中日韩三国的科学界、企业界、非政府组织组成的知识共同体以及普通民众中得以广泛

---

① 郭锐：《国际机制视角下的东北亚环境合作》，载于《中国人口·资源与环境》2011 年第 8 期，第 47 页。

共享；另一方面，TEMM 应加强同地区内其他环境合作机制的定期沟通和联络，共享各自的行动计划和项目信息，互通有无，尽量避免工作重叠，提高整体治理效率。联络会议应讨论各自机制的优势项目和短板领域，找到各方可以互补发展的切入点。只有这些并行的环境合作机制协调发展，才可能在东北亚地区建立连贯和系统的环境管理。但是在这一过程中需要做很多工作以解决现有机制中的利益攸关方的利益。[①]

第二，解决东北亚地区环境机制普遍面临财政不足的问题。尽管有些合作机制建立了基金项目鼓励成员国捐款，但远远无法应付项目支出。为确保财政稳定，多渠道的资金来源必不可少。这不仅需要依靠参与国的财政预算，还要将基金部门和私人部门囊括进来以增强财政能力，这些部门可能包括世界银行、亚洲发展银行、全球环境基金和企业基金。TEMM 应积极扮演协调角色建立上述基金和私人部门与东北亚环境项目之间的联系，吸引外部投资；建立资金机制，如东北亚环境基金，为东北亚的环境合作建立比较稳定的资金来源，同时制定资金筹集和使用方法。[②]

事实上，所有项目都会遇到财政困境，成员应共担财政负担。成员国分担财政的意愿依靠国家对环境项目的热切度和其负担的能力。因此针对具体问题整合成员国组合可以将面临同样严重环境问题的国家聚集在一起，与其他国家相比，他们对特定项目的热切度相似，因此有较高的意愿分担财政。但是考虑到发展中国家面临的困难，发达国家和国际机制需要提供财政和技术支持。与绿色“一带一路”建设的紧密结合将是东北亚地区环境合作机制进行资金筹措和项目推进的另一条路径。

第三，东北亚环境合作的多层面选择。东北亚环境合作虽然在政府层面面临着许多困难，涉及了东北亚各国历史和现实的纠葛，但是东北亚国家在部一级和地方政府一级的环保合作却非常活跃。在这一层面的合作通

① SangminNam, “Ecological Interdependence and Environmental Governance in Northeast Asia: Politics vs. Cooperation,” in International Environmental Cooperation: Politics and Diplomacy in Pacific Asia, ed. Paul G. Harris, 186 (Boulder, CO: University Press of Colorado, 2002), P. 187.

② 尚宏博:《东北亚环境合作机制回顾与分析》，载于《中国环境管理》2010 年第 5 期，第 13 页。

常在双边范畴展开，往往同经济利益挂钩，这些项目的实施本身能够产生经济效益，因此合作动力很强。比如2006年，“中日节能环保综合论坛”首次在东京举办，这也是中日间第一个包括经济部门在内的1.5轨环境合作安排，也是两国节能环保领域合作的重要平台和对话机制。随后中国和日本将双方的1.5轨环境合作扩展至了促进双方环保产业合作的层面。2012年8月，第七次“中日节能环保综合论坛”在日本东京举行，期间两国企业和研究机构还签署了47个合作项目，范围涵盖智能社区示范项目、污泥处理、节能基金、半导体照明等领域。

这些小规模领域的双边合作虽然目前还仅限于两国之间，但是它也为多边合作提供了一种路径选择。在这类合作中双方都有着共同的经济利益，发达国家获得了发展中国家庞大且相对空白的环保产业市场，而发展中国家则获得了他们需要的资金和技术。

另外一类活跃的双边合作出现在地方政府层面。地方政府间的环境合作实际上是对现有环境合作模式的补充，也是东北亚环境合作的现实选择之一。这方面较为成功的案例在东北亚地区当属中日两个城市——大连和北九州间的环保合作。

大连与北九州的合作关系从1979年双方建立友好城市开始，特别是1991年，北九州设立了“北九州驻大连经济文化事务所”。此后，双方通过开展接受研修生、派遣专家、技术培训等活动进行了诸多形式的环境交流与合作。其中最具代表性的是1996～2000年北九州与日本国际协力机构（JICA）共同组织实施了“大连环境示范区规划”项目。在此规划下，两市就大连制药厂环保治理、盐岛化学工业区热电厂建设、春海热电厂扩建、大连水泥厂粉尘处理、大连钢铁厂电炉污染治理等9个子项目进行了合作。大连在北九州市的帮助下完成了“环境保护示范区建设事业”，大连的环境状况得到了很大的改善。

大连与北九州的“城市—城市”的环境合作模式为东北亚环境合作拓宽了选择路径。2004年北九州市基于环黄海经济圈构想，在有关城市特别是大连市的大力支持和协助下，开始利用城市间的网络推行开展各项环境合作，目前共有来自亚太地区 18 个国家 61 个城市加盟。同时，这些城市还积极参加“北九州倡议网络”、ICLEI（以可持续发展为宗旨的地方政府协议会）等组织，为本地区的环境保护采取各项合作措施。[①]

由地方政府倡议引领的地区环境合作模式在政府与企业间创造了一种弹性空间。地方政府的决策同中央政府相比而言相对简单，因为并非代表主权国家，因此不具有高度的正式化，一般也不会形成有约束性的规范制度；企业在同地方政府项目的合作中又具有了一定的正式性，同由私人部门发起的环境合作相比而言多了政策上的优势。这种弹性空间使环境合作不会受到中日间政治和贸易摩擦的影响，保障了合作项目的连续性。

无论是部级还是地方政府层面的环境合作都是在东北亚现有的状况下动态互动产生的，并取得了很大成效，同时也丰富了东北亚环境合作的选择空间。东北亚的环境合作呈现出同欧洲和北美不同的特点，这意味着东北亚环境合作的有效途径也许存在第三条道路。

小结

随着东北亚环境问题的不断恶化，各国越来越认识到环境问题无国界，除朝鲜外，区域内所有国家均积极地参与区域环境合作。20 多年间东北亚的环境合作蓬勃发展，但效果堪忧。多数国内外的学者并不看好东北亚环境合作，无论在参与的行为体类型、项目的财政状况、现有机制间的协调以及区域共有观念上都表现不佳，这些不足以让区域环境治理力不从心。推动东北亚环境合作需要从以上几个方面入手。最急需解决的是各环境机制间的协调问题，建立协调机制是厘清乱局

① 王玉芹、王娜：《大连与北九州环境合作的经验与启示》，载于《经济纵横》2009 年第 2 期。

的必要措施，协调机制需要整合现有合作机制，增强机制间的沟通，提高工作透明度，避免各个机制工作和功能上的重叠；建立协调机制的另一个优点在于协调区域内外的资金支持，为环境项目的实施提供稳定的财政来源。

东北亚环境合作的缺口在于参与行为体太过单一，非国家行为体力量薄弱。东北亚各国国内环境治理的进程大致遵循了日本模式，即政府在其中发挥主导作用，因此非政府组织和个人参与环保合作从一开始就被边缘化。在目前状况下，积极探索多层面的合作，即部一级和地方政府一级的合作，可以将企业和私人部门囊括进环保合作的框架，增强各方合作弹性，目前在东北亚有较为成功的先例。

然而，东北亚环境合作最需要理清的问题在于什么模式是属于自己的发展道路。无论是环境治理还是环境地区主义，其概念的核心均来自西方话语体系，规范是其社会运行的基础。东北亚各国在融入国际社会的过程中不断地学习并进行自我改造，区域内很多国家逐渐接受西方标准，参加了国际环境规制，如《京都议定书》，但是在区域内部的环境合作中却表现出了对约束性规则的抗拒。这种现象既可以解释为向更高级合作过渡的中间阶段，也可以解读为东北亚环境合作的特殊性。无论如何，这个问题都应该引起环境学者的重视。东北亚始终是一个同西方社会不同的次区域，学习和融合是必然趋势，但如何在特有状况下发现适合的合作路径才是根本所在。

第二部分

东北亚地区环境治理的实践路径

东北亚和平与发展研究丛书

第二章

中日韩环境部长会议机制（TEMM）的治理成效及路径

我们应如何评价一个地区的环境治理？如果说，区域环境治理的终极目标是约束各方行为，采取一致行动减少各类环境危害，[①] 那么通向这一终点的路径并不唯一。欧盟在开始环境合作的时候，已经有15年的合作历史，也有着合作的条约基础，比如《罗马条约》，这样的条件提供了简单的合作框架，可以将已有的做法迁移到新的问题领域。[②] 东北亚却没有这样的条件，为避免欧盟决策方式造成的紧张，东北亚地区依靠协商一致的原则从20世纪90年代开始进行持续互动，形成了众多的制度安排。但是这些环境合作机制没有一个发展出了具有法律约束力的环境协定。东北亚地区发布的环境文件通常是建议、备忘录、宣言、远景规划、行动计划

---

① 小森康正（Yasumasa Komori）将区域环境治理定义为区域层面的治理，是“地区内正式和非正式的协调机制互动的过程。区域机制能够有效引导和约束人类行为以实现共同管理自然资源，减少区域环境危害的目标。” Yasumasa Komori，“Evaluating Regional Environmental Governance in Northeast Asia，Asian Affairs”，*Asian Affairs*：*An American Review*，No. 37，Vol. 1，2010，P. 4.

② Sangsoo Lee and Silvia Pastorelli，“Promoting Northeast Asian Environmental Cooperation：Reflections from the EU”，E－International Relations，June 30，2013，http：//www. e－ir. info/2013/06/30/promoting－northeast－asian－environmental－cooperation－reflections－from－the－eu/，访问日期：2020年3月3日。

等，这些文件不具有正式的法律地位，被称为环境软法。[①] 与硬法[②]不同，软法最大的特点就是松散。松散一方面体现在制度设计上，另一方面体现在法律约束的程度上。软法对成员国国内批准文件的程序没有特定要求，也不涉及严肃的法律义务。如此，才将东北亚地区国家存在隔阂，并且害怕丧失自身控制权和自主性的国家带到谈判桌前。在东北亚地区，交换意见和谈判所需的成本较低。[③] 但这并不意味着软法不会产生约束力，不能实现治理目标。软法提供了另外一种治理路径，在治理效果上可能与硬法殊途同归。本章将在软法治理的框架下分析中日韩环境部长会议机制的治理成效，并总结其治理路径。

第一节 环境软法与区域环境治理

一般来说，区域环境治理开始于各国控制危险的努力。这些危险具有跨界性，必须通过合作加以解决，这极大地鼓励了区域内各国政府进行对话，以减少危险发生，这是所有区域环境合作的最初动力。[④] 尽管动力相同，但在实现治理目标的过程中，区域治理呈现出多层面和多维度的特征。

---

① Snyder, Francis, "Soft Law and Institutional Practice in the European Community", in Steve Martin ed., *The Construction of Europe: Essays in Honour of Emile Noel*, Kluwer Academic Publishers, 1994, P. 198.

② 正式的、有法律约束力的国际环境机制称为环境硬法。

③ YunSuk Chung, "Designing an Effective Environmental Regime Complex in Northeast Asia," P. 8，韩国东亚研究院，8 August, 2010, http://www.eai.or.kr/data/bbs/kor_report/YunSukChung.pdf，访问日期：2020 年 3 月 2 日。

④ Hidetaka Yoshimatsu, "Regional Governance and Cooperation in Northeast Asia: The Cases of the Environment and IT," *Ritsumeikan: RCAPS*, Vol. 9, No. 9, 2010, P. 68, http://en.apu.ac.jp/rcaps/uploads/fckeditor/publications/workingpapers/RCAPS_WP09-9.pdf，访问日期：2019 年 4 月 26 日；Lorraine Elliott, "Environmental Regionalism: Moving in From the Policy Margins," *The Pacific Review*, Vol. 6, No. 30, 2017, pp. 952-965.

1972 年在斯德哥尔摩召开的联合国人类与环境大会被视为全球环境合作的开端，此后环境问题逐渐上升到全球政治议程的中心，国际环境机制和国际环境法的建立和批准呈现蓬勃发展的态势。此时，正值新自由制度主义兴起，国际规制的概念被普遍作为评价区域环境治理的分析工具。作为全球治理的手段，治理规制是指用于调节国际关系并规范国际秩序的所有跨国性原则、规范、标准、政策、协议、秩序。[①] 规制的最大特点就是规范性，所谓规范性，即强调治理规制具有规范参与治理的各类主体行为和活动的功能，同时也在一定程度上塑造它们的行为方式，规范性强调权利与责任在治理主体之间的明确划分。[②] 规制具有明确的国际法效力，被称为“硬法”。这一时期，欧盟的环境地区主义在区域环境规制的框架下取得了重大成功，成为全球环境治理的典范。此后，区域环境治理大多依靠环境硬法的约束力，强调签字国所做出的承诺，并规定了签字国的责任，清晰界定了国家的义务。[③] 依靠硬法进行的治理通常被称为规制治理（regulatory governance）。

20 世纪最后十年，建构主义兴起，国际关系理论回归人本主义，建构主义同样关注国际机制的规范性，但这种规范性不再来自法律强制力，而是来自互动形成的共有利益。建构主义更加关注国际机制的“柔性”，通过建立共同价值和观念，使其内化为各国的行为规范，以此来推动治理机制的实践。此时东盟采取协商一致的合作方式同样取得了巨大成功，这促使着学者们对地区主义进行重新思考。卡赞斯坦（Peter J. Katzenstein）和彭佩尔（Pempel T. J.）将亚太地区主义定义为网络化而不是机制化。[④] 东盟的环境治理就是网络化治理，依靠非干涉的规范将国家主权置于绝对优

---

① 孔凡伟：《全球治理中的联合国》，载于《新视野》2007 年第 4 期，第 95 页。

② 石晨霞：《全球治理机制的发展与中国的参与》，载于《太平洋学报》2014 年第 1 期，第 21 页。

③ Erik Nielsen, “*Improving Environmental Governance through Soft Law: Lessons Learned from the Bali Declaration on Forest Law and Governance in Asia*,” Papers on International Environmental Negotiation, Vol. 13, 2004, P. 131.

④ Landorraine Ellliott, “ASEAN and Environemntal Governance: Rethinking Networked Regionalism in Southeast Asia”, *Procedia Social and Behavior Science*, No. 14, 2011, P. 63.

势的地位，通过协商一致的外交方式，依靠没有法律约束力的若干网络，如政府间网络（东盟生物多样性中心），知识网络（东盟在森林法执行和治理的区域知识网络、东盟关于森林和气候变化的区域知识网络），协商和协调网络以及执行网络（东盟野生动物执行网络）进行环境治理，同样达到了约束成员国行为的目的。①

东盟的合作充分证明了法律强制力并非是国际规制规范性的唯一来源，国际规制中的软法同样能产生规范意义。当形成法律规范的条件不明确或不成熟的时候，软法通常能够发挥作用，满足合作需要。当提及治理是否需要由法律来建立国际秩序规范时，理查德·比尔德（Richard B. Bilder）曾一语道破："有一点我们需要明确，那就是我们的重点应当是帮助国家合作，而不是简单的'让他们去做'"。② 在全球环境治理进程中，软法促进并建立了全球针对特定问题的共同理解，比如1972年《斯德哥尔摩宣言》、1982年《世界自然宪章》、1992年《里约宣言》，以及2002年《约翰内斯堡可持续发展峰会宣言》。苏士侃（Lawrence E. Susskind）在1994年就呼吁环境学者注意国际环境协议中的软法，因为软法反映了"国际环境合作中能够被普遍接受的规范"。③ 软法能够在国际环境领域发挥非凡的影响，不应当以其不够正式，或者不具严格意义上的合法性而加以忽视。④

软法虽然不具法律约束力，但也绝不是行为规范的简单宣示。欧盟在移民和就业等社会事务的合作上就采用了软法的治理方式（Open Method of Coordination，OMC），同样达到了治理效果。这种治理虽然依靠诸如指导

---

① Landorraine Ellliott, "ASEAN and Environemntal Governance: Rethinking Networked Regionalism in Southeast Asia", *Procedia Social and Behavior Science*, No. 14, 2011, P. 63.

② Richard B. Bilder, "Beyond Compliance: Helping Nations Cooperate," in Dinah Shelton, ed., *Commitment and Compliance: The Role of Non – Binding Norms in the International Legal System*, Oxford: Oxford University Press, 2000, P. 66.

③ Kuusipalo Marianne, "Environmental Diplomacy: Negotiating More Effective Global Agreements", *Journal of Cleaner Production*, Vol. 4, No. 104, 2015, P. 516.

④ Erik Nielsen, "Improving Environmental Governance through Soft Law: Lessons Learned from the Bali Declaration on Forest Law and Governance in Asia", P. 132.

原则或是建议等软法，但软法指导下进行的信任建设，经验交流、谨慎磋商等活动，以及所形成的政策网络发挥了核心治理作用，这些活动促进了共同认知和规范的形成。[①] 软法治理的主要活动就是进行对话，或者仪式性的会面、研讨、经验交流等，在规制治理的评价中，这些活动不具有实际意义，但是，对话是意义创立的过程，这些看似无关结果的安排能够创造共同的认知和规范。马丁·马库森（Martin Marcussen）曾经分析了经济合作与发展组织（OECD）中软法如何发挥治理作用，在机制中构建认知和规范，继而改变成员国和非成员国的社会行为。[②] 软法也曾在东亚的森林执法与施政（forest law enforcement and governance）过程中促成了《巴厘宣言》的达成，发挥了创造性的作用使原本不能合作的各方认识到非法伐木的严重性，并开始采取初步措施加以解决。[③]

通常来说，软法通过两个步骤实现治理：一是认知治理（cognitive governance），二是规范治理（normative governance）。[④] 认知建立是软法实施的首要环节，认知治理的目标是建立成员之间的共同观念，共有价值，形成共同期待，构建共有社会。认知治理的主要活动是在成员国间展开对话，对其过去和未来面临的挑战进行阐述，总结过去的合作成果，规划未来合作的内容。这种定期的交流和对话构建了成员共同的故事和经历，构建对于共同威胁和共同责任的认知，形成共同体意识。在这一治理过程中，语言发挥了重要的作用，通过叙事，成员国间形成共享的话语体系，

---

① Ulrika Mörth, “Soft Law and New Modes of EU Governance – A Democratic Problem?” *Soft Law in Governance and Regulation – An Interdisciplinary Analysis*, Ulrika Mörth, ed., Edward Elgar Publishing House, 2004, P. 5,

② Marcussen, Martin, “OECD Governance through Soft Law”, in Ulrika Mörth ed., *Soft Law in Governance and Regulation – An Interdisciplinary Analysis*, Cheltenham: Edward Elgar, 2004, pp. 103 – 128.

③ Erik Nielsen, “*Improving Environmental Governance through Soft Law: Lessons Learned from the Bali Declaration on Forest Law and Governance in Asia*”, Papers on International Environmental Negotiation, Vol. 13, 2004, P. 140.

④ Jacobsson, Kerstin, “Between the Deliberation and Discipline: Soft Governance in EU Employment Policy”, in Ulrika Mörth ed., *Soft Law in Governance and Regulation – An Interdisciplinary Analysis*, Cheltenham: Edward Elgar, 2004, P. 131.

共有话语构建共有认知，为治理主体塑造治理权力；规范形成是治理发挥作用的核心要素，软法通过成员间的相互影响力促使成员遵守规范，形成约束力。例如，OECD 通过定期的同行评审扩散共有知识，通过各种监督机制确保成员国遵守共同的标准和规则；OMC 则通过创造政治和社会压力，确保规范发挥作用；在东亚地区，北九州清洁环境项目通过成员间相互学习促成自我约束的达成，通过定期检查确保自主承诺的兑现。[①]

如果说，硬法通过法律的威严创造约束力，那么软法则通过创造一个紧密联系的社会建立社会化，通过社会化，认知和身份构建及其他社会实践活动使成员行为渐渐发生改变，将规则变为规范。[②] 社会提供了一种群体压力，塑造和影响个体行为，个体学习社会中的标准、规范，价值，并出现被社会所期望的行为。从认知治理发展到规范治理需要充足的必要条件：

第一，多样化的行为体参与。社会由代表不同利益的行为体互动构成，唯此才能确保社会文化的包容性。规范治理尤其需要国家、地方政府、国际组织、非政府组织、公共部门、企业和私人等多种行为体充分发展，充分互动和交融。多种行为体参与社会规范的建立，才能确保他们遵守规范。因此软法发挥治理功能需要多种行为体的共治。

第二，充分的制度发展。依靠软法进行治理尽管是松散的，但不是无序的，治理机制发挥维持治理秩序的作用。治理机制负责设计活动，不仅为所有行为体的互动提供平台，也确保信息在行为体间的畅通流动；负责制定治理规划，根据实际情况不断调整治理工具；治理机制还需要为成员提供必要的压力，以敦促他们遵守社会规范。所有这些活动都需要一个发展良好的治理机制，不但能维持自身良好运行，还能够调动各成员的政治和财政资源，保证项目实施和执行，确保实现治理目标。

第三，不同层级治理的相互协调。无论何种治理最终都落脚在国家行

---

① 薛晓芃：《网络、城市与东亚区域环境治理：以北九州清洁环境倡议为例》，载于《现代国际关系》2017 年第 6 期。

② Ulrika Mörth, “Soft Law and New Modes of EU Governance – A Democratic Problem?”, P. 5.

为的改变，依靠国家执行治理规则。不同的是，规制治理在区域层面形成了独立的法律规范，而软法治理更加需要全球治理中的标准作为依据。因此，国家、地区和全球层面的协调和互动是软法实现治理目标的重要途径。

在东北亚地区，政治环境复杂，地区主义缺失，环境合作机制都是以信息共享、技术交流以及政策协调的方式展开，没能发展出学界所期待的区域环境硬法，却在软法治理的路径下取得了治理成效。尽管对话、交流和互动十分耗时，但却能够在最初无法达成共识的行为体间建立联系，使无法合作的各方为解决共同问题坐到一起。在东北亚地区众多的机制中，中日韩三国环境部长会议（Tripartite Environment Ministers Meetings，TEMM）率先从认知治理发展到了规范治理，不但为东北亚地区环境治理打下了众多共识基础，还探索出了本地区环境治理的可能路径。

第二节
TEMM 的合作框架及发展历程

1998 年联合国可持续发展委员会（UNCSD）第六次会议决定，从 1999 年开始，正式建立中日韩三国环境部长会议，此后，TEMM 每年举办一次，由三国轮流主办，至今已有 21 年，从未中断。

TEMM 成立之时正是中日韩合作之初，三国尽管地理相依，文化相近，但关系微妙，缺乏互信。在这样的背景下，TEMM 在制度设计上维持松散，保持了极大的开放性。TEMM 没有固定的组织框架，没有常设秘书处，没有对成员国的政治要求和财政要求，合作门槛较低。三国环境部长每年交换各自国家环境治理的相关信息，交换对于地区环境问题的关切，协调三国在本地区和全球环境合作中的立场，会议举办国的环境部实际上执行了 TEMM 秘书处的功能。TEMM 发布的联合公报体现了三国环境部长的共同认知和决定，是一切活动的依据，在此基础上，TEMM 开展了各种联合项目和研究。[①] 尽管这种制度安排经常被批评导致行动的低效率，但开放性却使 TEMM 具有了极大的韧性。20 多年来 TEMM 历经东北亚安全局势的星云斗转，依然保持合作劲头，成为三国沟通的良好渠道。TEMM 的弹性使其能够不断调整合作重点和方式，应对东北亚环境治理的新问题和新变化。

在成员构成上，尽管 TEMM 没有吸收新的成员，但是在解决沙尘暴问题时采用“TEMM +1”的形式，吸收了蒙古国作为合作伙伴，不仅保持了中日韩三国的合作基础不致因为成员扩大导致合作效率降低，又能有效地解决问题。[②]

在问题领域上，中日韩环境部长会议 6 次调整了合作内容，不断根据三国的认知修正优先合作领域，使其合作涵盖了区域当前所有紧迫的环境问题。比如，2009 年第十一次中日韩环境部长会议（TEMM11）将气候变化、化学品管理和电子废弃物跨界转移囊括进优先领域，2014 年，第十六次中日韩环境部长会议（TEMM16）又将农村环境管理作为三国合作新领域，并将绿色技术和绿色发展扩展到了绿色经济转型领域，[③] 这些调整反映了三国对当前全球环境治理的最新认知；在制度进展上，TEMM 的弹性使其能够根据合作的实际需要发展出新的形式。2009 年，TEMM 成立了三国主任会议（Tripartite Director - General Meeting），以执行部长会议决议，使 TEMM 的结构更加完善和系统化。[④] 此外，TEMM 本身的开放性也使其能够与其他区域环境治理机制包容合作，协调解决区域环境问题。TEMM 在 21 年的合作历程中，始终同联合国气候变化框架公约（UNFCCC）、生

① 关于 TEMM 合作历程及其合作项目进展参见 TEMM 网站，http：//www. temm. org/sub03/11. jsp？commid = TEMM19，访问日期：2019 年 12 月 23 日。

② Chan-woo Kim，“Northeast Asian Environmental Cooperation：From a TEMM's Perspective，” *Korean Review of International Studies*，Vol. 12，No. 19，2011，P. 31.

③ “第十六次中日韩环境部长会议联合公报”，中日韩环境部长会议（TEMM）网站，2014 年 4 月 29 日，http：//www. temm. org/sub03/11. jsp？commid = TEMM16，访问日期：2019 年 12 月 23 日。

④ Chan-woo Kim，“*Northeast Asian Environmental Cooperation*：*from a TEMM's Perspective*”，P. 32.

物多样性框架公约（WSSD）、东亚酸沉降监测网（EANET）、空气污染物长距离转移（LTP）和西北太平洋行动计划（NOWPAP）等机制保持紧密的联系，协调区域及全球环境问题的解决。[①]

在制度发展上，TEMM 每五年就会出现合作的进阶，1999～2004 年，TEMM 的合作主要在于建立共识，这一阶段，中日韩合作的重点是环境教育、环保意识提高和公众环境参与；2005～2009 年，TEMM 开始在制度上出现进展，DSS 项目 2006 年建立了三国主任会议，负责讨论具体合作措施，并于 2007 年成立指导委员会（Steering Committee），开始筹备工作组并讨论建立针对沙尘暴的监控和早期预警网络，以减轻区域沙尘暴危害，同时为决策者提供科学信息。[②] 这种具体领域的合作进展很快在其他合作领域开展起来，推进了各领域的合作。2008 年，三国领导人峰会将“建立和平和可持续发展的地区”作为三国合作的目标，TEMM 被公认为发挥了重要的作用。2009 年前后，三国开始协调各自遵守国际环境条约的行动，这不仅规范了三国的合作行为也促进了各自国内相关领域环保法律的推进。随后，2009 年第十一次中日韩环境部长会议（TEMM11）首次制定了 2009～2014 年各领域的行动计划，重新制定了 10 个优先合作领域，为三国环境合作提供了新的动力，开启了三国合作的新时代。[③] 2014 年，三国再次制定了 2014～2019 年合作计划，开始规划区域环境合作的长期路线图。2018 年，第二十次中日韩环境部长会议（TEMM 20）对三国 20 年的环境合作进行了总结和回顾，并将 TEMM 未来的合作同联合国 2030 目标、“东盟 +3”合作机制、亚太经济合作组织（APEC）、二十国集团（G20）

---

① “第十八次中日韩环境部长会议联合公报”，中日韩环境部长会议（TEMM）网站，2016 年 4 月 27 日，http：//www. temm. org/sub03/11. jsp？commid = TEMM18，访问日期：2019 年 4 月 26 日。

② Woosuk Jung，“Environmental Challenges and Cooperation in Northeast Asia，” *Focus Asia Perspective and Analysis*，No. 16，March 2016，P. 7.

③ “Foot Prints of TEMM – Historical Development of the Environmental Cooperation among Korean，China and Japan from 1999 – 2010，” P. 16，中日韩环境部长会议（TEMM）网站，2010 年 7 月 19 日，http：//www. temm. org/sub06/view. jsp？code = temm_tm_others&page = 1&search = &searchstring = &id = 6，访问日期：2019 年 5 月 5 日。

和东亚峰会等合作机制进一步联系在一起，表明了TEMM明确将治理任务和目标同全球治理相连接，使TEMM真正成了连接全球治理和国家治理的重要平台。[①] 2020年，第二十二次中日韩环境部长会议（TEMM 22）制定了2020～2024年行动计划。[②]

20多年来，TEMM在共同利益、相互尊重和信任的基础上逐步推进了合作。TEMM在三国间建立了紧密的联系，给他们提供了不同于其他领域的社会角色，随着持续的交流和互动，三国建立了良好的协作关系，增强了互信[③]，形成了对区域环境问题的共同认知，共享了东北亚区域环境共同体的观念。[④] 在这一过程中，每一国的观念都发生了改变，无论是各自国内的环境治理，还是参与地区环境治理的行为，都发生了深刻的变化（见表2－1）。

表2－1　TEMM合作领域的变化

时间/TEMM会议	优先合作领域
1999年/TEMM1	（1）提高三国环境共同体意识；（2）实现信息交换；（3）加强环境研究合作；（4）促进环境企业和环境技术合作；（5）探索防止大气污染和海洋污染的合适措施；（6）加强在全球环境问题的协调，比如生物多样性和气候变化
2006年/TEMM8	在中国的提议下三国开始关注有毒和危险废弃物非法越界转移问题

① “第二十次中日韩环境部长会议联合公报”，中日韩环境部长会议（TEMM）网站，2018年6月24日，https://www.env.go.jp/earth/coop/temm/archive/pdf/communique_E20.pdf，访问日期：2019年12月23日。

② “第二十二次中日韩环境部长会议联合公报”，韩国环境部网站，2019年11月24日，http://me.go.kr/home/file/readDownloadFile.do?fileId=213441&fileSeq=2，访问日期：2020年2月23日。

③ 东北亚环境管理联合研究项目组：《东北亚环境合作》，中国环境科学出版社2009年版，第51页。

④ “Tripartite Joint Action Plan on Environmental Cooperation 2015－2019”，日本环境省网站，2015年4月，https://www.env.go.jp/press/files/jp/26974.pdf，访问日期：2019年4月26日。

续表

时间/TEMM 会议	优先合作领域
2009 年/TMM11	(1) 环境教育、环境认知和公众参与；(2) 气候变化（双赢的办法、低碳社会、绿色增长等）；(3) 生物多样性保护；(4) DSS（沙尘暴）；(5) 污染控制（大气、水、海洋环境等）；(6) 环境友好型社会/3R/资源循环社会；(7) 电子废弃物跨界转移；(8) 化学品管理；(9) 东北亚环境治理；(10) 环境企业和技术
2012 年/TEMM14	三国开始关注突发紧急事件的合作问题
2014 年/TEMM16	(1) 空气质量改善；(2) 生物多样性；(3) 化学品管理和环境紧急事件响应；(4) 资源循环利用/3R/电子废弃物跨界转移；(5) 应对气候变化；(6) 水和海洋环境保护；(7) 环境教育、公共认知和企业社会责任；(8) 农村环境管理；(9) 绿色经济转型
2019 年/TEMM 21	(1) 空气质量改善；(2) 3R/循环经济/无废城市；(3) 海洋和水环境管理；(4) 气候变化；(5) 生物多样性；(6) 化学品管理及应对环境突发事件；(7) 绿色经济转型；(9) 环境教育、公众认知及参与

资料来源：笔者根据历年公报整理。

第三节
TEMM 的治理进程及治理成效

一、TEMM 的认知治理

共同认知是东北亚地区环境治理的关键，中日韩三国是区域合作的核心国家，只有三方达成共识，才可能展开持续合作，因此，认知治理存在于三国合作的始终。TEMM 认知治理的形式多样，主要通过三种途径达成，随着时间推进内涵也不断加深。

第一，建立三国环境部门官员间的个人共识。TEMM 在过去的 20 多年里，三国的官员紧密合作，在部长和高级别官员之间建立起了相互信任和良好的个人关系。这些良好的个人关系在工作中变为持续合作的动力和保障，对于 TEMM 的制度稳定起到了重要的作用。[①] 由人组成的合作制度离不开人的情感建设和认知建设，只有参与合作的人关系和谐，制度才能和谐。20 多年来，TEMM 充满了人情味，中日韩三国环境部长经常在其联合公报中嘘寒问暖，相互鼓励。无论是遭受了重大灾难，还是举办重要的环境会议，中日韩三国都给予彼此极大的关怀和帮助。比如，三国联合公报对 2008 年中国汶川地震、2014 年韩国天安舰事件、2011 年日本大地震以及 2015 年日本熊本地震都给予了慰问并提出援助承诺；此外，TEMM 还对 2013 年韩国主持的绿色气候基金秘书处工作，日本主持的生物多样性的政策对话会给与了支持和鼓励。

中日韩三国环境部良好的个人和工作关系使三国能够在公开、透明、互信和尊重彼此共同利益和对文化差异的基础上开展工作。这种良性的社会关系助力了三国共识的达成。对于三国合作来说，有两个共识至关重要：一是东北亚地区环境共同体意识，二是三国合作是解决东北亚环境问题的关键渠道。这些在今天被普遍接受的共识是三国在 20 多年合作中持续互动才逐渐形成的，都首先来自三国环境部官员的个人共识。正是由于中日韩三国环境部亲密的个人和工作关系，以及依此建立的基础共识，才使 TEMM 具有了强大的执行力[②]。这种执行力确保了三国在各个问题领域共识的持续推进，确保了三国敏捷且迅速地应对区域环境变化，也确保 TEMM 成为区域环境治理的有效机制并能够发挥区域环境治理协调机制的作用。

第二，推进三国环境共同体意识的形成。建立三国环境共同体意识始终是 TEMM 合作的重点，尤其在合作最初的五年成为三方合作的主要内容。1999 ~2005 年，TEMM 共执行了 6 个项目，其中 3 个项目旨在提升环境共同体意识，这三个项目分别是 TEMM 网站项目、三国联合环境培训项

① 东北亚环境管理联合研究项目组：《东北亚环境合作》，中国环境科学出版社 2009 年版，第 51 页。

② Woosuk Jung, "*Environmental Challenges and Cooperation in Northeast Asia*", P. 7.

目和三国环境教育网络项目。[①] 这三个项目是 TEMM 执行时间最长的项目，目前仍在继续。东北亚环境共同体意识为三国在各个问题领域的合作提供了至关重要的认知基础。

TEMM 从 2000 年开始建立并运行其官方网站（www. TEMM. org），韩国环境研究院（NIER）发挥了主要协调作用。网站向公众提供其合作信息，包括会议和项目信息；发布文件，包括联合公报、进展报告、项目运行报告以及三方合作评估报告等，以展示合作成果。网站是 TEMM 发布信息的重要窗口，塑造了外界对其合作机制的基本认知；同时，TEMM 在这一过程中能够定期回顾其合作历程，反思合作进展，并使中日韩三方得以不断阐释其合作意义，强化了各自对三方合作的认知。

三国联合环境培训项目（Joint Environmental Training Project）开始于 2001 年，每年举行一次会议，由三国环境部轮流主办，旨在建立三国环境部门“东北亚环境共同体”意识。这一项目在 TEMM 合作中发挥着至关重要的作用，三国环境部门每年定期会面，交换对于区域共同环境问题的关切和认识，探讨合作解决的路径；交换中日韩三国环境政策信息；建立环境信息交换国际网络。[②] 这些在环境部门官员间取得的合作共识引领着 TEMM 的合作进程。TEMM 在新领域的合作往往首先在这一会议上得以讨论并取得初步共识，如 2004 年，三国培训会议开始讨论循环社会，这也成为当年三国环境部长会议的重要议题，并成为此后三国合作的重要领域，2009 年正式成为优先合作领域。[③]

TEMM 培育东北亚环境共同体意识的另一个措施是三国环境教育网络项目（TEEN），该项目由中国环保部宣教中心、日本环境教育论坛、韩国

---

① “Report on China - Japna - Korea Tripartite Environmental Cooperation and Its Outlook”，日本环境省网站，https：//www. env. go. jp/earth/coop/temm/archive/pdf/report _ tripartitecooperation _ E. pdf，访问日期：2019 年 12 月 23 日。

② “Foot Prints of TEMM - Historical Development of the Environmental Cooperation among Korean, China and Japan from 1999 - 2010”，P. 16.

③ “第十一次中日韩环境部长会议联合公报”，中日韩环境部长会议（TEMM）网站，2009 年 6 月 14 日，http：//www. temm. org/sub03/11. jsp？ commid = TEMM11，访问日期：2020 年 2 月 23 日。

环境教育协会负责协调和筹备，为三国环境教育专家、教师和非政府组织代表讨论并交换各自环境教育倡议提供沟通平台。[①] TEEN 的活动方式为在三国间轮流举办环境教育研讨会，建立中日韩环境教育机构库，编写中日韩青少年环境教育教材等交流项目，旨在促进公众和社区环境意识的提高。[②] TEEN 从 2000 年一直执行至今始终是 TEMM 重要合作领域，取得了丰硕的成果。三国环境教育专家团队历时五年编写并出版了八册《中日韩儿童环境教育共同读本》，其中第四册《中日韩传统环境智慧》被作为"三国小学同上一门环境课"的首选教学素材。[③] 近些年，中日韩环境教育研讨会设置了"圆桌会议"环节，三国环境部负责环境教育的官员借此机会交流各自在推动环境教育发展中的最新举措，同时参加专家组研讨会，与教育专家共同探讨合作与发展。[④]此外，中日韩环境教育沟通平台正逐步建立，环境教育在企业中也得到推广。这一项目使环境共同体意识在青少年、社区和企业等基层单元中得以培育，使中日韩环境合作具有了长远的共识基础。

第三，推进三国在具体问题领域的合作共识。2000 年，第二届中日韩环境部长会议将其合作定义为基于项目的三方合作，并决心在工作层面推进三国项目发展。[⑤] 此后，TEMM 开展了众多问题领域的合作，目前共执行了 12 个项目，主要包括淡水（湖泊）污染防治、东北亚空气污染物长距离跨界输送联合研究（LTP）、循环经济/3R/循环社会项目、沙尘暴联合研究项目（DSS）、中日韩化学品管理政策对话和光化学合作研究项目等，其中，中国西北生态保护项目于 2007 年已经完成。这些项目的主要活动内容就是召开研讨会、培训会和专题讨论会，交流各自的信息、观点和

---

① "Foot Prints of TEMM – Historical Development of the Environmental Cooperation among Korean, China and Japan from 1999 – 2010", P. 24.

② 牛玲娟等：《中日韩政府环境教育合作回顾与展望》，载于《环境保护》2011 年第 23 期，第 74 页。

③④ 颜莹莹：《中日韩环境教育研讨会透出哪些信息?》，载于《环境教育》2016 年第 11 期，第 49 页。

⑤ "第二届中日韩三国环境部长会议联合公报"，TEMM，http://www.temm.org/sub03/11.jsp? commid = TEMM 2，访问日期：2019 年 12 月 23 日。

政策。随着这些项目活动的展开，中日韩三国对某些具体问题的观点逐渐取得一致。

以中日韩三国大气污染治理为例，从1999年三方合作开始，很长时间都纠结在空气污染物的转移输出—接受模式上，分歧非常大，一定程度上制约了三方的实际合作。无论是TEMM框架下的LTP项目，还是东亚酸沉降监测网（EANET），都无法根据现有的监控活动对东北亚地区的大气污染状况做出科学和客观的评价。但是，随着TEMM 20多年不断的交流和互动，尽管在科学界针对这一分歧仍然没有形成三方共同认可的研究结论，但在政策领域，日韩两国近年对中国在大气污染防治方面做出的努力表示肯定，并对中国在区域大气合作中的立场表示理解。三国渐渐从污染物输出模式和污染责任认定上挣脱出来，更为务实地探索改善区域大气环境的合作空间。

TEMM的认知治理为各项目的推进提供了内在的动力，尽管不同项目的合作进展不尽相同，但从总体合作水平来看，TEMM最有意义的合作进展是政策协调的出现。TEMM从1999年到2003年的公报没有提及与政策相关的表述，2004年第一次提及政策对话和各国政策制定问题，从2006年开始，公报对于政策相关表述逐年增多，政策对话非常活跃。目前，三国的政策对话主要集中于各国政策信息和经验交流，虽然看起来仍然是自说自话，但是已经进入了政策协调的第一阶段，具有重要的合作意义。目前，三国在大气污染、化学品管理和固体废弃物跨界转移管理等多个问题领域都建立了联络点和工作组，确保三国政策信息的沟通和交换。然而，TEMM若将政策对话继续推进至政策协调阶段，还需要持续不断的互动与合作。

在过去的21年间，中日韩三国在TEMM框架下不断针对优先问题领域进行对话和交流，尽管很难在科学数据上明确这种交流和对话对区域及各国国内环境治理所产生的实际效果，但TEMM提供了各国环境治理所必需的知识和经验，其能力建设等活动使各国提升各自的治理水平成为可能，同时也有助于提高各国整体履行国际环境条约的能力。这实际上促进了各国整体环境质量的改善以及区域环境质量的提升。

二、TEMM 的规范治理

东北亚地区环境治理在任何一个问题领域都没有形成明确的环境协议，约束性治理未见端倪，但这并不是说东北亚区域的环境合作没有可见的成果，也不意味着区域合作机制没有发挥治理作用。事实上，TEMM 的运行确保了各国对域内环境问题的持续关注，并在可能的领域不断推进合作，在东北亚地区环境治理的大背景下，TEMM 并未执着在区域治理传统的路径上，而是务实地采取可能的措施，同样实现了区域环境治理的目标。

TEMM 的做法是同国际环境协议保持紧密一致，并以此为着力点展开治理。TEMM 在气候变化领域同《联合国气候变化框架公约》（UNFCCC）步调一致，在生物多样性保护领域借重《生物多样性公约》，在化学品管理方面依据全球化学品统一分类和标签系统（Globally Harmonized System of Classification and Labeling of Chemicals，GHS），在固体废弃物越境转移管理领域遵循《巴塞尔公约》（Basel Convention，也称《控制危险废物越境转移及其处置公约》）。因此，尽管东北亚地区并没有在区域层面形成有约束力的制度安排，但是 TEMM 借由各国在国际条约中的承诺，将国际环境协议化为区域环境治理的重要抓手。一方面，TEMM 发挥了协调国际环境治理和各国内环境治理的中间环节作用，使全球环境治理在东北亚地区有了完整的治理层级；另一方面，尽管 TEMM 制度本身不具有强制力，但是其对三国执行国际环境协议提供了不可或缺的信息和技术支持，为三国环境部门提供了政策层面上不断沟通的途径和平台，给三国执行国际环境协议带来了持续的压力，使区域环境治理受惠于全球环境治理的推进。TEMM 能够满足不同国家在东北亚区域环境合作中的不同需求，因而具有了治理权威。

TEMM 的治理成效可在化学品管理方面窥见一斑。联合国早在 1954 年就开始着手讨论相关问题，进入20世纪90年代后，化学品管理已经从运输安全扩展到环境和公共卫生领域，形成了众多多边国际协议，如《鹿特丹公约》和《斯德哥尔摩公约》。2003年，经过近10年的研究，全球统一化学品分类和标识系统（GHS）由联合国正式推出，此后每两年修订一次。GHS的主要功能是指导各国建立化学品分类和标签制度，代表了当今社会对化学品危害认识水平，尽管属于非强制性国际协议，在联合国成员中无法律约束力，但具有国际权威性，已经成为国际化学品环境管理统一行动的基石。通常，各国会根据GHS的指导出台各自化学品管理的条例或标准实施全球统一化学品分类制度。2006年2月，联合国通过了《国际化学品管理战略方针》强调了化学品市场准入的重要性，将化学品管理带入了一个新的时代。中日韩三国在区域层面的化学品管理合作就是在这一背景下展开的，但是三国在合作之初各自化学品管理的水平各不相同。

日本的化学品管理起步较早，1973年，原日本厚生省、通产省联合制定了管理化学物质审查和制造的法律《化学物质审查规制法》（简称《化申法》）、《二恶英类对策特别措施法》《毒物以及剧毒物取缔法》。其中，《化申法》是世界上首部对新的化学物质制定采取事前审查制度的法律。从1973年以来，日本开始对化学品管理制定相关配套的法律和法规，形成了比较完整的法律法规体系，覆盖了化学品从生产、使用、消费到废弃的全过程。虽然《化申法》有很长时间没有再次修订，但是日本化学品管理起步最早，在管理能力、水平和技术上有着明显的优势；韩国也是化学品大国，化学品管理开始于20世纪八九十年代，1983年和1990年分别颁布了《工业安全和健康法》和《有毒化学品管理法》，将化学品管理的目的定位于确保人体健康和环境免受危险化学品的侵害。[①] 相比日本来说，韩国的化学品管理起步稍晚，但是立法层级一开始就是法律，理念清晰，几十年来也形成了比较完整的化学品管理法律体系和多元的管理模式；相比

① 王晓东：《中韩化学品管理立法比较》，载于《理论界》2009年第2期，第198页。

之下，中国的化学品管理起步最晚，2004 年才启动《化学品环境管理条例》的制定工作，在此之前，中国没有专门针对化学品的法律法规。2006 年中国发布按照 GHS 编制的国家标准、化学品分类、警示标签等。总体上，化学品管理上立法层级不够，在中国环境管理立法体系中，化学品管理是一个相当薄弱的环节。

2007 年 11 月，在中国的建议下，TEMM 在东京召开了中日韩三国化学品管理政策对话会，这次会议不仅是政府间会议，还包括了由政府、企业和学界代表共同参加的国际工作组会议。这次会议上，三国政府交换了关于化学品管理法规的政策信息并通过互联网向公众公布。此后中日韩化学品管理政策对话会议作为 TEMM 的重要合作制度每年召开一次，交换化学品管理的进展信息和成果，为三国化学品管理提供了持续的信息源和压力，保持了各国对该问题领域的持续关注。此外，三国还在化学品管理能力建设上保持了持续合作，这使得管理的技术和经验在三国间得到持续交流。正是由于在区域层面上的合作，无论是化学品管理起步较晚的中国，还是有着较长和较完整化学品管理法律和管理体系的日本和韩国，在回应 GHS 的过程中，都出现了各自化学品管理的新发展，重新修订了一系列化学品管理法律和国家标准。

中国在 2010 年 10 月正式出台实施了《新化学物质环境管理办法》，要求对新化物质进行申报；2011 年的 12 月重新修订并发布了《危险化学品安全管理条例》，要求企业按照 GHS 标准对 SDS（化学品安全技术说明书）和危险化学品统一标注；2015 年，《危险化学品名录》及《危险化学品名录实施指南》先后发布；2016 年，中国在已知化学品清单中新增了 31 种化学品，有效地改变了控制这些化学品的管制要求。

日本的《化申法》1973 年就已颁布，但长期没有修订，2009 年日本重新修订这一法律，并于 2010 年生效。跟修订前相比，新的化学品管理法律从有毒基础改为风险基础，法规中引入了涵盖现有化学物质的综合管理系统，对合理监管化学物质提出要求，并要求化学品信息通报。2016 年 4 月 1 日，日本化学品管理部门又再次将 21 种物质设定为优先评估化学品，将优先评估化学品种类升为211种。

韩国《化学品注册预评估法案》于2015年正式实施，2016年4月，韩国也应GHS的第四次修订要求，更新了有毒物质的管控法律。新的有毒物质管控法律要求韩国公共场合的化学品都必须进行标识、分类，提供成分安全数据。此外，增补条款增加了环境风险等级。韩国还与化学品的注册和评价行动保持一致，成为韩国化学品注册于评估法案（K－REACH，*The Act on Registration and Evaluation of Chemicals*）。

TEMM将GHS引入合作框架内，促进了三国国内化学品管理相关法律和措施的出台，将国家、区域和全球的化学品管理标准和行为联系在了一起，规范了国家的化学品管理行为，使各国在化学品管理方面大体上出现了区域一致的行动。这种合作的进展还体现在三国政府共同打击电子废弃物非法越境转移的努力上[①]。中日韩三国都认识到在不断增长的跨界交往下，管理化学品和控制电子废弃物的越界转移必须通过三方协调相关政策和国内标准来实现。同时，三方在这两个领域合作的目标使各自国内的标准同国际规范相一致，如GHS和《巴塞尔公约》，这就将国内治理同全球规范联系在一起，而区域合作则作为全球规则同国内标准之间的纽带，这种治理方式也成为目前东北亚地区环境治理的有效路径。

三、TEMM的治理路径

TEMM之所以能够取得治理成效，首先在于其创造了一个东北亚环境共同体社会，进而形成了治理规范。区域及全球公民身份的塑造能够使合作主体更加自觉地参与治理过程。[②] 松散治理是东北亚所有环境合作机制

---

① Hidetaka Yoshimatsu. "Understanding Regulatory Governance in Northeast Asia: Environmental and Technological Cooperation among China, Japan and Korea", *Asian Journal of Political Science*, Vol. 3, No. 18, 2010, pp. 227－247.

② 袁沙、郭芳翠：《全球海洋治理：主体合作的进化》，载于《世界经济与政治论坛》2018年第1期，第50页。

共同的特点，但并不是采取松散治理的东北亚环境合作机制都取得了如TEMM一样的成就，TEMM能够创造一个社会，还在于其与生俱来的权威性。在东北亚地区，由于地区主义的缺失，民族国家依然是区域合作的主要行为体。尽管治理需要非国家行为体的参与以及治理权威从国家行为体向非国家行为体转移，但是在东北亚地区，相当长的时间内并不具备治理发挥作用的基本条件。既然国家间合作是东北亚环境治理主要的合作形式，参与合作的主体权力级别就成为影响合作进程的重要因素。TEMM与其他区域环境合作机制不同之处在于其合作级别最高，参与合作的是三国环境部，这使TEMM从成立之初就具备了权威性。但也恰恰因为三国行政部门直接作为治理主体，也使TEMM在治理方式上必然尽量维持松散。在这样的情况下，TEMM定位协调，立志高远，其目标是成为东北亚区域环境治理的协调和领导机制，松散的治理方式为TEMM实现这一目标提供了助力。

其次，TEMM的协调作用越来越成为中日韩三国提升环境治理能力的重要来源，社会学习的出现是东北亚环境共同体社会形成的标志。TEMM的协调体现在两个方面：一方面，协调成员国之间的信息和经验交流，进行能力建设，加强成员国自身环境治理能力，从而提升区域和全球环境治理水平。TEMM在这一层面的协调建立了三国环境共识，建立了一个紧密联系的社会，这在其他合作领域几乎是难以实现的。因此，TEMM成为东北亚各国尤其是中日韩三国在安全形势紧张时期必不可少的沟通纽带。尽管TEMM制度本身不具有强制力，但是其对三国执行国际环境协议，参与区域环境合作提供了不可或缺的信息和技术支持，为三国环境部门提供了政策层面上不断沟通的途径和平台，并根据区域实际情况有针对性地解决域内特有的问题，这就使TEMM不但创造了促进三国环境治理能力提升的压力，而且能够满足不同国家在区域环境合作中的不同需求。这种压力和需求为本地区形成自上而下和自下而上的治理提供了基本动力。另一方面，TEMM的权威性和开放性使其能够超然于东北亚其他环境合作机制，既避免了相似机制间的领导权之争，同时与他们保持协调，发挥其优势整合治理秩序。TEMM 在不同的问题领域倚重专门治理机构推进合作，发挥协调作用。在大气污染防控领域，TEMM 同东亚酸沉降监测网（EANET）和 LTP 共同管控大气污染；在海洋治理方面，TEMM 努力协调在 NOWPAP 的框架下开展海洋环境污染治理；在水问题上，TEMM 致力于在亚洲水环境伙伴关系（WEPA）的框架下进行三方合作。从 2019 年开始，TEMM 更加关注联合国可持续发展目标（SDG）的实现及与其他全球治理机制和平台的协调和沟通。TEMM 制度的不断进阶，越来越成为三国提升自身治理能力的必要渠道以及集体参与全球治理的身份基础，使这一合作机制更具吸引力。

最后，《巴黎协定》的签署标志着全球气候治理模式从自上而下的“强制减排”转变为自下而上的“自主贡献”，也反映了全球治理转型中全球治理权的分散和下放趋势。[①] 全球治理的这一重要转型使国际环境多边合作越来越依靠国家对治理的投入和治理能力的提升，地区合作和区块合作将越来越成为全球环境合作的重要途径。正是在这一全球治理缓慢转型的过程中，TEMM 的作用不断得到提升，环境软法成为环境规制发挥治理作用的重要补充。

小结

总体来看，东北亚地区由于地区主义的缺失，使得各国在安全关切上集中在国家领土和主权安全上，而非像地区主义较为成熟的欧盟那样更加关注环境问题。因此，区域环境治理并不在东北亚各国的核心政治议程中，而是处于相对弱势的地位。在这样的背景下，东北亚地区的环境合作很难形成制度化程度较高的治理体系，而要依靠非正式和非强制的制度安

---

① Markus Jachtenfuchs, “*Subsidiarity in Global Governance*”, 79 Law and Contemporary Problems, Vol. 79, No. 2, 2016, pp. 1 – 26.

排促进各国认知形成，借由国际环境协定促进各国履约，通过国内治理能力的提升来推进区域环境合作治理规范形成。

TEMM 也并非在所有领域都取得了同样的治理成效。经济和社会发展是中日韩三国的首要任务，因此各国参与地区合作都以促进本国经济发展为目的，寻求培育本国企业和工业，使其具有国际竞争力，秀隆吉松（Hidetaka Yoshimatsu）将这类地区主义称为“发展地区主义”（developmental regionalism）。[①] 在这一背景下，东北亚环境合作的内在动力是促进本国经济和社会发展，这也是 TEMM 合作的重要动力。TEMM 的松散治理使中日韩三国能够根据各自的关切协商优先问题领域，但并不专注在传统问题领域的治理突破，而是将环境治理同各国的需要联系起来，寻求务实的治理效果，例如，TEMM 将循环社会、绿色经济转型、电子废弃物跨界转移以及化学品管理作为优先合作领域，体现了各国发展和区域环境治理的共同需要，因而也能够取得治理成效；在化学品和电子废料问题上，中日韩三国通过遵循一致的标准和规则，规范各国经济活动及各国企业活动中不符合全球化标准的部分，有利于各国经济和社会的发展，有助于完善各自国内相关的法律和法规，提升政府在国内的治理能力。同时，三个国家国内治理体系的协调也有助于各国工业、企业的区域乃至全球经济实力的增长。因而，TEMM 松散治理的效果首先在符合各国经济和社会发展需要的领域显现出来，而非在环境问题最为严重的领域。

TEMM 在众多东北亚环境合作机制中，虽然起步较晚，但是级别最高，对各国环境政策具有重大影响力。TEMM 最大的贡献是探索出了东北亚环境治理的治理路径，并表现出区域环境领导机制的潜在实力，日渐成为东北亚环境合作中连接国内治理、区域治理和全球治理的协调中心。TEMM 在下一个 20 年中可以重建东北亚区域环境治理秩序为重要任务，协调区域

① Hidetaka Yoshimatsu, “Regional Cooperation in Northeast Asia: Searching for the Mode of Governance”, *International Relations of the Asia - Pacific*, P. 20.

内各合作机制的重点任务和目标，同时进行自身能力建设和机制建设，使自身的发展能够适应其应承担的重要使命，开创一个新的治理时代。未来，中日韩三国环境部长机制可加强同全球治理平台的沟通与协作，探索绿色“一带一路”建设以及“中日韩+×”生态环境合作将成为重要的研究领域。

第三章

北九州清洁环境倡议项目的治理成效及路径

在东北亚地区环境治理的实践中，软法治理不仅在TEMM的框架下取得了治理成效，还在以地方政府为合作主体的北九州清洁环境倡议项目（Kitakyushu Initiative for a Clean Environment，以下简称“北九州倡议”）中取得了合作突破。2005年，北九州清洁环境倡议的12个城市自愿制定了各自到2010年的环境治理目标，并从2007年开始接受北九州倡议的持续监督。① 从2010年至今，17个城市又再次制定了他们2011～2022年的环境治理目标，内容涵盖固体垃圾管理，空气质量改善、气候变化、环保意识提高以及城市环境合作等。② 尽管地方政府无法像中央政府那样具有广泛的代表性，但在东北亚区域环境合作“说的比做的多，愿景比行动多”的现状下③，地方政府实实在在的自主贡献，扎扎实实地改善了亚太地区

① 这些城市的治理目标包括减少城市二氧化硫排放，减少化学需氧量以及减少垃圾产出和增加循环使用率等．“Kitakyshu Initiative Final Report”，P. 5，北九州清洁环境项目网站，19 May，2010，http：//kitakyushu. iges. or. jp/publication/KI_FinalReport_2010. 05. 19. pdf，访问日期：2020年3月4日。

② 《北九州清洁环境倡议第五次网络会议成果》，北九州清洁环境倡议网站，http：//kitakyushu. iges. or. jp/activities/network_meetings/environmental%20target. html，访问日期：2020年3月4日。

③ Sangbum Shin. “East Asian Environmental Co-operation：CentralPessimism，Local Optimism”，*Pacific Affairs*，Vol. 80 No. 1，Spring，2007，P. 9.

的城市环境质量，并有益于人们的健康，实现了治理目标。[①]

北九州清洁环境倡议能够取得进展有两个重要因素，一是网络合作框架，二是地方政府而非中央政府成为合作主体。城市网络作为东北亚地区环境软法治理的重要路径发挥着重要的治理作用，也是东北亚地区环境治理的实践选择。接下来，本章将着重分析北九州清洁环境倡议的治理路径，探讨跨国城市网络在东北亚地区环境治理中的作用和意义。

第一节
跨国城市网络的含义及特点

一、网络的含义及特点

网络是具有特定结构的合作形式，网络结构框定了成员交往的实质内容及其方向。[②] 无论网络围绕何种问题展开，都至少包含以下几种要素：结点（nodes）、交往流（flows）和项目（program），这些要素确保网络具有灵活性和适应性（flexibility and adaptability）。[③] 社会网络分析方法在国际关系中的特殊作用在于它描述了国际关系网络的工作原理和网络关系如何影响国家行为体的外交决策以及所产生的结果。该方法补充了注重于行为体属性和静态平衡结构的传统研究路径，强调物质和社会关系如何通过动态过程产生国际关系行为体间的结构。[④]

① “City Environment Commitment Report 2007 – 2010”，北九州清洁环境倡议网站，Feb.，2010，https：//kitakyushu. iges. or. jp/publication/KI% 20COMMIT% 20REPORT% 20WEB. pdf，访问日期：2020 年 3 月 4 日。

②③ Sofie Bouteligier. *Cities，Networks and Global Environmental Governance*，New York：Routledge，2013，P. 55.

④ 李红、覃巧玲：《基于网络视角的东盟地缘中心性战略环境分析》，载于《世界经济与政治论坛》2016 年第 2 期，第 36 页。

从结构上看，参与网络合作的行为体构成了网络的结点，他们拥有重要的环境信息、基础设施和服务，依托地方活动以及地方组织执行网络的核心功能，在网络中发挥重要的作用。[①] 网络连接的虽然是地理空间上彼此不相连的行为体，但这些行为体能够在网络的交流空间中重复地进行有目的的交往和互动，其结果是出现了有意义的交往流。在环境网络中流动的既可以是物质性的环境信息、资金、技术以及环保产品，也可以是非物质性的环保思想、理念、经验以及随之建立的社会关系。随着网络空间中这些交往的持续进行，行为体的关系也会随之建立起来。曼纽尔·卡斯特尔（Manuel Castells）认为“交往流代表着能够出现的瞬间交往以及由此而产生的社会关联的可能性”。[②] 社会网络中的关系是连接行为体的纽带，关系的流向决定了成员在互动中的地位和重要性。

在网络中，成员的互动关系相互交织，需要一个中心（hubs）促进信息的流动和交换。中心在网络中发挥协调作用，依托项目执行网络功能，确保成员能够进行交流、协商和顺畅的互动，[③] 从而建立网络成员对网络的认知并产生归属感[④]。

从结构上看，网络通常有四种类型[⑤]：链条型、车轮型、环型和全通道型（见图3－1）。链条型和车轮型属于垂直式网络结构，是网络合作初期的常见类型，中心在垂直式网络的形成和持续活动中发挥着重要的作用，是网络运行的轴心，这一点在车轮型网络中表现最为明显：协调中心是车轮型结构网络的活动中心，通过设计网络活动建立同网络中所有成员

① Michael A. Berry and Dennis A. Rondinelli. “Proactive Corporate Environmental Management：A New Industrial Revolution.” *The Academy of Management Executive*. Vol. 12，1998，pp. 38－50.

② Manuel Castells. “Materials for an Exploratory Theory of the Network Society”，*British Journal of Sociology*，Vol. 51，2000，P. 14.

③ Manuel Castell. *The Information Age：Economy，Society and Culture. Volume II：The Power of Identity*. 2nd ed. Malden，Oxford，Victoria：Blackwell Publishing，2004，P. 443.

④ 转引自 Miyazaki，Asami，“*Judiciousness of Networks in Environmental Governance?：A Case Study of the Acid Deposition Monitoring Network in East Asia（EANET）*.” Czechoslov. J. Phys. 55（2005），P. 4.

⑤ Scott，W. Richard. *Organizations：Rational，Natural，and Open Systems*. Prentice－Ha ll，Inc.，1997，pp. 149－60.

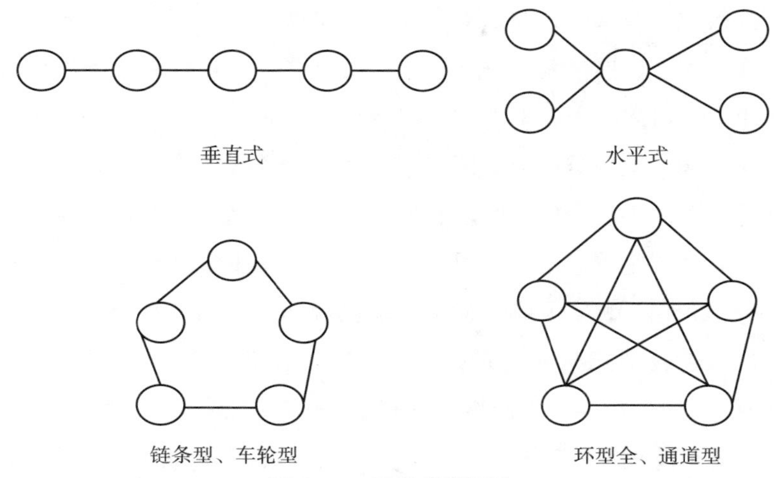

图 3－1　四种类型网络

的联系，从而带动成员参与网络，引导网络合作并促进网络升级；当网络发展到一定程度，网络活动不再全部由一个特定中心设计并执行，而是由网络成员自行发起，网络就从垂直式发展成水平式。在水平式网络中，交往流在网络中呈环形（环型网络）或全方向流动（全通道型网络）。此时的网络拥有众多结点，出现复杂交错的交往流，合作内容涉及众多领域，因此，在解决具体问题时，那些能够汇聚交往流的网络结点会变成实践中心，协调具体问题的合作，形成网中之网。水平式网络拥有多个协调中心，形成网络多中心的特征，不同中心在不同问题领域发挥协调作用。可以看出，网络虽然没有垂直指令，但是仍然存在协调中心，无论何种类型、处于何种阶段的网络，其基本的功能都是协调和沟通，最大限度地维护网络的开放性和合作弹性。

20 世纪 90 年代，“网络”这一概念开始进入国际关系学界，近些年被学者们视为全球治理的多种选择之一。网络是“多边治理结构的一种形式，连接了行为体在合作制度内外松散的相互交往。”① 如果至少两个行为

① 详见 Ley Hwee Yeo，“Institutional Regionalism versus Networked Regionalism：Europe and Asia Compared”，*International Politics*，Vol. 47，3/4，2010，P. 332.

体认识到彼此相互影响，并以某种社会关系联系在一起，为解决共同问题进行合作，那么，网络就形成了。[①] 一般来说，参与网络合作的行为体类型十分丰富，可以是民族国家的各级政府、国际组织、非政府组织，也可以是专家、学者及各类社会团体等。网络不是等级严明的制度安排，而是去权威化、多中心的开放结构，通过经常性的互动，而非正式谈判建立关系，其主要功能是传递信息，制定公共政策并从事集体行动。网络成员通过信息分享和相互说服汲取有利于本国执行和实施的外来经验，因而足够灵活，能够包容国家间的差别；同时又能够制定并执行共同的标准或规则，具有足够的实质化，[②] 网络是具有创造性的制度安排。

G20 就是没有总部、没有永久雇员甚至没有充分合法性权威的网络合作框架，但是 G20 通过协调人会议、财长，央行行长会议和农业部长会议等将各国负责各问题领域的政府官员联系起来，形成全球治理的跨政府专家联盟；同时，G20 同国际货币基金组织、世界银行等国际组织官员组成专家组和工作组，将政府官员与国际组织官员相联系，为解决技术性问题指引方向。[③] G20 这种灵活的架构能够随着全球治理议题的不断丰富将不同领域的行为体囊括进合作框架，进行持续的互动，形成共同认知；能够将不同领域的问题相互连通，彼此联系，从根本上解决人类面临的共同问题。因此，G20 历经 8 年时间，已经从应对危机的临时安排发展成为全球治理的重要平台。

二、跨国城市网络的含义及特点

网络治理的发展同全球治理权威转移的路径相关。治理性质的不断变化导致治理的合法性和权威在地方和国家政府之间重新配置。国家权威向

---

① Asami Miyazaki. “Emerging Loose System in Regional Institutions – Networked Cooperation on Transboundary Air Pollution in East Asia”, Conference Paper for ESG, January 2013. Researchmap, Jan. 2013, https://researchmap.jp/Asami－Miyazaki/presentations/22561924，访问日期：2020 年 3 月 4 日。

②③ 徐婷：《跨政府网络与 G20 的治理模式》，载于《国际观察》2011 年第 2 期，第 24 页。

上转移到国际和跨国组织和机构，向下转移到城市和地区。[①] 因此，在跨国网络中，城市扮演着越来越重要的角色。跨国城市网络可以被界定为："城市作为全球治理中的重要次国家行为体，为了更为有效地应对共同面对的特定政策议题，通过自愿、互利以及协商的横向互动所建立的制度化合作平台，其目的是汇集治理资源，分享知识与信息，交流最优实践并强化共识"。[②] 20 世纪 90 年代初以来，世界各地开始涌现出各种以特定治理议题为导向的跨国城市网络，目前，亚太地区专注环保议题的城市环境网络有北九州清洁环境倡议、亚洲清洁空气倡议网络（CAI Asia）和倡导地方可持续发展国际理事会（ICLEI East Asia）等。跨国城市网络为全球治理提供了一种自下而上的治理模式，在环境治理领域发挥着独特的作用：

第一，城市是全球环境治理的基层单位，跨国城市网络使全球环境治理的层级得以完善。环境问题本身具有区域性的特点，即一定区域内面临更多共同问题的社会共同体在共享知识和共有身份的前提下，能够更好地就本地区的环境问题制定有针对性的行动战略并出台切实可行的行动方案；同时，国家和全球层面的政策更多依赖于地方行动的实施，全球问题首先需要在地区层面得以践行，将宏观的目标分阶段分层次进行消化，而城市是这一过程中的重要行为体和主要推动力。[③] 城市是环境问题的制造者也是环境治理的第一责任人，城市环境治理能力决定着全球环境治理的水平和效果，是不可或缺的治理层级。

第二，城市具有灵活的身份，既具有政府的权威，又不代表国家主权，因而更容易进行互动，形成一致的规范。很多城市在认识到自身的环境脆弱性以及在环境方面应负的重要责任之后，开始制定环境减缓策略，这种做法往往能够填补国家合作的缝隙和失败的空间。2001 年布什政府宣

---

① James Rosenau and Ernst Otto Czempiel. *Governance without Government*: *Order and Change in World Politics*. Cambridge: Cambridge University Press, 1992, pp. 1 - 29.

② 李昕蕾、宋天阳：《跨国城市网络的试验主义治理研究——以欧洲跨国城市网络中的气候治理为例》，载于《欧洲研究》2014 年第 6 期，第 133 页。

③ 李昕蕾、任向荣：《全球气候治理中的跨国城市气候网络——以 C40 为例》，载于《社会科学》2011 年第 6 期，第 41 页。

布退出《京都议定书》之后，洛杉矶、旧金山、休斯敦、华盛顿等城市却致力于提出自身的减排目标。这些城市还结成各种合作网络并保持了制度惯性，以一种灵活的方式将更多的城市纳入网络之中，推动了绿色规范的扩散和集体身份的形成[①]；2017 年，美国宣布退出《巴黎协定》，但美国国内 60 多个城市的市长都表达了批评意见，其中，加利福尼亚州州长明确声明加州将予以抵制，并在地方政府层面推进应对气候变化。城市网络的合作惯性和形成的认知对国家参与全球环境治理提供了必要的压力和补充。

第三，作为次国家行为体，城市能够比中央政府更直接地利用地方权力来提供区域甚至是全球治理的公共产品。随着全球化的拓展，尽管国家间的差异性仍然巨大，但全球城市却高度相似，加之城市没有主权代表压力，因而更容易学习和尝试他人经验；城市管辖范围有限，因而各部门的互动较为频繁，更容易彼此了解和形成相互信任，也更容易将发展目标和规划、土地使用政策、交通政策等整合起来实现环境治理目标。因此，城市相比中央政府而言具有更大的灵活性和选择空间。从另一方面说，由于城市拥有的权力和资源不及中央政府，因而在治理中需要非政府组织、企业、个人和社区团体等非国家行为体的协助，这使城市治理网络的主体更加完善。跨国城市网络在全球环境治理中始终发挥着独特的作用。

第二节 北九州清洁环境倡议项目的制度框架及治理模式

一、北九州清洁环境倡议项目的建立与发展

北九州清洁环境倡议于 2000 年 9 月第四次亚太环境与发展部长会议上

---

① 李昕蕾、任向荣：《全球气候治理中的跨国城市气候网络——以 C40 为例》，载于《社会科学》2011 年第 6 期，第 41 页。

提出，其目标是在联合国经济与社会委员会（UNESCAP）的指导下实现亚太地区城市环境的有效改善。日本政府为其提供了主要资金支持，全球环境政策研究院（IGES）执行秘书处工作，旨在协调各成员间的行动。北九州倡议以城市作为主要参与方，经过十多年的不断发展，目前囊括了来自19个亚洲国家的173个城市①。这些城市在全球政策研究院的协调下组成了合作网络，促进了亚太地区城市之间的合作和交往，加强了信息的交流与互换。

北九州倡议的合作范围包括空气和水污染治理、减少各类垃圾产出以及减少其他城市环境问题。全球环境政策研究院通过执行项目促进网络资源的共享和流动，所开展的主要活动包括：组织主题研讨和培训推进能力建设、实施示范项目，搜集、分析和整理成功经验并在网络成员中推广成功经验的应用。北九州倡议至今已经完成了两个“五年计划”（2000～2010）。在这十年中，该项目为参与网络的东亚城市提供了广阔的合作平台，促进了彼此间的相互学习。期间，环保经验、技术和理念得到了广泛而充分的交流和应用，从而实现了成员间资源互补和共享，互补资源的快速转移和共享是网络的优势所在，能够保证网络快速地应对变化的环境。②

二、北九州清洁环境倡议的合作框架

北九州清洁环境倡议属于车轮型网络结构，有一个明确的中心——全球环境政策研究院（IGES）——作为网络运行的协调机构，这一机构在联合国亚太经济与社会委员会（UNESCAP）的领导下开展秘书处的工作，旨在协调各成员间的行动。北九州倡议的合作范围包括治理空气和水污染，减少各类垃圾产出以及减少其他城市环境问题。全球环境政策研究院通过

---

① “Kitakyshu Initiative Final Report”，P. 5. 北九州清洁环境项目网站，19 May，2010，http：//kitakyushu. iges. or. jp/publication/KI_FinalReport_2010. 05. 19. pdf，访问日期：2020年3月4日。

② Sofie Bouteligier. *Cities*，*Networks and Global Environmental Governance*，New York：Routledge，2013，pp. 3－4.

执行项目促进网络资源的共享和流动，所依托的主要项目活动包括：组织主题研讨和培训推进能力建设、实施示范项目，搜集、分析和整理成功经验并将成功经验在网络成员中推行应用。这些是网络治理中的信息沟通以及能力建设的主要方式。通过这种资源共享的活动，成员间能够出现相互学习的社会现象。同时，项目凝结了网络的规则、价值观、利益和理念，能够约束项目成员并影响他们的行动。另外，项目还能够起到转换器的作用，可以促成或是阻断与其他网络的沟通和交流，从而执行网络的导向功能。①

网络是一个开放的制度安排，合作形态多样，政治内涵包容。② 从其结构可见，网络不是一个等级严明的制度安排而是一个去权威化、开放的结构，并非依托自上而下的法律程序实现治理目标，而是通过运行项目执行治理功能，因此能够根据变化的情境，依据新的关系重新设定项目活动，这就使网络与其他形式的合作相比具有了灵活性和适应性。北九州倡议成立之初，东北亚国家的城市参与较为积极，但从2004年后，网络合作的重心渐渐转移到东南亚区域，东盟国家间良好的合作氛围也进一步促进了有约束性质的治理安排。

网络不明示其规则，没有固定的权力中心，不强制成员遵守协定，甚至允许成员自主进出，那么这样的结构安排如何发挥作用？

三、北九州清洁环境倡议的治理模式

网络是一个开放的结构，规模不固定，成员流动性大，但仍然能够维持其存在，原因主要在于去权威化的网络合作能够鼓励成员相互学习，互通有无。通常，每个成员拥有的资源，包括技术、知识，资金、信息等在

① Sofie Bouteligier. *Cities*, *Networks and Global Environmental Governance*. New York: Routledge, 2013, P. 57.

② Ley Hwee Yeo. "Institutional Regionalism versus Networked Regionalism: Europe and Asia Compared". *International Politics*, Vol. 47 No. 3/4, 2010, pp. 324 – 337.

数量和质量上都不相同，网络能够让这些资源在成员间顺畅地流动，实现必要资源的迅速共享，使成员能够低成本地获得自己所需资源，[①] 实现信息共享和资源互补，减少行为体单独行动的成本。对网络的需要使成员参与合作时即使没有硬制度约束也不会走样，更为重要的是，在这一过程中，成员会开始以一种新的角度看待自己，将自己看作是一个更大团队的组成部分。因此，尽管在网络中每一个成员都有自己的视角，但是这些视角会汇聚成为一个新的相互融合的目标，[②] 实现网络的治理功能。

起初，网络成员为解决共同问题汇聚起来，但是这种合作并不是简单的加法。

在北九州清洁环境倡议网络中，较为成功的案例之一是泗水城市固体垃圾处理经验的传播和应用。[③]

北九州倡议网络对于城市固体垃圾的治理是在泗水垃圾处理模式的推广和应用中实现的。[④] 泗水（Surabaya）是印度尼西亚第二大城市，人口约300万，通过对占城市垃圾总量50%的有机垃圾进行堆肥处理，四年内，泗水的垃圾总量减少了20%。此外，堆肥肥料还应用于城市公园和主要街道的绿植，这不仅绿化了城市环境，减少了化学肥料对土壤的污染，而且创造了新的工作机会。通过堆肥技术的应用，社区的卫生和健康状况得以改善，这些变化又反过来激励了市民更加积极地参与垃圾管理活动。[⑤] 泗水固体垃圾管理模式的成功经验主要有两点：第一，泗水很好地利用了当地和外部机构的资源和力量，对其他城市来说有着巨大的参考价值。泗水

---

① Sofie Bouteligier. *Cities, Networks and Global Environmental Governance*, New York: Routledge, 2013, P. 5.

② Keast, R., Mandell, M., Brown, K. and Woolcock, G. "Network Structures: Working Differently and Changing Expectations". *Public Administration Review*, Vol. 64 No. 3, 2005, P. 368.

③④ 对于泗水垃圾处理案例的信息来自北九州清洁环境倡议的工作报告。"Kitakyshu Initiative Final Report"，北九州清洁环境倡议网站，http://kitakyushu.iges.or.jp/publication/KI_FinalReport_2010.05.19.pdf，pp. 9-16。访问日期：2020年3月4日。

⑤ "Kitakyushu Initiative Final Report"，北九州清洁环境倡议网站，May. 9，2010，https://kitakyushu.iges.or.jp/publication/KI_FinalReport_2010.05.19.pdf，pp. 35-36，P. 9，访问日期：2020年3月4日。

垃圾处理模式依托了泗水与北九州的友好城市关系，由北九州国际技术合作协会（KITA，Kitakyushu International Techno-cooperative Association）和泗水的地方非政府组织（Pusdakota）共同发展了适合泗水环境的堆肥技术，并动员地方非政府组织建立堆肥中心，为城市居民家庭分发堆肥桶，同时吸引了当地的私人企业和地方媒体共同在社区内组织垃圾清减活动；① 第二，制造堆肥具有巨大的经济效益，堆肥可以取代化学肥料应用于公园和城市景观绿植，减少了垃圾产出并且节约城市垃圾处理成本，这对于财力有限的地方政府来说有着不小的吸引力。

为推广泗水经验，全球环境政策研究院发挥了重要作用，是这一项目的设计者和发起者。全球环境政策研究院通过如下步骤实现城市固体垃圾的治理目标。

第一，撰写并发布分析报告。促使众多城市争相仿效泗水模式的最初推动力来自全球环境政策研究院的分析报告。报告使用了大量积极、正向的语言以及大量图表描述了堆肥技术带给泗水的改变，通过大量地图说明堆肥技术在印度尼西亚的推广情况，展示大量图片直观地反映城市居民积极使用堆肥技术以及绿色组织活动的场景。② 北九州清洁环境倡议的另外一份关于泗水垃圾处理的成果报告同样使用了积极、正向的语言描述了泗水的经验，比如：在报告中，"可持续性"（sustainable）一词使用了6次，"洁净"（clean）一词使用了10次，与管理（manage）同根的词使用了29次，另外，报告中还频繁使用了可回收（recycle）、潜力（potential）等令人产生美好联想的词汇。③ 全球环境政策研究院还将泗水的经验总结成了6条简洁的建议方便成员理解。全球环境政策研究院在对泗水模式的成功经验进行分析和总结后开始推进引导活动，激发亚太地区的其他城市找到适

---

①② IGES，"Waste Reduction Model of Surabaya City"，北九州清洁环境倡议网站，http：//kitakyushu. iges. or. jp/publication/Takakura/Surabaya_ Experience _ Full. pdf，访问日期：2020年3月4日。

③ Johan Silas，"Waste Management Problems in Surabaya：An Integrated Sustainable Approach"，http：//kitakyushu. iges. or. jp/docs/sp/swm/3% 20Waste% 20management% 20problems% 20in% 20Surabaya. pdf.

合本地垃圾治理的合适方式。[①]

第二，举行专题研讨和培训。2008 年 8 月，北九州倡议网络在泗水举行固体垃圾管理研讨会，共有来自 20 个城市和中央政府的官员参加了此次研讨，在网络成员中激起了一片涟漪。研讨会结束后北九州倡议网络动员日本国际协力事业团基层组织（JICA Grassroots）支持了印度尼西亚四个城市复制泗水模式。随后，菲律宾的 6 个城市以及泰国、马来西亚、尼泊尔的城市也相继开始走上了“泗水道路”。

泗水的做法不仅在北九州倡议网络内部得以应用，还在网络外得以不断的扩展。北九州倡议在泗水、曼谷和宿务组织了研讨会和培训，邀请网络外感兴趣的城市和组织参加。在非政府组织网络中，Pusdakota（泗水地方非政府组织）[②] 将泗水市的做法推广到印度尼西亚的其他 40 多个城市。在菲律宾的宿务市，Pagtambayayong 基金（当地的非政府组织）在其临近的小岛城市巴戈学习了北九州倡议的示范项目后开始推广同样的堆肥技术；此外，北九州国际技术合作协会（KITA）通过城市双边合作框架为印度尼西亚的三宝垄和棉兰、泰国的曼谷提供支持帮助他们推广垃圾管理模式，曼谷研讨会结束后，菲律宾的塔里赛和甲米地也开始使用堆肥技术处理城市固体垃圾。因此，泗水的垃圾处理模式也随着一系列的研讨会和培训逐步被传播到网络内外。

第三，垃圾处理模式本地化。北九州倡议网络将泗水的垃圾处理模式在网络内外进行广泛的传播，为亚太城市提供了学习和模仿的样板，但在学习这一模式的过程中并不是单纯的照搬，而是产生了本地化创新：菲律宾的托马斯市的生态固体垃圾管理项目将公众教育作为关注点，托马斯市

---

① Freier Zugriff, Mushtaq Ahmed and MeCmon Hidefumi Imura. “Kitakyushu Initiative for a Clean Environment: Monitoring and Evaluation System for Urban Environmental Management”, CiteSeerX, 30, July, 2015, https://getinfo.de/en/search/id/citeseerx%3Asid~oai%253Ads2%253Aciteseer%252F54d4ae9cf526fac428017804/Kitakyushu-Initiative-for-a-Clean-Environment-Monitoring/, P. 3, 访问日期：2020 年 3 月 4 日。

② 该组织主要负责分发堆肥桶以及回收堆肥肥料，并且组织了 80 次手把手传授堆肥技术的活动。

将垃圾管理教育在政府系统中机制化，比如企业申请许可或是执照必须要参加垃圾管理项目的活动，项目的研讨会也与市民婚前咨询以及各种社区活动同时展开。这些措施以强制的方式确保公民环保意识的提升。越来越多的东亚城市开始关注固体垃圾治理的问题并尝试将泗水模式本地化，在这一互动过程中，区域内城市固体垃圾治理能力得以提升。

可以看出，北九州清洁环境倡议不温不火，不急不躁地为成员塑造了成功的榜样、相互学习的场所和选择的空间，使成员潜移默化地受到影响。环境网络在执行具体项目时，其价值观也会进行潜移默化地传递。项目在实施中标定哪些行为是好的，值得学习，通过这种方式肯定和否定以及包含和排除一些信息和行为，从而发挥网络导向功能。网络成员可以根据各自的情况选择合适的榜样，在这一过程中习得的价值观决定了无论学习对象是谁，网络合作都会更加紧密。

第三节 北九州清洁环境倡议的权力来源及其规范治理

一、网络治理的权力来源

“治理是一个持续的过程，其中，冲突或多元利益相互调适，最终形成集体行动。”[①] 网络治理最重要的部分是决策和集体行动。因此，并不是所有的关系网络都能够执行治理功能。如果网络中的行为体实现了信息共享或是建立了固定的关系，但是他们没有参与集体决策或是他们的行为没

① The Commission on Global Governance. *Our Global Neighborhood*: *the Report of the Commission on Global Governance*, New York: Oxford University Press, 1995, pp. 55 - 58.

有出现社会转向，那么网络就不具备治理功能。[①] 网络的治理功能能够塑造成员的共同认知，促成他们之间的彼此信任和理解，并最终建构行为体行为。[②] 网络成员在追求集体目标的过程中会出现行为变化，他们在其他组织中独立行动时会表现出不同以往的合作行为。只有网络成员在网络合作中出现了自我认知的再定位，以及成员参与合作的行为依据网络目标出现了再调整，那么网络才发挥了治理作用。[③]

网络对其成员行为建构的治理功能与权力的运用相关，权力通常来自两个方面：强制执行力和意义建构力。网络治理的权力来源与机制治理不同，机制治理有明确的权威中心，依靠具有法律约束力的条约，通过惩罚措施来维持治理秩序，决策采用多数一致的原则[④]；网络不存在权威中心，遵循相互不干涉主权的原则规范，通过“协商决议”的方式，耐心地寻找各方的共同利益，其目的在于塑造行为体的共同世界观，以追求协调的解决方案，杰索普（Jessop）因此将网络界定为“灵活的理性”。[⑤] 因此，网络不具有强制执行力，而是依靠建构意义获取执行力。意义建构力来自两个方面，一方面是福柯所说的话语：行为体的行为通过能够建构意义的话语来塑造；另一方面来自互动，有意义的互动会给参与者带来身份和行为的变化。

福柯发现了话语和权力的关系，认为话语和权力可以相互建构，这个权力并非意指某些人统治另外一些人，而是产生于话语当中，能够建构主

---

① Rachel Parker. “Networked Governance or Just Networks? Local Governance of the Knowledge Economy in Limerick (Ireland) and Arlskrona (Sweden)”, *Political Studies*, Vol. 55, 2007, P. 118.

② Borgatti, S. P. and Foster, P. C. “The Network Paradigm in Organizational Research: A Review and Typology”. *Journal of Management*, Vol. 29 No. 6, 2003, pp. 991 - 1013.

③ M. Mandell, “Intergovernmental Management in Interorganization Networks: A Revised Perspective”, *International Journal of Pacific Administration*, Vol. 11 No. 4, 1994, pp. 108 - 9.

④ Rachel Parker. “Networked Governance or Just Networks? Local Governance of the Knowledge Economy in Limerick (Ireland) and Arlskrona (Sweden)”. *Political Studies*, Vol. 55, 2007, P. 116.

⑤ 转引自 Rachel Parker, “Networked Governance or Just Networks? Local Governance of the Knowledge Economy in Limerick (Ireland) and Arlskrona (Sweden)”, *Political Studies*, Vol. 55, 2007, P. 116.

体间行为的力量。① 福柯强调话语对观念的建构作用，他认为，一种观念可以在一个确定、完整的话语体系上重建。既然话语能够建构观念，那么在一定程度上话语的实践和使用技巧就能够产生现代意义上的自然权力。②"事实上，权力可以制造活动，制造现实，制造客观领域和法的规则"③。因此，关系网络就是语言生成权力，权力建构主体的互动过程。

除了话语，行为体间的互动关系也具有意义建构力。网络实际上为参与其中的行为体创造了一个社会，关系是社会活动的本质要素，行为体之间不断互动的各种关系构成了过程。过程具有自在性，能够帮助行为体形成自己的身份，产生权力，孕育国际规范，④ 改变施动者的形式（行为）和性质（身份）。⑤ 网络内的行为体的身份和行为随着相互的互动关系进行不断的调整，相互利益不断融合，从而形成集体利益。形成怎样的集体利益是由有能力和有权力设定网络活动，从而塑造互动关系的行为体界定。融合的集体利益能够强化行为体的合作意愿，加强参与网络的行为体的社会关联性。行为体的社会关联性越大，网络中成员间的关系就越紧密，网络的密度就越大。紧密度高的网络能够确保在网络成员之间不存在导致沟通、信息分享和谈判失败的空隙，确保社会关系对行为体行为的建构。⑥

二、北九州倡议的规范治理

在北九州倡议中，为推广泗水模式所发布的报告中使用了具有价值导向的语言和附属表述方式，旨在设定特定的话语情境，在这个情境中语言变成了一种驱动力，成为建构参与者行为和观念的工具，话语实际上在泗

---

① Manuel Castells. *Communication Power*. New York：Oxford University Press，2009，P. 50.

② 郑华：《话语分析与国际关系研究》，载于《现代国际关系》2005 年第 4 期，第 57 页。

③ Michel Foucault. *Discipline and Punish*. New York：Vintage Books，1995，P. 194.

④ 秦亚青：《国际政治的关系理论》，载于《世界经济与政治》2015 年第 2 期，第 8 页。

⑤ 秦亚青：《作为关系过程的国际社会》，载于《国际政治科学》2010 年第 4 期，第 10 页。

⑥ Rachel Parker. "Networked Governance or Just Networks? Local Governance of the Knowledge Economy in Limerick（Ireland）and Arlskrona（Sweden）", *Political Studies*. Vol. 55，2007，P. 119.

水模式推广的过程中构建了首推力量。

在北九州清洁环境倡议网络中，参与合作的城市一开始只是希望能够解决各自城市化带来的具体环境问题，但是在合作推进的过程中，参与城市的自我定位已经从经验接受者转变成经验传播者，有些城市走得更远：在北九州倡议的第二个五年计划中，12 个城市的市长制定了各自明确的环境治理目标，郑重许下了环保承诺，并接受了北九州倡议网络的监测和监督。从 2007 年开始，北九州倡议持续监督了这些城市环境治理目标的执行情况，以及这些城市承诺的兑现程度。绝大多数的地方政府都在其制定的目标基础上取得了重大的成果，例如：泰国曼谷和印度尼西亚泗水都在 2010 年超额完成了其制定的环保目标，其他的地方政府，如日本北九州市，泰国暖武里和中国威海也都在 2010 年比预期中更理想地完成了其设定的目标，比如，威海承诺在 2010 年实现在 2005 年的基础上减少二氧化硫排放量 5%，实际上在 2008 年这一指标就达到了 8%。[①] 北九州倡议还在第二个五年工作中建立了监测和评估体系，来评估项目的资源是否与预算和时间表相契合，以及项目成果是否在时间和资金成本上得到有效产出，并最终评估项目执行的效率和效力。[②]

包括东北亚国家在内的所有东亚国家都在环境治理中始终排斥制定量化的环境治理目标，但地方政府却在各自城市的环境治理目标上自主许下承诺，这部分原因是因为地方政府的合作在政治敏感度上远低于中央政府，因此不会带来严重的政治风险，但最重要的是在治理过程中成员身份和行为发生的深刻变化。在北九州倡议网络的互动过程中，地方政府认识到环境治理的核心不仅在于环保经验的学习，更在于整体环境目标的设

---

① "Kitakyshu Initiative Final Report", http://kitakyushu.iges.or.jp/publication/KI_FinalReport_2010.05.19.pdf, P.5.

② Freier Zugriff, Mushtaq Ahmed and MeCmon Hidefumi Imura. "Kitakyushu Initiative for a Clean Environment: Monitoring and Evaluation System for Urban Environmental Management". CiteSeerX, 30, July, 2015, https://getinfo.de/en/search/id/citeseerx%3Asid~oai%253Ads2%253Aciteseer%252F54d4ae9cf526fac428017804/Kitakyushu-Initiative-for-a-Clean-Environment-Monitoring/, P.2, 访问日期：2020 年 3 月 4 日。

计，以及依据各自的能力持续执行的环保政策。参与网络合作的城市不仅着眼于解决具体的环境问题，而且渐渐开始成为总体环境规划的思考者和设计者，其身份也随之从经验接受者和传播者变成主动的环境合作的倡导者。参与北九州倡议的地方政府都执行了新的环境政策，将成功的做法制度化。有些城市还扩大了行动范围，执行了新的计划和项目。这表明网络引导了地方政府独立、自觉地规划城市的环保路线图并能够进行长远地思考，制定有效的环境政策，并取得切实的成果。在这一系列的变化过程中，参与网络合作的地方政府间的信任逐渐建立并加深，对环境问题的认知也逐渐趋同，这使北九州倡议的示范项目得到持续的推进。罗兹认为信任在网络中能够发挥协调作用，执行等级结构中指令的功能，同时创造一种预期、共同认知和相互影响。①

有意思的是，北九州倡议网络不仅改变了一些城市的环境认知，同时也改变了他们对于网络合作的认知。随着成员数量逐年增高，网络能够有更多的机会获得更多的信息和知识支持成员的相互学习和能力建设。在这个良好的互动中，参与网络的地方政府体会到网络合作的优势，几个北九州倡议网络的成员还积极地参与了其他城市间的合作网络，增加了不同网络之间的沟通和协调，这也使地方政府在国际政治的舞台上发挥了越来越重要的作用。同时，北九州清洁环境倡议还将环境可持续发展的理念传递给参与网络合作的成员，目前，很多成员成为其他城市网络的活跃参与者以及“环境可持续发展城市”项目的倡导者。

任何一种环境治理模式能够取得成效，不仅需要合理的制度设计，还必须要与区域治理大环境相适应，北九州清洁环境倡议虽不引人注目，但其治理方式顺应了东北亚环境合作的大趋势。

① Rachel Parker. “Networked Governance or Just Networks? Local Governance of the Knowledge Economy in Limerick (Ireland) and Arlskrona (Sweden)”. *Political Studies*, Vol. 55, 2007, P. 119.

第四节
城市网络与东北亚地区环境治理

无论哪种环境治理模式，都必须能够适应东北亚地区环境合作的基本特点才能发挥治理应有的作用。东北亚环境合作有三个基本特点：第一，非约束性合作。也就是说，东北亚环境合作不能走“硬”治理的道路，而必须遵循松散治理的原则；第二，双边合作强于多边合作。有成效的环境合作往往依托双边而非多边合作框架；第三，安全困局下的环境合作。东北亚地区环境合作时常会受地区安全形势和国家间政治关系的影响，因此环境治理模式需要在一定程度上绕开政治困局。网络合作尤其是地方政府间的网络合作能够在东北亚的特殊局势下执行治理功能，这是因为以下几点。

一、环境网络符合非约束性合作的原则

东北亚地区目前的环境合作与西方不同，其最大特征是20年间未形成有约束力的区域环境协议，区域国家抗拒有约束力的制度安排是主要原因。[①] 约束性治理的基础是国家政府的法律承诺，这种环境合作包含了高额的主权成本。网络是一种松散的制度安排，北九州清洁环境倡议未以一个具有法律效力的协定作为合作的最终目标，而是依靠网络与成员、成员与成员在具体项目上的互动达成对具体问题的共同理解，通过联合研究为地方以及中央政府的环境决策提供有意义的信息，从而促进本地区环境项

① Suh - Yong Chung. “Strengthening Regional Governance to Protect the Marine Environment in Northeast Asia: From a Fragmented to an Integrated Approach.” *Marine Policy*. Vol. 34 No. 3, 2010, P. 549.

目的合作。帮助国家合作正是松散网络治理的首要目标。

第一，“松散”体现在法律约束的程度上。网络发布的文件通常包括谅解、建议、宣言、远景规划、行动计划等，这些通常不具备法律约束力，被称为环境软法。软法是“比传统制定法律的方式更动态和更民主的作法，其包含更广泛的行为体（包括科学组织、学术专家、非政府组织和企业），并且提供与更大社会更直接的联系。”①。软法既不是法律也不是非法律，而是一种国际法界的批判性革新，比硬法或是有约束性的法律更温和。这些没有约束力的制度文件能够鼓励和激励创新性的方法来实现治理目标。

第二，“松散”还体现在制度设计本身的弹性上。网络合作不依靠法律约束各方行为，但各国却能够始终保持合作状态并稳步取得成果，这得益于网络合作所搭建的开放的制度体系，依靠弹性的机制换取合作选择的空间，阿查亚和约翰逊将这种独特的区域机制定义为“保守谨慎的监督”。②

首先，比起机制治理，松散治理并不涉及严肃的法律义务，因此达成协议或是行动方案并不像正规的法律协议那样耗费时间，因此谈判成本较低。另外，正是由于松散机制具有一定的非正规性，还可能将存在隔阂的国家，或是害怕丧失自身控制权和自主性的国家行为体或是附属的官方机构带到谈判桌前。松散机制达成的软法能够让不愿意相互承认的参与双方都能接受彼此，协议还能够让在国际法的框架下不能签署协定的行为体参与进来，帮助建立共识。③ 因此，非约束性的规范和程序对于所有的参与方都具有吸引力。

---

① D. Hunter, J. Salzman, et al. *International Environmental Law and Policy*, New York: Foundation Press, 2002.

② A. Acharyaand I. Johnson, eds. *Crafting Cooperation*: *Regional International Institutions in Comparative Perspective*. Cambridge: Cambridge University Press, 2007, pp. 10 – 11.

③ Erik Nielsen, "*Improving Environmental Governance through Soft Law*: *Lessons Learned from the Bali Declaration on Forest Law and Governance in Asia*". Paper on Internatinoal Environmental Negotiation, Vol. 13, 2004, P. 138. http://www.peacepalacelibrary.nl/plinklet/index.php? sid = related&ppn = 299037487，访问日期：2020 年 3 月 4 日。

其次，网络合作制度对成员国国内批准文件的程序没有特定要求，而是创造了一种合作的宽松环境。程序的弹性能够确保不同政治制度的国家在进行国际合作时能够取得广泛的一致性。弹性的合作制度能够让成员不必担心制度压力，因此更容易产生有创造性的动议。

有效的合作方式会渐渐成为区域治理的依赖路径，“松散”已经成为学者描绘东亚环境合作的共同认知，网络合作以松散的方式进行，被称为和谐的非机制治理。[①] 东北亚国家大多对主权和领土问题较为敏感，同时多国间存在领土争议，但网络不明示其规则，没有固定的权力中心，对成员没有法律约束，甚至允许成员自主进出，这就使存在隔阂的国家，或是害怕丧失自身控制权和自主性的国家或是附属官方机构带到谈判桌前。因此，非约束性的规范和程序对于所有的参与方都具有吸引力。这种灵活的合作方式可以缓解东北亚时而紧张的局势对区域合作带来的影响。

二、网络治理包含弹性合作方式

欧洲国家的环境合作采用“契约合作模式”，这种选择有特定的历史条件和哲学基础，在近代欧洲，自罗马帝国之后，欧洲再没能有单一国家成功重塑帝国秩序，提供区域内包括和平秩序在内的公共产品，从而获得区域权力中心的合法性。因此，通过帝国塑造权力中心的方式以获得区域秩序的观念在欧洲逐渐发生转变，主要国家开始试图以相互承认主权、界定彼此权力边界的方式，重塑欧洲区域内的和平与秩序。因此，欧洲国家在解决区域面临的共同问题时能够达成多边合作契约。

东亚地区的环境合作没能像欧洲那样培育出高度法制化的多边治理体系，而是转而以双边合作为主要方式，这不仅因为东亚的环境合作开始于双边而非区域多边协调，还同东亚地区的在“二战”后的历史相关：

---

① Asami Miyazaki, “*Emerging Loose System in Regional Institutions – Networked Cooperation on Transboundary Air Pollution in East Asia*”, Conference Paper for ESG, January 2013, P. 2.

首先，从域外因素上看，“二战”后美国以多边主义原则重塑了欧洲精神，但在亚洲，美国的外交政策则强调双边主义，且美国同盟体系本身意在割裂和对立东亚主要国家。[①] 这种历史安排使东北亚各国在环境合作中以双边合作开始，以双边合作为重，难以发展出紧密和广泛的制度安排。

其次，从东北亚地区发展历史来看，古代东亚区域处于无区域合作秩序状态，区域内的合作通过若干双边关系维系，因此区域问题常以帝国与周边国家的双边互动解决，往往不需要多边协商，因而没有形成应对区域公共问题的利益交换机制，东亚地区国家也不善于处理公共法律和机制关系。因此，尽管东北亚地区环境多边合作的努力已经持续进行了20多年，但各国仍然更愿意也更擅长处理双边合作问题。

网络的开放性意味着每个国家都没有必要在全部问题上展开合作，他们只需要保持在特定问题上的合作。[②] 开放性也意味着每个国家没有必要与全部成员展开合作，他们可以根据各自意愿选择愿意交往的对象，以各自熟悉的互动方式（多边或是双边）进行沟通和交流。在无压力的互动过程中，成员之间的相互学习和社会互动会更容易促成相互理解，在广泛的相互理解基础上，即使是多边磋商也会更容易进行。开放的合作体系能够提供多种合作的选择，让东北亚地区有着纠缠不清的历史与现实关系的各国总能够找到合适的合作伙伴，同时也会弱化区域各国微妙的政治关系对环境合作的影响。尽管成员国无法在全部议题上展开合作，但是它们仍然能够在所参与的网络合作中得到各自的身份和行为的再调整，最终形成“融合的集体利益”，塑造共同的期待和相互信任。

在北九州倡议网络中，成员可以选择感兴趣的项目参与，选择各自认为合适的经验学习，与同自己惺惺相惜的成员互动，这种合作的弹性可以

---

① P. J. Katzenstein. “Regionalism in Comparative Perspective”. *Cooperation and Conflict*, Vol. 31 No. 2, 1996, pp. 353-368.

② Ley Hwee Yeo. “Institutional Regionalism Versus Networked Regionalism: Europe and Asia Compared”. *International Politics* Vol. 47 No. 3/4, 2010, P. 335.

减少成员对合作风险的担忧，能够让成员的参与集中在合作项目上，而不是对政治风险的评估上。全球环境政策研究院的研究数据显示，发展中国家的城市多数是以发展中国家的城市为学习对象而非向发达国家日、韩的城市学习。[①] 这种选择的空间对于东北亚地区的合作尤为重要，在北九州倡议网络中虽然没有达成成员都承诺执行的环境法，但成员仍然自觉地为自己定下环境目标，并在实际行动中超越目标取得了更大的环境治理成效。这种承诺并不是通过多边谈判商定，而是在弹性互动的基础上的成员的自愿贡献，因此在兑现承诺时更为自觉。

三、城市网络更具合作动力

与欧洲的经验不同，东北亚区域功能领域的合作未能促进区域各国政治互信的增强，也没能促进区域热点问题的解决。相反，东北亚地区的环境合作始终受制于其安全大环境，也受制于区域国家间关系的变化。因此，20 多年来，东北亚环境合作虽未中断，但起起伏伏，区域各国都没能采取正确的合作方案来解决区域内严重的环境问题。东北亚地区在 1995 ~ 2012 年这段区域环境机制如火如荼增长的时期也同时上升为全球主要碳排放的重点地区，碳排放量占全球碳排放量的三分之一。[②] 学者们的研究都集中在了中央政府层面的合作上，而忽视了地方政府参与的环境合作。事实上，地方政府间的合作恰恰是跨越东北亚环境合作障碍的可能路径之一，城市环境网络是东北亚环境治理体系中的重要一环。

第一，地方政府的网络合作可以降低政治敏感度。中央政府参与的合作之所以难以取得实质性的进展，是因为以国家名义的任何言辞都会被认为是一种立场宣示，因此东亚各国都难以突破彼此为自己设定的情境。地

---

① Hidenori Nakamura, Mark Elder and Hideyuki Mori. "Mutual Learning Through Asian Intercity Network Programmes for the Environment", March 2010, P. 17, 全球环境研究网站, March 2010, http://pub. iges. or. jp/modules/envirolib/view. php? docid = 2699，访问日期：2020 年 3 月 4 日。

② 钱志权、杨来科：《东亚地区的经济增长、开放与碳排放效率》，载于《世界经济与政治论坛》2015 年第 3 期，第 140 页。

方政府相比中央政府而言有很大的行动空间，地方政府既不会被视为是国家主权的代表，又不会被视为像私人部门那样毫无权威。[①] 因此，地方政府既正式又非正式的角色使他们的承诺带有官方色彩，又不至于约束中央政府未来在环境合作中的作为。当地方政府在环境合作中没有了这些约束，就可能会尝试一些创新的做法。北九州倡议网络中 12 个城市的市长对其管辖的地区做出了为期 5 年的环保目标承诺，并接受了网络的监督和监测，合作本身的意义大于他们承诺的内容。

第二，在东北亚地区，尤其是在中国和日本这两个最大的区域国家里，环境治理有一个普遍的现象，那就是环境责任地方化：一方面地方政府在环保政策决策上有了较大的自主权；另一方面，由于地方政府要为环保买单，所以非常需要资金和技术的支持。在这种情况下，地方政府希望依靠国际资源来完成本地的环境治理目标。[②] 区域内城市在这一需求上有了共同的目标，也面临共同的问题，因此在城市环境合作的网络中，这种强烈的需求和愿望可能填补他们在环境政策和环境标准上的差距，东北亚地区环境城市网络的合作成果因此较为突出。

第三，在地方政府的环境合作网络中，地方政府往往能够与企业和非政府组织实现密切的合作。北九州倡议网络无论推广固体垃圾处理技术还是低成本卫生处理系统，非政府组织、私人企业和当地的媒体都是这些活动的主要参与者，这些行为体不但起到在网络内的宣传作用，他们还将这一技术在各自网络外的关系网络中进行传播，扩大了这些环保技术的推广。也就是说，在城市环境网络合作中，参与行为体的类型较为丰富，能够更好地执行治理功能。

网络地区主义最初是由城市而非主权国家所推动。托马斯·罗伦（Tomas Rohlen）曾高度赞扬过城市发挥的作用，她认为如果我们能够将城市

① SangbumShin. “East Asian Environmental Co-operation: Central Pessimism, Local Optimism”. *Pacific Affairs*, Vol. 80 No. 1, Spring 2007, P. 13.

② SangbumShin. “East Asian Environmental Co-operation: Central Pessimism, Local Optimism”. *Pacific Affairs*, Vol. 80 No. 1, Spring 2007, P. 14.

作为全球变化和国家反应的干预单位，我们就能够更好地理解和评价在东亚发生的巨大变化。① 很多东亚国家的都市都参与了全球资本主义的网络合作体系并利用全球的力量改写了国家关心的议程，随着区域内关系网络的扩大，越来越多的城市连接起来，跨越国家边界，这个联合网络甚至被认为是塑造东亚地区主义的关键要素。② 城市正在逐渐成为区域乃至全球合作的重要角色。

网络治理模式是东北亚地区20多年环境合作的实践选择，网络以前所未有的灵活性和协调性的决策方式，以及非中心化的行政结构为优化的区域合作形态提供了可选路径。以地方政府为主的合作方式又给以中央政府为主的环境合作以重要的补充，因此，东北亚环境治理要取得实际成效需要传统模式与新兴模式相互为用，中央政府与地方政府遥相呼应。

小结

东北亚区域的环境合作的情况非常特殊，一方面是日益严重的区域环境问题，急切需要中日韩三国通力合作，而另一方面，三国背着沉重历史包袱在不断紧张的区域安全态势下日渐疏远。在这样的大背景下，东北亚区域环境合作进展缓慢，但也是三国保持沟通的依赖路径。因此，中日韩三国积极参与东北亚区域环境合作具有双重意义。中日韩三国应尝试以新的视角和新的途径塑造区域环境合作。

第一，以“共享安全”的视角积极参与区域环境合作。中日韩三国参与非传统安全领域的合作应有非传统安全观的视角。区域环境合作开始于

① T. P. Rohlen. “Cosmopolitan Cities and Nation States: Open Economics, Urban Dynamics, and Government in East Asia” Working Paper, pp. 41 –42. Institute for International Studies, Stanford University, http: //iis – db. stanford. edu/pubs12074/Rohlen _ cosmopolitan. pdf，访问日期：2020 年 3 月 4 日。

② Ley Hwee Yeo. “Institutional Regionalism Versus Networked Regionalism: Europe and Asia Compared”. *International Politics* Vol. 47 No. 3/4, 2010, P. 334.

人们对于环境公害问题的关注，来自环境共同威胁引发的对“共享安全”的诉求。共享安全强调行为体间共存、共处、共建和优态共存，其基础是区域乃至全球命运共同体。[①] 中日韩三国在传统安全领域的博弈经常迁移到强调命运共同体建设的区域环境合作领域，这导致环境合作成为中日韩三国另一个政治博弈场，破坏了区域原本脆弱的合作成果。中日韩三国是东北亚区域环境合作的核心国家，没有三国的共识，区域环境治理不会有实质性的进展。三国应在TEMM平台的基础上协调各国参与东北亚区域合作的观念，构建三国在环境合作领域的共享安全观。

第二，推动网络合作向高级别多中心发展。东北亚地区国家处于不同的经济发展阶段，面临的环境问题各不相同，在区域环境治理的立场上达成协调一致确有难度。在合作实践中，环境网络提供了新的选择，化整为零地将区域环境问题本地化，松散的结构和弹性的合作方式倡导成员自愿参与，自主贡献。网络治理是一种社会化的进程，虽然网络不为参与者设定合作目标，而是提供有选择空间的合作框架，但是在网络中有特定含义的语言和有意义的互动都会完成网络对成员的引导功能。在网络的引导之下，成员之间的互动就不再是简单的交往，而变成了一种有建构意义的相互学习，在这一过程中，成员彼此影响，其观念和利益得以重新调整，最终成员会在网络中获得新的身份，形成“融合的集体利益”。网络合作对于东北亚环境合作来说既能够满足松散治理的需求，又能够以弹性合作方式提供多种选择的空间，是区域环境合作的一个重要的选择。

目前东北亚区域环境网络合作基本都处于网络的初级阶段，只有一个协调中心，资源和信息多呈现辐射式流动，没有形成多中心，全通道的高级别网络结构。中日韩三国应加强区域内相似功能网络之间的合作，使功能相似重点任务不同的网络能够互补合作，形成针对一类问题的多中心网

① 余潇枫：《共享安全：非传统安全研究的中国视域》，载于《国际安全研究》2014年第1期，第5页。

络，进一步促进不同国家主导的合作机制之间的有效合作。

第三，发挥地方政府在区域环境合作中的作用。从实践经验上看，中央政府层面的网络合作在制度安排上优于地方政府层面的合作，但在合作成效上地方政府网络具有明显的优势。地方政府在东北亚环境合作中扮演着重要的作用，在中央政府合作低迷的时候，地方政府则是东亚国家协调环境共识，改善区域环境质量的重要角色。尽管，地方政府由于授权有限，无法取代中央政府在区域合作中的主体角色，但城市环保合作的成果能够在成员国国内产生示范效应，吸引更多的城市仿效，城市环境质量的改善同样能够惠及区域大环境。总之，城市是国家环境政策的具体执行者，在环境政策方面有着相对独立的自主权，因此在环境合作中比中央政府有着更大的行动空间，能够更有创新性地解决合作难题，应当成为东北亚环境治理新的增长点。

值得注意的是，在东亚区域环境治理的大背景下，东北亚次区域的环境合作现状仍然堪忧，即便在城市网络合作中情况依然如此。目前，亚太地区主要有三个涉及东北亚国家且专注环保议题的城市环境网络：北九州清洁环境倡议、亚洲清洁空气倡议网络（CAI Asia）和倡导地方可持续发展国际理事会（ICLEI East Asia）。北九州清洁环境倡议拥有包括香港和澳门在内的 10 个中国城市，14 个日本城市以及 5 个韩国城市[①]；亚洲清洁空气倡议网络吸引了 14 个中国内地城市和中国香港特别行政区，日韩两国则没有城市加入，但日本政府为网络提供资助；倡导地方可持续发展国际理事会，目前只有一个中国内地城市成为会员，但却拥有日本 18 个县市区和韩国 58 个各级地方政府。

可以看出，虽然这些城市环境网络为中日韩的城市搭建了交流的平台，但从成员组成情况来看，三国城市间互动却不充分，在亚洲清洁空气倡议网络中由于没有日韩城市参与，因此三方互动不可见；在倡导地方可

---

① “Kitakyshu Initiative Final Report”，P. 5，北九州清洁环境项目网站，19 May，2010，http：//kitakyushu. iges. or. jp/publication/KI_FinalReport_2010. 05. 19. pdf，访问日期：2020 年 3 月 4 日。

持续发展国际理事会中，日韩城市参与较多，但中国城市只有一个。相比其他的城市环境网络，中日韩地方政府参与北九州清洁环境倡议最为积极，但从成员在网络内部的活跃程度来看，中日韩城市的积极性明显低于东盟国家。日本作为倡议的主要发起国，积极地参与了网络合作；中国城市参与网络的积极性高于韩国，中国两个城市（威海和重庆）的环保经验成为了网络的示范项目，北京和威海还曾经主办过北九州倡议网络的会议、研讨会和培训，威海还曾经采用了污水集中处理系统技术。[①] 韩国还未有城市主办或是深入参与过此类网络活动。从目前的资料来看，由于中日韩城市发展存在差异，因此发展中国家城市间相互学习的情况更为普遍，还无法观察到中日韩城市直接互动的现象。

可以看出，中日韩三国城市在参与这些网络合作时还未找到相互进行良好互动的渠道和方式，对网络资源的利用还远远不够，彼此没能建立起活跃的网络联系。如何引导中日韩三国城市积极利用网络合作平台，增强互信，互通有无，应成为东北亚区域环境治理的重要课题。

① 详见北九州清洁环境倡议网络活动页面，北九州清洁环境倡议网站，http://kitakyushu. iges. or. jp/activities/index. html，访问日期：2020 年 3 月 4 日。

第三部分

东北亚地区环境治理的潜力

东北亚和平与发展研究丛书

第四章

中日韩环保产业合作

在国际关系中，区域环境治理是人类以区域为基本场域的环境合作实践，这种实践基于但不限于地理疆域的划分，是结合不同地区的地理环境、文明传承、族群分布，是存在、认识与实践在区域范围内的三维整合。[①] 东北亚地区的地理环境和气候特征无疑将本地区各个国家捆绑在一起，在地理范围内形成了休戚与共的命运共同体。然而，不同国家的文明传承、族群分布、发展状况以及历史与现实又使各国缺乏相互信任，在认识上难以形成对地区环境治理的积极共识。这种存在与认识的分离，使合作实践裹足不前。在全球治理失灵，区域治理成为全球治理缓冲的背景下，东北亚地区的环境治理在整体上还难以承担全球治理与国家治理有效衔接的重任。

未来，东北亚地区的环境治理应向何处去？一方面，各国仍需在形成地区共同治理标准和区域环境协定方向上继续努力，这种努力不仅是对中日韩三国环境治理的督促，更是对地区其他国家污染行为的约束。东北亚地区应警惕新的污染排放大国的出现；另一方面，东北亚地区的环境治理还应探索在环保产业和环保技术领域合作的潜力，努力将环境治理融入地

① 张云：《国际关系中的区域治理：理论建构与比较分析》，载于《中国社会科学》2019 年第 7 期，第 190 页。

区各国未来发展战略之中。将环境产业合作与地区环境治理相结合，将会提高各国参与环境治理的积极性，有助于形成治理标准和共识。环保产业合作及技术合作有利于扩大各国环保经济规模，促进相关产业结构升级和转型，为区域环境合作增加新的动力。

目前，中日韩环保产业合作并未进入地区环境治理的制度框架，环保产业对地区环境合作的拉动力和对地区环境治理效果的推动力还有待加强。中日韩三国的环保产业呈现阶梯发展的状况，具备合作的良好基础。本章重在对比中日韩环保产业发展状况，分析中日韩环保合作的需求和内在动力，通过分析日韩环保产业海外合作战略，探讨中日韩环保产业合作的路径。

第一节
中日韩环保产业发展状况

中日韩三国环保产业处于不同的发展阶段，中国环保产业起步最晚，目前仍处于基础阶段，已初具产业规模；日本在环保技术水平、产业结构和专业人员梯队培育等方面，在亚洲乃至全球都处于领先地位，在中日韩中拥有最强的技术实力和最完善的产业体系；韩国环保产业发展晚于日本，但发展迅速、增长较快，其环境产品技术过硬，相比日本和欧美国家具有价格优势。中日韩环保产业的阶梯状发展态势为三国环保产业合作提供了广阔的空间。

一、中国环保产业发展状况

中国环保产业起步于 20 世纪 60 年代，历经了 40 年的发展，21 世纪后进入了健康快速发展阶段，尤其是2010 年以后，中国颁布了一系列与环保产业发展相关的法律法规，营造并培育了良好的发展大环境。2010 年，国务院办公厅发布《关于推进大气污染联防联控工作改善区域空气质量指导意见的通知》，将火电、钢铁、有色、石化等行业列入大气污染联防联控重点行业，要求这些行业采用环保除尘技术，明确了环保产业的价值和意义；2012 年，国务院发布了《“十二五”节能环保产业发展规划》，第一次明确提出环保产业发展的总体规划，包括增长目标、总体规模和研发重点，为环保产业发展指明了发展路径和方向；此后，相关政策法规不断完善，国务院先后发布了《大气污染防治行动计划》和《重点区域大气污染防治“十二五”规划》，并针对细分产业领域的污染排放标准做出了细致的规定，出台了《水泥工业大气污染物排放标准》《水泥窑协同处置固体废物污染控制标准》《火电厂大气污染物排放标准》《环境空气质量标准》《钢铁烧结、球团工业大气污染物排放标准》《炼钢工业大气污染物排放标准》《炼焦化学工业污染物排放标准》《土壤污染防治行动计划》等一系列法规标准，这些标准的出台使各工业产业的生产与发展与环境保护紧密联系起来，加大了各行业对环保产品的需求，为环保产业的发展迎来了春天。

2016 年 3 月，“十三五”规划纲要明确提出发展绿色环保产业，培育服务主体，推广节能环保产品，支持技术装备和服务模式创新，完善政策机制，促进节能环保产业发展壮大；随后，国务院于 2016 年 12 月印发《“十三五”国家战略性新兴产业发展规划》，提出推动新能源汽车、新能源和节能环保产业快速壮大，构建可持续发展新模式。随着一系列政策的出台，中国对于环保产业的发展思路越来越清晰，环保产业在国家发展战略中的地位也越来越重要。

目前，中国环保产业体系已初具规模，内容涵盖面广，环保产品生产、洁净产品生产和环境保护服务构成了中国环保产业的主体。尽管中国的环保产业近些年被提升到国家发展的战略高度，得到了快速的发展，但环保产业总体起步较晚，还存在很多问题。目前，中国环保产业的发展状况呈现出如下特点：

第一，产业规模扩张明显，市场竞争力弱。总体上，中国环保产业总产值逐年攀升，从图 4 - 1 可以看出，2008 ~2014 年环保产业产值变化情况来看，环保产业始终处于上升势头，已经形成了一定的产业规模，年均增长率超过 15%，高于国民经济增长速度，成为经济新常态下的新的经济增长点。2017 年，中国环保产业产值约为 6. 87 万亿元，2019 年达到 8. 87 万亿元，预计到 2023 年将达到 13. 5 万亿元。[①] 2017 年全国环保产业营业收入约 1. 35 万亿元，较 2016 年增长约 17. 4%，其中环保企业营业收入总额为 11681. 4 亿元，环境服务营业收入约 7550 亿元，同比增长约 23. 8%。环境保护产品销售收入约 6000 亿元，同比增长约 10. 0%。[②] 在近些年经济下行形势下，环保产业保持稳定增长。

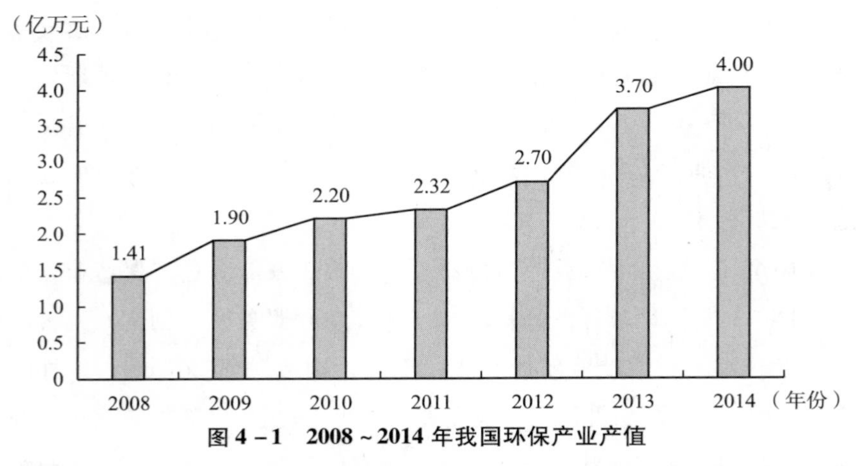

图 4 - 1　2008 ~ 2014 年我国环保产业产值

资料来源：孟伟、冯慧娟、罗宏等：《我国节能环保产业发展战略研究》，载于《中国工程科学》2016 年第 18 卷第 4 期。

尽管环保产业发展势头强劲，但总体规模在国民经济结构中的比重偏低，与国民经济支柱产业的要求仍有一定差距。从环保收入企业分布情况

① 《2019 年中国环保行业市场状况及发展趋势分析》，北极星大气网，http://huanbao. bjx. com. cn/news/20190316/969279. shtml，访问日期，2020 年 2 月 13 日。

② 中国环境保护产业协会：《中国环保产业发展状况报告（2018）》，中国环境保护产业协会网站，http://www. caepi. org. cn/epa/resources/pdfjs/web/viewer. html? file =/epa/platform/file/filemanagecontroller/downloadfilebyid/1551316923721052064256，访问日期，2020 年 2 月 13 日。

来看，环保业务营业收入主要集中在年营业收入100亿元以上的企业，营业收入总额为4705亿元，占比为40.3%。然而，营业收入在2000万元以下的企业单位数量却占总企业数量的半数以上，总计4887家，约占68.9%，但其营业收入占比仅为2.1%、环保业务营业收入占比仅为3.9%。根据国家统计局《统计上大中小微型企业划分办法》[①]，在上述环保企业中，大、中型企业数量占比分别为4.4%和26.4%；小、微型企业数量占比为69.2%。[②] 也就是说，当前中国环保产业仍以小微型企业为主，大企业数量较少，然而从利润率上看，几乎全部的营业利润和环保业务营业利润集中在年营业收入1亿元以上的企业，营业收入在1亿元以上的企业，以11.6%的占比，贡献了接近90%的营业收入和利润。而营业收入在2000万元以下的企业营业利润、环保业务营业利润占比不到1%（见表4－1）。

表4－1　　2017年列入统计的各类企业情况

营业收入	本年统计企业单位数		营业利润		环保业务营业利润	
	数值（个）	占比（%）	数值（亿元）	占比（%）	数值（亿元）	占比（%）
100亿元以上	19	0.3	420.9	34.0	227.9	28.3
50亿～100亿元	17	0.2	150.7	12.2	80.7	10.0
10亿～50亿元	129	1.8	403.3	32.6	256.4	31.9
5亿～10亿元	104	1.5	74.2	6.0	57.3	7.1
1亿～5亿元	555	7.8	145.2	11.7	137.3	17.1
5000万～1亿元	504	7.1	28.3	2.3	27.0	3.4

① 国家统计局：《统计上大中小微企业划分办法（2017）》，国家统计局网站，http：//www.stats.gov.cn/tjsj/tjbz/201801/t20180103_1569357.html，访问日期：2020年2月13日。

② 中国环境保护产业协会：《中国环保产业发展状况报告（2018）》，中国环境保护产业协会网站，http：//www.caepi.org.cn/epa/resources/pdfjs/web/viewer.html？file＝/epa/platform/file/filemanagecontroller/downloadfilebyid/1551316923721052064256，访问日期：2020年2月13日。

续表

营业收入	本年统计企业单位数		营业利润		环保业务营业利润	
	数值（个）	占比（%）	数值（亿元）	占比（%）	数值（亿元）	占比（%）
2000万～5000万元	880	12.4	14.7	1.2	15.7	2.0
2000万元以下	4887	68.9	-0.3	0.0	2.3	0.3
合计	7095	100.0	1237.0	100.0	804.5	100.0

资料来源：中国环境保护产业协会：《中国环保产业发展状况报告（2018）》，中国环境保护产业协会网站，http://www.caepi.org.cn/epa/resources/pdfjs/web/viewer.html? file =/epa/platform/file/filemanagecontroller/downloadfilebyid/1551316923721052064256，访问日期：2020年2月13日。

中国的环保企业数量庞大但体量普遍偏小，小微企业整体抗风险能力弱，市场竞争力差，且国际化程度偏低，用于环境技术研发和创新的资源有限，技术水平较低。这种格局决定着尽管近些年环保产业发展快速，然而企业缺乏核心技术，以中低端产品和装备生产为主，市场生存能力弱，缺乏市场竞争力，整体发展失衡，不利于产业健康发展。根据中国环境保护产业协会的统计，相较于2017年，部分环保上市公司2018年营收增幅收窄。环保产业发展在2018年下半年增速放缓，产业整体效益经历了动荡回调。①

第二，产业集聚加速，产业布局有待优化。此外，从地域分布看，统计范围内企业有近半数集聚于东部地区，东部地区环保企业的营业收入占比为62.1%，超过了中、西部和东北三个地区企业的营业收入，北京、浙江、广东、江苏4省（市）贡献了全国近52%的营收，其中，北京贡献超过23%。② 节能环保产业在空间布局上呈现集聚发展态势，形成了京津冀、长三角、珠三角、长株潭等集聚发展区。③ 但是，从总体发展水平来看，

① 孙秀艳：《创新这样引领环保产业》，载于《人民日报》2019年6月19日，第10版。

② 中国环境保护产业协会：《中国环保产业发展状况报告（2018）》，中国环境保护产业协会网站，http://www.caepi.org.cn/epa/resources/pdfjs/web/viewer.html? file =/epa/platform/file/filemanagecontroller/downloadfilebyid/1551316923721052064256，访问日期：2020年2月13日。

③ 冯慧娟、裴莹莹、罗宏等：《论我国环保产业的区域布局》，载于《中国环保产业》2016年第3期，第11～15页。

从东到西，节能环保产业发展水平与区域经济发展水平呈现一致性，区域发展不平衡。东部地区是国内节能环保产业发达的地区，在节能环保技术研发、环境金融、设施维护运营服务等领域突出。中西部地区发展滞后。从产业集聚区发展水平来看，环渤海地区在技术开发和成果转化、人才储备方面优势明显。长三角地区环保产业具有一定基础，是中国环保产业最为聚集的地区，水处理、大气污染治理设备全国领先。珠三角环保产业主要集中在广州、东莞、深圳、佛山 4 个城市，广东的环保服务在全国名列前茅。[①]

第三，政府投资不断加大，资金短缺仍是重要瓶颈。近些年，中国政府不断加大对节能环保产业的投资力度，在“十三五”规划中空前提升环保产业地位，带来投资需求大幅增长。环保绿色美丽中国被纳入“十三五”6 个重要目标任务、5 大发展理念和 2016 年 8 大重点工作之中。100 个重大工程及项目中环保占到 16 个，环保在“十三五”期间被提到前所未有的高度。从图 4－2 可以看出，2000～2016 年，中国环境治理投资总额从 1014.90 亿元增长至 2016 年的 9219.80 亿元，复合增速达 14.79%（见图 4－2）。

2017 年，中国环境治理投资占 GDP 比例为 1.15%。根据国际经验，当治理环境污染的投资占 GDP 的比例达 1%～1.5%时，可控制环境恶化的趋势，当该比例达到 2%～3%时，环境质量可有所改善。发达国家在 20 世纪 70 年代环境保护投资占 GDP 的比例已达 2%。2016 年，住房和城乡建设部与环境保护部联合下发了《全国城市生态保护与建设规划（2015～2020 年）》，其中明确提出环境保护投资占 GDP 的比重不低于 3.5%，[②] 这一目标与环保投资仍有很大提升空间（见图 4－3）。

---

① 裴莹莹、杨占红、罗宏等：《我国发展节能环保产业的战略思考》，载于《中国环保产业》2016 年第 1 期，第 13～18 页。

② 《住房城乡建设部环境保护部关于印发全国城市生态保护与建设规划（2015～2020 年）》，http：//www.mohurd.gov.cn/wjfb/201612/t20161222_230049.html，访问日期，2020 年 2 月 13 日。

图 4－2　2010～2017 年中国环境污染治理投资情况统计

资料来源：《近几年，中国环境污染行业投资在国民经济中的地位占比情况》，中国产业信息网站，http：//www. chyxx. com/industry/201904/732895. html，访问日期，2020 年 2 月 13 日。

图 4－3　2010～2017 年环境污染治理投资及占 GDP 的比重

资料来源：《近几年，中国环境污染行业投资在国民经济中的地位占比情况》，中国产业信息网站，http：//www. chyxx. com/industry/201904/732895. html，访问日期，2020 年 2 月 13 日。

此外，环保产业还不断引入社会资本，基本形成 PPP、第三方治理、绿色金融、产业基金等多元化投融资格局。但节能环保产业属重资产行业，投资大、周期长，而我国众多中小节能环保企业缺乏融资能力，资金短缺严重。据国务院发展研究中心研究显示，从2015年到2020年中国绿色发展的相应投资需求约为每年2.9万亿人民币，其中政府的出资比例只占10%～15%，超过80%的资金需要社会资本解决，绿色发展融资需求缺口巨大。

一方面由于节能环保产业本身投资回报周期长，在发展的初期需要大量的资金投入进行基础设施建设、科技研发和人才培养等，而我国众多的节能环保企业缺乏融资能力，资金短缺严重；另一方面，从技术进步绩效看，2011年有研发能力的企业仅占11%，与其他工业企业的平均研发水平近似，对技术依赖性强的环保产业来说研发投入仍显不足。[①]

此外，环保产业领域分布不均衡，环保技术原始创新能力和动力不足。近年来，我国节能环保技术水平不断提升，主导技术和产品可以基本满足市场的需要。常规污水处理技术、电除尘、袋式除尘技术等达到国际先进水平；膜分离技术与产品取得一定突破，并在规模较小的污水处理中得到广泛应用；脱硫设备基本实现国产化，脱硝技术和催化剂等取得积极进展；电厂烟气超低排放集成技术推广受到肯定，正在扩大应用，节能先进适用技术装备得到大幅推广。

然而，我国的环保产业领域分布不均衡，从表4－2可以看出，当前我国环保企业主要集中分布在水污染防治、大气污染防治、固废处置与资源化、环境监测四大领域，企业数量之和占比达90.7%；其中，水、气、固三个领域企业的环保业务营业收入、环保业务营业利润占比分别高达87.4%和88.8%。这表明我国环保产品和环保服务领域过于集中，导致某些领域市场竞争过于激烈，而某些领域则明显市场供应不足。

① 中国工程科技发展战略研究院：《中国战略性新兴产业发展报告》，科学出版社2014年版。

表 4-2　　2017 年中国环保产业列入统计的各细分领域企业经营情况

领域	本年统计企业单位数（个）	环保业务营业收入（亿元）	环保业务营业利润（亿元）
水污染防治	2597	2336.2	362.8
大气污染防治	992	925.5	88.4
固废处置与资源化	1018	2164.7	262.8
噪声与振动控制	22	9.0	2.0
环境修复	69	91.4	11.7
环境监测	1828	434.6	46.1
其他	569	247.6	30.7
合计	7095	6209.0	804.5

资料来源：中国环境保护产业协会：《中国环保产业发展状况报告（2018）》，中国环境保护产业协会网站，http://www.caepi.org.cn/epa/resources/pdfjs/web/viewer.html? file =/epa/platform/file/filemanagecontroller/downloadfilebyid/1551316923721052064256，访问日期，2020 年 2 月 13 日。

从环保技术创新来看，整体上，中国在环保技术创新方面的产出较多，环境领域的论文发表总数仅次于美国，且增速明显高于其他国家；一些子领域的专利技术申请量达到或接近世界第一。以大气环保产业为例，从图 4-4 可以看出，2014 年起专利授权量迅速攀升，并在之后保持了迅猛增长的态势，2012～2018 年的专利授权量达到 28224 件。[①] 然而，环保技术论文的质量与发达国家尚存在差距，SCI 论文被引频次少于发达国家，且原创性技术较少，核心技术创造不足。中国环保产业技术创新效率偏低，尤其是技术转化效率很低。具体表现为，随着创新资源投入加大，以专利、新技术为代表的技术产量已相当可观，然而技术产业化、商业化效率低下，大量技术创新的一次产出没有转化为相应的经济价值，产业技术创新的盈利能力没有能够与研发能力齐头并进。因此，当前要加快推进

① 李林子、傅泽强、封强：《基于专利视角的中国大气环保产业技术创新能力研究》，载于《环境工程技术学报》2020 年第 1 期。

环保产业技术转化步伐。①

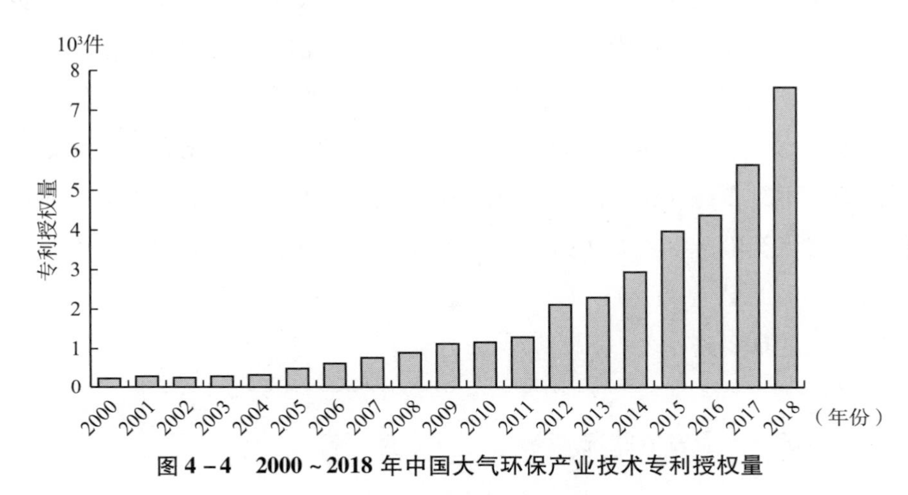

图 4－4　2000～2018 年中国大气环保产业技术专利授权量

资料来源：李林子、傅泽强、封强：《基于专利视角的中国大气环保产业技术创新能力研究》，载于《环境工程技术学报》2020 年第 1 期。

以小微企业为主的产业组织特征导致了产业内技术创新动力不足。目前，我国环保产业企业中仅有 11% 左右的企业有研发活动，这些企业的研发资金占销售收入约为 3.33%，远低于欧美 15%～20% 的水平，② 大大阻碍了产品和设备的大规模产业化。根据 2017 年《中国绿色贸易发展报告》显示，中国已是全球最大的环境产品出口国，由于环境产品的技术创新能力仍较弱，大气、水、土壤等领域的监测设备基本依赖进口，行业技术基础依然薄弱。③ 目前，部分高效节能减排核心技术和关键装备尚未完全掌握，例如在废旧电池循环利用、污水的膜深度处理技术等许多领域还存在技术瓶颈，一些自主研发的节能环保装备性能和效率不高。

① 李林子、傅泽强、封强：《基于专利视角的中国大气环保产业技术创新能力研究》，载于《环境工程技术学报》2020 年第 1 期。

② 薛婕：《我国环保产业的技术创新能力分析》，载于《中国工程科学》2016 年第 4 期，第 24 页。

③ 商务部绿色贸易发展研究中心：《中国绿色贸易发展报告（2017）》，中国商务出版社 2017 年版。

此外，技术集成不够，节能环保装备成套化、系列化、标准化水平低。技术成果转化和应用难，关键技术科技成果转化率低，技术交易、转移和扩散的市场化机制尚未形成，阻碍了产品和设备的大规模产业化。[①]

总之，中国的环保产业在最近一二十年间取得了快速发展，但发展质量还不高，技术水平还比较低，环保产业还没有实现规模化和规范化，环保产业还不具备海外竞争能力。中国的环保产业还需要借鉴先进国家的环保产业发展经验，学习发达国家环保技术，除吸引国外环保企业进入国内市场外，借助绿色“一带一路”平台进行环保产业海外合作也是我国环保产业发展的重要路径之一。

二、日本环保产业发展状况

日本环保产业起步较早，目前已经进入成熟发展阶段。20 世纪 50 ~ 70 年代，日本快速实现工业化，经济成就举世瞩目，但其间各类公害事件频发，引发了尖锐的社会和政治问题。在此背景下，1967 年，日本制定《公害对策基本法》，并以此为核心建立了日本的环保法律体系，日本环保产业开始了上升周期。虽然环保政策在 20 世纪 80 年代初经济下行时稍有反复，但随后很快恢复。随着工业化及城镇化达到一定阶段，日本末端治污需求逐渐减弱，2000 年以《循环型社会促进法》为核心的新的环保法律体系应运而生，日本开始实施环境立国战略，大力推进循环经济，把发展环保产业作为改善经济结构、推进经济转型的重要内容。实现了环保法律体系由“被动”到“主动”的过程。环保产业既是工业、市政发展的重要衍生需求，也是约束宏观经济的资源要素。目前，日本在环境政策、方针、环境法制、标准等环境措施不断强化的推动下，环保产业已经进入市场机

① 中国环境保护产业协会循环经济专业委员会：《我国循环经济行业 2012 年发展综述》，载于《中国环保产业》2013 年第 9 期，第 16 ~ 23 页。

制引导下的自律发展阶段。[①] 环保产业从特定的污染型产业转向全部的产业，从官方的需要转到民间的需要，从城市向各地域辐射，市场规模也不断扩大。

第一，日本环保产业发展理念明确，发展速度较快。2000年后，日本环保产业以资源循环产业为中心，在日本取得了蓬勃发展。从2000年到2003年，环境产业的市场规模仅为约60万亿日元，呈微增趋势，但2004年以后逐渐增加，2008年达到95万亿日元的峰值，2009年受全球金融危机影响，下滑至78万亿日元，2010年恢复至接近90万亿日元，并于2014年突破100万亿日元。2017年，日本环境产业的市场规模约为106万亿日元，创历史新高，比前一年增加0.9%，约为2000年环保产业规模的1.8倍（见表4－3）。

表4－3　　2000～2017年日本环境产业的市场规模变化　　单位：亿日元

大分类	2000年	2001年	2002年	2003年	2004年	2005年	2006年	2007年	2008年
防止环境污染	75062	70630	67273	65020	64225	126907	136820	124662	125385
全球变暖对策	39931	49195	54834	95065	151768	210008	235712	251112	254817
废弃物处理和资源有效利用	394585	402978	404786	409013	421418	439057	457190	477207	491319
自然环境保护	73521	70917	69540	71649	73527	74439	74689	78869	78721
合计	583098	593720	596434	640747	710938	850412	904412	931849	950243
大分类	2009年	2010年	2011年	2012年	2013年	2014年	2015年	2016年	2017年
防止环境污染	101828	126898	132643	134579	137959	145208	129759	113351	113919
全球变暖对策	193110	259358	247912	273364	322188	330546	326897	330646	359917
废弃物处理和资源有效利用	410909	424381	435224	441732	457712	452990	460698	516077	496150

① 杨丽、付伟：《国外环保产业的发展概况及启示》，载于《中国环保产业》2018年第10期，第28页。

续表

大分类	2009 年	2010 年	2011 年	2012 年	2013 年	2014 年	2015 年	2016 年	2017 年
自然环境保护	78269	78501	78687	79121	79684	80856	82718	85361	84509
合计	784116	889139	894467	928796	997542	1009600	1000072	1045434	1054495

资料来源：《平成 30 年度環境産業の市場規模推計等委託業務》，日本环境省网站，http://www.env.go.jp/policy/keizai_portal/B_industry/index.html，访问日期：2020 年 2 月 13 日。

可以看出，日本的环保产业市场规模巨大，且保持持续增长态势，从日本环保产业分类来看，全球变暖对策和废弃物处理与资源有效利用所占比重最大，拉动了环保产业的增长，这也从侧面表明日本已经将绿色及循环经济理念融入生产和生活全过程。

从日本环保产业的市场附加值来看，在日本环境产业中，附加值最大的是“废弃物处理和资源有效利用”，其次是“自然环境保护”，这两个领域附加价值率在 2017 年均达到约 50%。这表明，这两个领域吸引了日本环保产业的大量资本，市场需求量巨大，日本的环境立国战略和资源循环理念引导着环保市场的发展。此外，从 2000 年开始，日本环保产业附加价值额的推移与市场规模的推移基本相同。2000 年以后附加值增长最快的是“全球变暖对策”，这一变化与日本的环境战略及日本环境外交步调一致，这一领域的产业支撑着日本环境的海外市场开拓（见表 4－4、表 4－5）。

表 4－4　　日本环境产业 2016 年和 2017 年附加价值比较　　单位：亿日元

大分类	2016 年市场规模	2017 年市场规模	2016 年		2017 年	
			附加值	附加值率（%）	附加值	附加值率（%）
A：防止环境污染	113351	113919	42574	37.6	42737	37.5
B：全球变暖对策	330646	359917	106414	32.2	119414	33.2
C：废弃物处理和资源有效利用	516077	496150	251806	48.8	242573	48.9
D：自然环境保护	85361	84509	42941	50.3	42241	50.0
合计	1045434	1054495	443735	42.4	446965	42.4

资料来源：平成 30 年日本环境省统计数据。

表 4－5　　2000～2017 年日本环境产业附加值额变化　　单位：亿日元

大分类	2000 年	2001 年	2002 年	2003 年	2004 年	2005 年	2006 年	2007 年	2008 年
防止环境污染	30837	28954	27682	26682	26413	48814	52172	47784	47602
全球变暖对策	13030	16800	20035	28086	39889	51184	56879	59811	61580
废弃物处理和资源有效利用	200206	205919	206841	208178	212308	219073	225201	230957	235192
自然环境保护	36800	35952	35616	36834	37974	38269	38530	40602	40404
合计	280873	287624	290173	299780	316584	357340	372783	379154	384778
大分类	2009 年	2010 年	2011 年	2012 年	2013 年	2014 年	2015 年	2016 年	2017 年
防止环境污染	38978	47540	49632	50170	51486	54018	48341	42574	42737
全球变暖对策	53211	71615	73014	83891	100997	100783	102732	106414	119414
废弃物处理和资源有效利用	206203	207683	213445	219121	226620	222531	226970	251806	242573
自然环境保护	40436	40535	40453	40518	40578	41220	41912	42941	42241
合计	338828	367373	376544	393700	419682	418553	419955	443735	446965

资料来源：《平成 30 年度環境産業の市場規模推計等委託業務》，日本环境省网站，http://www.env.go.jp/policy/keizai_portal/B_industry/index.html，访问日期：2020 年 2 月 13 日。

“防止环境污染”和“全球变暖对策”两大领域由于制造业较多，因此附加价值率维持在 30% 左右，而在“废弃物处理和资源有效利用”和“自然资源保护”属于服务业的部分较多，因此利润率贡献较多。这表明日本的环保服务业的市场潜力巨大，发展势头良好。此外，2000 年以后，日本整体的 GDP 没有发生变化，并有减少的倾向，但是环境产业的附加价值除了受经济萧条影响的 2009 年以外，大体上有增加的倾向。这使环保产业在所有产业中所占比重从 2000 年的 5.3% 增加到 2013 年的 8.3%，之后有所减少，但 2017 年再次增加到 8.2%。[①] 这种变化反映了日本进入 21 世纪后开始实施环境立国战略，把发展环保产业作为改善经济结构、推进经

① 《平成 30 年度環境産業の市場規模推計等委託業務》，日本环境省网站，http://www.env.go.jp/policy/keizai_portal/B_industry/index.html，访问日期：2020 年 2 月 13 日。

济转型的重要内容的政策变化，日本的环保产业正在成为日本重要的支柱性产业。

第二，产业自主发展动力强大，产业网络体系基本建成。日本环境管理的一大特点是从宏观视角出发，将环境管理始终与经济发展密切联系，环境治理已经脱离末端治理阶段，治理理念重点放在“防”而不是“治”。因此，日本非常重视影响评价，防患于未然，减少污染和突发性事故造成的经济损失。

日本依靠完整的环保法律体系贯彻环保理念。一方面，采取鼓励及优惠政策，主要包括财政补贴，减免税政策、低息贷款、折旧优惠以及建立制度等，引导市场开发。优惠政策的资金来源主要是国家投资和从排污收费中开支。此外，日本通产省《产业环境展望》将环境协调型产品（环境协调型产品是指在交通类产品中，环境负荷相对较少的产品）的开发，作为环境对策的重要措施之一提出，引导企业进行环境协调型产品的开发，提高资源、能源的利用率；另一方面，日本从环境大法到具体领域专门法均对企业涉及环保的行为进行严格且细致的规定，标准非常严格，惩罚措施也非常严厉，这使整体产业形成了自主发展的强大动力。日本企业大多有强烈的社会责任感，不但在企业内部做了大量资源循环方面的工作，将产业垃圾零排放作为发展目标，而且针对社会上的废弃物开发了一系列新技术，承担了处理其他废弃物的任务。可以说，企业自觉环保已成为产业自主发展的强大动力。

覆盖全日本的产业网络体系基本建成。日本的环保产业的特点是形成了针对产品从摇篮到坟墓全过程的产业网络，环保产业自身也形成了循环经济产业体系。由于日本将环保理念贯穿到经济生产的各个领域，很多资源型企业和高污染企业实现了绿化转型，各资源循环产业间形成了良好的生态协作关系。在20世纪80年代后期，日本国内一般废弃物每年接近5000万吨，产业废弃物每年接近4亿吨。20世纪90年代末以来，容器包装、废金属、废弃汽车、建材、食品等废弃物的回收、处理、再生利用企业遍地开花，覆盖全日本的各个产业。日本每年产生的电视机、洗衣机、空调和冰箱四类旧家电大约为2200万台，其中一半以上的旧家电会被再生处理。汽车接收公司、氟利昂类回收公司、拆车公司和破碎公司等已形成完整的汽车循环经济产业体系。

第三，日本环保产业外向型特点明显，海外市场开发是日本环保产业的重要发展趋势。日本由于领土和人口限制，国内环保市场容量小，无法满足环保产业发展的需要，拓展海外市场是日本环保产业发展的重要组成部分，也是日本环境外交和参与全球环境治理的重要抓手。从表4－6可以看出，从2000年到2017年，日本环境产业的出口额增长非常快速，尤其是从2002～2007年呈现出快速增长态势，2008年达到峰值，2009受金融危机的影响，出口额急剧下降，随后逐渐恢复，到2017年，日本环保产业出口总额为14.7万亿日元，比上一财年增长8.5%。“全球变暖对策”占据了大部分，特别是“低耗油量、低排放认定车（出口部分）”和“混合动力汽车”所占的比重较大。

表4－6　　2000～2017年日本环境产业的出口额变化趋势　　单位：亿日元

大分类	2000年	2001年	2002年	2003年	2004年	2005年	2006年	2007年	2008年
防止环境污染	2994	2713	2885	2871	3105	3553	3990	4371	4012
全球变暖对策	10421	12889	13962	46825	82172	119386	125841	134121	136303
废弃物处理和资源有效利用	4032	4253	4612	5358	6717	8818	13058	16439	28061
自然环境保护	301	238	273	404	465	540	559	680	657
合计	17748	20093	21732	55458	92459	132297	143447	155610	169034
大分类	2009年	2010年	2011年	2012年	2013年	2014年	2015年	2016年	2017年
防止环境污染	3177	4557	4822	4829	5919	7503	7157	6454	6691
全球变暖对策	64498	102863	73903	93678	95186	107407	112684	102475	112079
废弃物处理和资源有效利用	18348	20840	22474	20892	18978	22286	19120	24937	26520
自然环境保护	609	726	675	775	775	1024	1199	1238	1247
合计	86633	128987	101874	120173	120858	138221	140160	135104	146537

资料来源：平成30年日本环境省统计数据。

第四，科技创新能力是日本环保产业竞争力的核心要素。日本重视环保技术的开发与创新，政府企业均投入巨额的研发经费推进技术革新，每年技术成果转化数量达到80%，超过美国的70%，位于世界前列。以水处理领域为例，1970年的水处理专利数量就突破了2000件，2001年就已经超过了6000件。① 从图4－5可以看出，在技术研发方面，日本的研发经费尽管在总量上不高，但占GDP的比例为3.14%，仅次于韩国的4.24%，居世界第二。企业在日本的科技成果转化中占有重要地位，日本的研究开发经费的80%来自企业的自主研发，而企业自主研发75%的费用投入方向为开发型研究。②

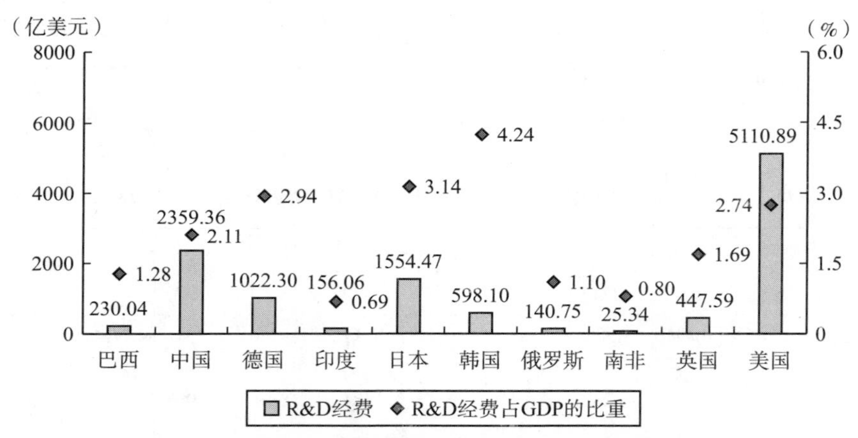

图4－5　世界部分国家研发经费投入及其在GDP的比重

资料来源：《1978～2018年改革开放40年主要科技指标》，中国科学技术指标研究会，中国科技统计，http：//www. sts. org. cn/Page/Content/Content? ktype = 7&ksubtype = 3&pid = 46&tid = 104&kid = 2034&pagetype = 1，访问日期：2020年2月11日。

---

① 常杪、杨亮等：《日本环保产业发展的特点及启示》，载于《中国环保产业》2016年第1期，第62页。

② 《我国产业技术中的研发动向的调查》，经济产业省/产业技术开发局，2019年10月16日。https：//www. meti. go. jp/shingikai/sankoshin/sangyo _ gijutsu/kenkyu _ innovation/pdf/014 _05 _00. pdf # search = %27% E7% A0% 94% E7% A9% B6% E9% 96% 8B% E7% 99% BA% E8% B2% BB% E7% 94% A8 + % E5%89% B2% E5%90%88 + % E5% 85% A8% E4% BD% 93% E8% B2% BB% E7% 94% A8% 27，访问日期：2020年3月12日。

日本的科技创新能力的动力主要来自日本构建的环保法律法规体系、实施的产业倾斜战略及政策、建立的官—产—学—研合作体制、以“环境外交”开展的国际合作等，这些措施和战略均对日本提升环保产业的国际竞争力、促进产业创新起到了至关重要的作用。

三、韩国环保产业发展状况

韩国是亚洲环境市场中的另一支活跃力量，近年来在开拓发展中国家环保市场，建立海外销售渠道方面表现积极。韩国的环保产业从 20 世纪 80 年代到 2004 年处于相对落后的发展阶段，主要是环保管理制度完善和环保基础设施建设阶段。2000 年，韩国环境部把环保产业作为 21 世纪的战略性产业组织“环保产业发展规划团”，2001 年 9 个中央部门联合发起了支援 5 个领域 58 个项目的环保产业发展战略。随着第一阶段环境技术发展综合规划（2003 ~ 2007 年）的完成，2008 年韩国开始执行第二阶段规划，不断扩大环境技术开发投资规模，优化环境技术基础设施，开发国际竞争战略环境技术，并集中投资加强促进环保产业发展。韩国的环保产业沿着发达国家的路径，通过加强共同的法规创建国内市场，发展了环保产业，并正基于韩国国内市场的积累和独立技术进入国际环保产业市场。相比美国、德国和日本等发达国家的环保产业，韩国的环保产业还处于中等发展阶段，环保技术也以中低端技术为主。[①] 具体来说，目前，韩国的环保产业发展表现出如下特点：

第一，韩国环保产业发展快速，大企业占有主要市场份额。从表 4 - 7 可以看出，截至 2017 年底，韩国环保产业相关企业总数为 58013 家，比上一年的 57858 家增加了 0.3%。“资源循环管理”和“可持续环境资源”领域的企业数量构成比重最大，依次是 32.6% 和 30.9%，水资源管理排在第三，占 11.7%。

① 朴多珍：《韩国环保产业发展及国际竞争力分析》，武汉大学硕士学位论文，2015 年。

伴随着环境企业数量的增长，2017 年韩国环境产业的总销售额为 652 兆 6101 亿韩元，其中环境部门的销售额为 98 兆 8188 亿韩元，占总销售额的 15.1%，同比增长 0.8%。在环境部门销售额的各领域构成比重中，“资源循环管理”占比最多，达到 29.9%，其次是“水资源管理”占 25.7%，“可持续环境资源”占 19.4% 等。韩国的环保产业的重点集中在资源循环管理，水资源管理和可持续环境资源三大领域（见表 4 – 8）。

表 4 – 7　韩国环境产业相关企业数

分类	2016 年（家）	构成比（%）	2017 年（家）	构成比（%）	变化率（%）
全产业	57858	100.0	58013	100.0	0.3
资源循环管理	1871	32.1	18906	32.6	1.8
水资源管理	6665	11.5	6794	11.7	1.9
环境复原与重建	795	1.4	772	1.3	–2.8
气候应对	3624	6.3	3654	6.3	0.8
大气管理	2296	4.0	2421	4.2	5.4
环境安全保健	2962	5.1	2786	4.8	–5.9
可持续环境资源	18060	31.2	17951	30.9	–0.6
环境信息监测	4885	8.4	4728	8.2	–3.2

表 4 – 8　全部和环境部门的销售额　单位：亿韩元

分类	2016 年（家）			2017 年（家）			变化率 (B/A – 1) × 100
		环境部门（A）	构成比（%）		环境部门（B）	构成比（%）	
全产业	6488582	980628	100.0	6526101	988188	100.0	0.8
资源循环管理	1530109	294517	30.0	1563849	295679	29.9	0.4
水资源管理	1236742	247571	25.2	1281168	254310	25.7	2.7
环境复原与重建	332886	9970	1.0	331563	9940	1.0	–0.3
气候应对	374228	31964	3.3	393570	33010	3.3	3.3

续表

分类	2016年（家）			2017年（家）			变化率
		环境部门（A）	构成比（%）		环境部门（B）	构成比（%）	（B/A－1）×100
大气管理	380853	53656	5.5	406293	55169	5.6	2.8
环境安全保健	688311	78995	8.1	635613	78128	7.9	－1.1
可持续环境资源	988242	193993	19.8	971877	191432	19.4	－1.3
环境信息监测	957210	69961	7.1	942168	70520	7.1	0.8

资料来源：韩国环境部：《2018 년환경산업통계조사》 http://www.me.go.kr/home/web/board/read.do? menuId＝290&boardMasterId＝39&boardCategoryId＝52&boardId＝952490，访问日期：2020年2月13日。

从企业规模构成来看，2017年，韩国环境产业整体销售额规模在10亿韩元以下的公司最多，为29331家，占比约为50.6%，“100亿韩元以上”的公司有8908家，占韩国环境产业相关企业总数的15.4%。“可持续环境资源”业务在“10亿韩元以下”的公司中占比65.5%，所占比率最高。也就是说，在韩国环保产业的重点发展领域，中小企业的数量非常巨大，然而，“100亿韩元以上”的韩国企业环境部门的销售额最多，为80兆6784亿韩元，占比达到81.6%。“10亿韩元以下”中小企业销售额仅为3兆2063亿韩元，仅占3.2%。在所有环境领域中总销售额规模“100亿以上”企业的环境部门销售额最多，其中在“资源循环管理”领域销售额最高，为24兆469亿韩元。也就是说，韩国环保产业的大型企业占比虽然不高，但其销售额却占有绝对优势（见表4－9）。

表4－9　2017年韩国环境产业各领域企业销售额

分类	企业数量（家）	10亿韩元以下	10亿～50亿韩元以下	50亿～100亿韩元以下	100亿韩元以上
全产业	58013（100.0）	29331（50.6）	15107（26.0）	4667（8.0）	8908（15.4）

续表

分类	企业数量（家）	10亿韩元以下	10亿～50亿韩元以下	50亿～100亿韩元以下	100亿韩元以上
资源循环管理	18906	11033	4385	1139	2349
水资源管理	6794	1860	2300	853	1781
环境复原与重建	773	133	156	135	349
气候应对	3654	1879	777	258	740
大气管理	2421	737	873	556	255
环境安全保健	2786	652	748	377	1009
可持续环境资源	17951	11761	4020	810	1360
环境信息监测	4728	1276	1847	540	1065

资料来源：韩国环境部：《2018 년환경산업통계조사》http：//www. me. go. kr/home/web/board/read. do? menuId =290&boardMasterId =39&boardCategoryId =52&boardId =952490，访问日期：2020年2月13日。

第二，韩国环保产业注重科技研发，环保技术具备一定国际竞争优势。韩国的环保技术优势在于拥有事后处理部分技术，韩国环保产业技术优势主要集中在大气污染防治、水处理、废弃物处理、污染土壤修复方面，相比发展中国家技术更优良，在技术和设备价格上相比发达国家更有优势。[①] 根据韩国国家科学技术委员会的数据，韩国环保技术水平是平均62.2%，比世界顶级技术持有者美国低15.7%，技术差距为5.5年，韩国与发达国家之间的技术差距正在缩小。[②] 这一优势让韩国的环保技术在国际市场上受到中小型企业的欢迎。

韩国的环保产业呈现大企业与中小企业齐头并进、分工合作的良性发展态势，大企业主要从事污水处理厂、大型石化项目环保工程、钢铁厂余热回收环保项目建设等工程类项目，中小企业主要从事节能环保设备等生产类项目。然而这种企业分布格局在当前全球环保产业扩大，少数国家的技术垄断的背景下，中小型企业的海外市场拓展更加艰难。

①② 朴多珍：《韩国环保产业发展及国际竞争力分析》，武汉大学硕士学位论文，2015年。

第三，韩国环境产业投入持续增加，成为韩国环保产业发展的内在动力。韩国政府的环境法规是环保技术发展的重要保障。韩国的环境法规标准与发达国家看齐，1992 年实行的《环境科学技术开发十年规划》中的“G7 项目”的目标是将韩国环保技术提高为 G7 国家的水平。从 1992 年到 2001 年，韩国为保障开发项目实施，共投入 3573 亿韩元，目前，韩国是全球科技成果研发资金在国民生产中比例最多的国家，占 GDP 的 4. 24%。[①]

2017 年，韩国环境部门投资额达到 46180 亿韩元，同比增长 0. 7%，占环境产业相关企业总投资的 15. 6%。从环境产业各领域来看，“可持续环境资源”业务以 1 兆 2311 亿韩元成为一枝独秀，其次是“水资源管理” 8591 亿韩元，“资源循环管理” 8457 亿韩元等。除“环境复原与重建”“环境安全与保健”“环境知识与信息监测”外，其他所有领域与上一年相比，环境部门投资额均有所增加（见表 4 – 10）。

表 4 – 10　　韩国环境产业总体及环境部门投资额

分类	2016 年（亿韩元）	环境部门（A）	构成比（%）	2017 年（亿韩元）	环境部门（B）	构成比（%）	变化率（B/A – 1）×100
全产业	293588	45862	100. 0	295243	46180	100. 0	0. 7
资源循环管理	25249	8066	17. 6	26929	8457	18. 3	4. 8
水资源管理	50549	8464	18. 5	50687	8591	18. 6	1. 5
环境复原与重建	1126	308	0. 7	1093	302	0. 7	–1. 9
气候应对	84757	1888	4. 1	84828	1897	4. 1	0. 5
大气管理	16724	6752	14. 7	16994	6813	14. 8	0. 9

① 《1978 ~2018 年改革开放 40 年主要科技指标》，中国科学技术指标研究会，中国科技统计，http：//www. sts. org. cn/Page/Content/Content? ktype = 7&ksubtype = 3&pid = 46&tid = 104&kid = 2034&pagetype = 1，访问日期：2020 年 2 月 11 日。

续表

分类	2016年（亿韩元）	环境部门（A）	构成比（%）	2017年（亿韩元）	环境部门（B）	构成比（%）	变化率（B/A－1）×100
环境安全保健	6077	1773	3.9	5768	1709	3.7	－3.6
可持续环境资源	57813	12297	26.8	58380	12311	26.7	0.1
环境信息监测	51294	6316	13.8	50563	6101	13.2	－3.4

资料来源：韩国环境部：《2018 년환경산업통계조사》 http://www.me.go.kr/home/web/board/read.do?menuId=290&boardMasterId=39&boardCategoryId=52&boardId=952490，访问日期，2020年2月13日。

第四，韩国环境产业海外合作战略明确，出口持续增加，中国、东南亚和非洲是韩国环保产业出口集中地区。尽管韩国的环保技术水平比发达国家还存在一定差距，但近些年发展中国家环保市场的极速成长及其对环境监管的加强，为韩国环保产业的国际市场扩张提供了良好的机遇。韩国三十年来环保产业的发展经验和技术累计与发展中国家的需求十分接近，因此，韩国环保产业的出口呈现出持续增长态势。2017年韩国环境部门的出口额为8兆1319亿韩元，同比增长0.9%。超过当年韩国环保产业同领域销售额的增长率。韩国出口业务领域的比重最大的部分来自“水资源管理”部门，总额达3兆5686亿韩元，所占比重为43.9%（见表4－11）。

表4－11　2016～2017年韩国环境产业及环境部门出口额

分类	2016年（亿韩元）	环境部门（A）	构成比（%）	2017年（亿韩元）	环境部门（B）	构成比（%）	变化率（B/A－1）×100
全产业	853823	80618	100	856937	81319	100.0	0.9
资源循环管理	131444	19268	23.9	137592	20300	25.0	5.4
水资源管理	317642	36471	45.2	309630	35686	43.9	－2.2

续表

分类	2016年（亿韩元）	环境部门（A）	构成比（%）	2017年（亿韩元）	环境部门（B）	构成比（%）	变化率（B/A－1）×100
环境复原与重建	135850	282	0.3	127113	272	0.3	－3.4
气候应对	10730	4704	5.8	10683	4568	5.6	－2.9
大气管理	48380	4557	5.7	50279	4237	5.2	－7.0
环境安全保健	82218	3712	4.6	83232	3888	4.8	4.7
可持续环境资源	83958	10866	13.5	91102	11581	14.2	6.6
环境信息监测	43601	758	0.9	47306	786	1.0	3.7

资料来源：韩国环境部统计数据。

从地区分类的出口额来看，韩国环境产业的海外市场重心主要集中在中国、东南亚和中东地区，出口额分占前三名，海外出口额增长比例最大的地区是非洲，增长了6.7%，非洲成为韩国环保产业出口的新目的地区（见表4－12）。

表4－12　　　　按地区和年度分列的出口额情况

分类	2016年（A）（家）	构成比（%）	2017年（B）（家）	构成比（%）	变化率（B/A－1）×100
地区	80618	100.0	81319	100.0	0.9
中国	14496	18.0	14799	18.2	2.1
东南亚①	15388	19.1	15895	19.5	3.3
中东	20527	25.5	20192	24.8	－1.6
非洲	6172	7.7	6584	8.1	6.7
发达国家②	8147	10.1	8538	10.5	4.8

续表

分类	2016 年（A）（家）	2016 年（A）构成比（%）	2017 年（B）（家）	2017 年（B）构成比（%）	变化率（B/A－1）×100
大洋洲	12	0.0	5	0.0	－58.3
其他国家	15875	19.7	15305	18.8	－3.6

注：①东南亚包括越南、老挝、柬埔寨、泰国、缅甸、马来西亚、新加坡、印度尼西亚、菲律宾、文莱；

②发达国家（G7）包括法国、美国、英国、德国、日本、意大利、加拿大。

资料来源：韩国环境部：《2018 년환경산업통계조사》 http：//www.me.go.kr/home/web/board/read.do？menuId＝290&boardMasterId＝39&boardCategoryId＝52&boardId＝952490，访问日期，2020 年 2 月 13 日。

总体来看，中国的环保产业发展速度较快，但仍处于相对落后的基础设施建设阶段，环保技术水平低，科技成果转化率低。然而，随着中国国内市场的自由化和开放程度，加上中国“十三五”期间对环保产业的定位，中国产业结构转型的需要，以及中国治理环境的决心，中国的环保市场增长非常快速，对发达国家环保产业形成了巨大的吸引力；日本的环保产业已经跨越了初级和中级阶段，进入稳定发展时期，环保技术水平较高；韩国的环保产业虽然起步也较晚，但是标准向发达国家看齐，技术水平与发达国家正在缩小差距，相比发达国家更具有价格优势。由于日本和韩国的国土面积狭小，人口数量有限，国内市场规模无法满足环保产业发展的需要，因此，日韩两国的环保产业都制定了明确的海外合作战略，并开始践行。这些因素使中日韩环境产业合作成为新的增长点。接下来，本章将梳理和总结中日韩环保产业合作现状，分析中日韩环保合作潜力。

第二节 中日韩环保产业合作的现状

2000年以后，中日韩环境产业的国际贸易均呈现蓬勃发展的态势，在各国国际贸易中的比重越来越大。从三国环保产品的进口情况来看，2002～2011年，中国和韩国是日本环保产品的第一和第三大出口国；中国是韩国环保产品的第一大出口对象国，日本则由2006年以前的第二大出口对象国变为第四大出口对象国；2007～2011年，中国的环保产品出口向美国、德国、印度等国快速增长，日本和韩国变成中国的第四大和第六大出口对象国；从进口情况来看，2002～2006年，日本和韩国分别是中国第一、第二进口对象国，而2007～2011年，韩国超过日本成为中国第一进口对象国；在日本的环保产品进口市场上，美国一直是日本的第一进口对象国，中国和韩国分别为第二和第三进口对象国；日本一直是韩国环境产品的第一进口对象国，中国则从第四进口对象国上升到第三位。[①]

可以看出，中日韩已经开始互为彼此的前三位进口对象国，这表明三国间的环境产品具有较高的进口依存度。三国同时也是彼此环境产品出口的重要伙伴国。中日韩在环保产品贸易方面的相互依存关系是三国进行环保产业合作的重要潜力和巨大优势。中日韩目前还没有多边环保产业合作制度，而是由两条双边合作路径分别展开。

一、中日环保产业合作现状

节能环保产业是战略性新兴产业，其产业链长，吸纳就业能力强，对

① 冯楠、朴英爱：《中日韩环境产品的贸易特点分析》，载于《现代日本经济》2015年第3期，第43页。

可持续经济增长的拉动作用明显，既是保持经济平稳快速发展的新增长点，也是走绿色低碳发展之路的基础。在应对国际金融危机时，不少发达国家提出了绿色新政，也投入了巨大的资金来支持节能环保和新能源等新兴产业，以抢占未来世界经济发展制高点。

中国“十三五”期间制订了明确的减排计划，并取得了明显成效。根据国家统计局发布的数据显示，2016 年、2017 年，我国单位 GDP 能耗分别比上一年降低了 5% 和 3.7%，均超过了年度预期目标。[①] 中国在节能减排方面的规划和政策显示了中国积极应对气候变化、加快推进绿色低碳发展的决心。中国节能环保产业市场广阔，潜力巨大，包括节能产业、资源循环利用产业和环保产业，涉及节能环保技术和装备，节能产品和服务等。[②] 与此同时，日本是目前全球节能环保产业发展水平最高的国家之一，日本除了两次石油危机和经济萧条期外，由于节能政策与节能技术的不断发展，能源效率不断提高。2013 年，日本的 GDP 是 1973 年第一次石油危机时期的 2.3 倍，但各产业部门、民生部门和运输部门的能源消耗量分别为 1973 年的 0.85 倍、2.4 倍和 1.9 倍。[③]

中日两国在各自环保产业发展需求上的互补性还体现在很多细分产业领域，以中日两国最新的能源发展计划为例，中日两国在环保产业领域的发展方向和目标上具有一致性。日本制定的新能源发展战略提出，到 2030 年日本将确定氢再生能源支柱地位和制造技术，构筑国际新能源供应链。中长远战略目标是氢产量达到年产 1000 万吨以上，使氢发电成本降低至目前天然气价格水平[④]；同一时期，中国首次将氢能源写进 2019 年的《政府

① 王璐：《“十三五”节能减排仍面临诸多挑战》，载于《经济参考报》，经济参考报网站，http://dz.jjckb.cn/www/pages/webpage2009/html/2019-01/23/content_50251.htm，访问日期：2020 年 2 月 13 日。

② 丁红卫：《中日两国的节能环保合作——以“中日节能环保综合论坛”为例》，日本经济蓝皮书，社科文献出版社皮书数据库，第 317 页。

③ 《エネルギー白书》，经济产业省，www.enecho.meti.go.jp/about/whitepaper/2013pdf/，访问日期：2020 年 2 月 13 日。

④ 《“一带一路”构想为中日节能环保产业创造新契机》，人民日报日本频道，http://dy.163.com/v2/article/detail/EDHRJBEQ05346935.html，访问日期：2020 年 2 月 10 日。

工作报告》里，中国早在《“十三五”国家科技创新规划》中，就已经把发展氢能燃料电池技术作为重点。根据《中国氢能产业基础设施发展蓝皮书》显示，计划到2030年，燃料电池车辆保有量要突破200万，加氢站数量要达到1000座，产业产值将突破10000亿元。[①] 然而，虽然中国高度重视发展氢能这一未来重要的新能源，但从技术与规模来看，还是与发达国家有一些差距。仅以加氢站为例，日本已经拥有91座，中国到2018年7月已建成、在用及在建的加氢站共有41座，但实际投入或即将运营的加氢站仅为14座。[②] 日本氢能源发展已经走在前列，除了大规模研发与实践外，氢能已经走进了民众的日常生活。

日本在氢能领域起步比中国要早，已经积累了一些有益的经验，中国可以借鉴日本的经验与做法，来发展符合中国国情的氢能源；日本在环保技术上具有比较优势，需要开拓海外市场并通过海外合作提高碳汇，中日在该领域的合作潜力巨大。中日环保产业在需求上和优势上互补，在良好合作框架的推动下，能够产生巨大的合作效力。

中日之间的环保技术和产业合作历史较为久远，早在中国开始推进改革开放的1979年，日本政府就基于巩固中日关系及支持中国改革开放的需要，开始以政府开发援助（ODA）的形式对中国能源、环境领域实施援助，开始了在ODA框架下的中日环保产业合作。1980年，中日两国签署《中日科学技术协定》，开展了在动物保护、植树造林和沙漠治理方面的技术合作。1990年，中日分别向中日友好环境合作中心提供了6630万元人民币和105亿日元（无偿资金）的建设资金，用于中日两国环保服务合作，1996年，该中心正式成立，成为中日两国开展环保合作的窗口和交流的常设平台，为中日两国的产业技术合作提供社会服务。[③] 20世纪90年代

① 中国标准化研究院、全国氢能标准化技术委员会：《中国氢能产业基础设施发展蓝皮书》，中国质检出版社、中国标准出版社2016年版。

② 《“一带一路”构想为中日节能环保产业创造新契机》，人民日报日本频道，http://dy.163.com/v2/article/detail/EDHRJBEQ05346935.html，访问日期：2020年2月10日。

③ 李玲玲、邱慧萍等：《中日环境合作的历史与未来方向》，载于《国际研究参考》2017年第5期，第3页。

以后，日本对华环境援助的范围大幅扩大，形式上包括日元贷款、无偿资金援助和技术援助三种，其中日元贷款为主要形式。根据日本国际协力机构（JICA）的统计，截至2017年末，日本对华ODA在自然生态环境保护和环境治理方面共实施了71个项目，其中，技术援助项目17个，提供的日元贷款和无偿资金援助累计分别达到3235.17亿日元和59.35亿日元。[①]

20世纪90年代，中日环保合作落实了一大批项目，包括在“中日环境示范城市”构想下帮助大连、贵阳和重庆三市实施大气污染防治对策，三个城市的空气质量得到极大的改善。2001年，在日本无偿资金的帮助下，构建了中国100个主要城市的环境信息网络，并更新了环境监测中心的设备。这一时期中日环保产业合作主要在日本对中国ODA贷款的框架下进行，2000~2006年，日本总共对中国的7个环保项目提供了90.62亿日元的无偿资金援助，主要针对酸雨，黄沙监测系统建设及对黄河中游水土保持和植树造林计划。[②]

2006年在中日环保产业合作的历史上具有一定的转折意义。日本以中国经济军事实力增强以及日本财政状况严峻为由，分别于2006年、2007年终止了对华无偿资金援助和日元贷款，至此，政府主导下的环保产业合作模式逐渐退出，转向了市场主导的新兴合作模式。从2007年开始，日本对华ODA转向技术援助，2006~2010年，日本向中国提供技术合作援助共计1200.12亿日元，占对华技术合作援助累计额的69%，主要用于对中国研修人员的培养及向中国派遣专家、调查团、合作队和志愿者，用于器材方面的支持比重比较少，只占总额的1.3%。[③] 2007年，中日发表《强化环境保护合作的共同声明》，将合作集中在包括水污染、循环经济、大气污染在内的10个领域。两国合作从环境对策转向环境与温室对策并重的新方向。2008年，双方发表《中日气候变化的共同声明》，确认《京都议

① 日本协力机构国别数据库，国际协力机构（JICA），https：//www.jica.go.jp/，访问日期：2020年3月14日。

② 王少善：《日本对华经济合作的新动向》，载于《日本新华侨报》2010年8月22日。

③ 日本外务省国别数据，https：//www.mofa.go.jp/region/asia－paci/china/index.html，访问日期：2020年2月13日。

定书》等的国际环境协定的约束力。根据战略互惠伙伴关系，双方加强人员交流、研修、国民气候意识培养等领域的合作，气候变化成为中日环保合作的重要领域。

2006年以后，日本对华的环保技术援助呈现出两个特点：（1）在援助内容上，更有针对性的转向以PM2.5大气污染为中心的环境治理；（2）强调技术援助的有偿性，即由中方负担技术费用。[①] 中日环境合作进入以市场合作模式后，环保产业合作进入两国政府、地方城市、科研机构和企业多元多层面综合合作态势。中日节能环保综合论坛是中日两国投资与技术经济合作的重要平台，自2006年第一届论坛会议至今已举办十三届，累计达成387个合作项目。[②] 目前，中日两国的环境产业合作主要以促成两国企业市场化合作为主要目标，缺乏对环境产业合作的战略性引导，使双方在产业合作领域的潜力没能转化为两国在宏观环境合作上的推动力。

尽管中日环保产业合作蓬勃发展，但也面临着很多的问题，首先，中日两国环保产业合作关系存在非对等性。鉴于两国在节能环保产业的起步时间、技术研发与治理能力、所处阶段及所取得的成就方面存在明显差距，因此在合作过程中会不可避免地便显出技术与资本上的高姿态，具体表现为核心技术领域不开放与资金面收窄甚至终止，日本对华ODA环境合作就是典型例证。这种非对等的合作关系下，日本掌握着核心技术的话语权和能源环境外交的主导权，容易使中国在现有的中日环保合作机制下依附日本，增加中国环保产业的脆弱性。[③] 当然，中国自身的技术转让和知识产权保护的法律法规体系还不完善，产业结构调整升级难度也比较大以及低碳技术发展不纯熟。但在中日两国产业合作的过程中，这种不对等性会有损双方利益互惠和合作长期性。

---

① 《2016年版开发协力白书》，日本外务省，https：//www. mofa. go. jp/mofaj/gaiko/oda/shiryo/hakusyo. html，访问日期：2020年3月12日。

② 《第十三届中日节能环保综合论坛在东京举行》，载于《人民日报》2019年12月9日第16版。

③ 李晓乐、张季风：《中日节能环保合作机制的演变与课题》，社科文献出版社蓝皮书数据库，第230页。

其次，环境合作资金不足。在中日环境产业合作中，中小型企业在所有合作企业的占比达到90%，也就是说中小企业是中日环境产业合作的主力。但中小型企业由于资金缺乏，无法很好地解决自身产生的污染。大企业一般都具有很强的环保意识并且在环境保护方面常常有稳定的资金支持。但就中国的整体情况而言，大企业并不能代替所有的中小企业在环保方面的作用，也不能提供解决污染的资金。在过去较长的时间内，日本在中日环境合作中提供了主要的资金支持，这种资金来源方式过于单一，对于中国环境污染的基础设施建设来说存在很大的漏洞。对于中国而言，中小企业与民间银行的合作融资，来活用民间的多余资金，不仅能够确保中日环境产业合作的产期稳定进行，还有利于地方经济的发展。

再次，环境人才缺乏。中国在环境保护方面缺乏能够开展有效工作的人才，也缺乏有效的治理手段和方法。中国在环保法律体系建设上的进展还不足以支撑国内的环境治理及对外合作，环保意识和理念的缺乏是根本原因。在这一方面，中日之间的合作应该首先集中在人才之间的交流。中日环保合作不仅要进行环境教育合作，同时要对高知识的精英层进行交流，总结日本在中国现在的发展时期的发展经验，派遣人员进行专门的学习，除技术学习之外，最主要的是进行政策制定和法律法规人才的学习和培养。在两国的合作当中，如果人才的配备有一定的差距，这将阻碍两国在政策上形成共同理解，也无法对具体环境合作起到支撑作用。

总体上看，中日环境产业合作中，中国作为发展中国家在基础设施建设和环保技术开发和利用方面都需要通过与日本的合作加快发展进程。但是，日本在环境外交上的强大优势以及中国在资金、人才和社会发展等方面的不足无法使中日环保产业合作充分发挥作用。中日环保产业合作不能只集中在两国市场需求的对接，还要在合作机制建设与进化、环保人才交流、环保经验交流等方面积极推进，将中日环保产业合作作为推动双边和地区多边环境治理的重要动力。

二、中韩环保产业合作现状

中韩两国在地理上隔黄海相望，共处同一海域，两国在生态和环保领域有着广泛的共同利益。中韩两国政府对此早有共识，建交26年来，从地区性的多边环境合作到双边环境合作，从政府间环境合作协议等制度性框架到沙尘暴灾害防治、环保产业论坛等次领域的非政府间合作，中韩两国之间就环境生态和灾害领域进行了一系列的共同应对与合作，不仅建立起较为稳固的双边和多边合作机制和对话渠道，而且逐步重视在各个层面开展全方位的环境和灾害应对方面的交流与合作。与此同时，尤其是近五年以来，随着中国对新兴战略性产业发展以及环境保护问题的重视与日俱增，中韩两国环保产业合作也得到相应的蓬勃发展。中韩两国环保产业合作动力来自两国强烈的内部需求。

对中国来说，近五年是中国环保产业蓬勃发展的时期，2016年9月22日国家发展改革委员会下发《关于培育环境治理和生态保护市场主体的意见》，计划到2020年，环保产业产值达到2.8万亿元，培育50家以上产值过百亿的环保企业。到2020年，环境治理市场全面开放，政策体系更加完善，环境信用体系基本建立。[①] 中国环保产业总产值2011为1.1万亿，到2018年达到8.13万亿。[②] 环保产业的总体规模增长快速。

对韩国来说，近几年韩国环保产业虽然发展速度较快，但在2014年左右，韩国环保产业部门在销售上整体遭遇瓶颈，增速放缓；从政治经济学视角来看，一方面，韩国有经济发展、产业跨国梯度转移、东北亚地区国际化分工等经济层面的需要；另一方面，环境协调治理也是国家

① 两部门关于印发《关于培育环境治理和生态保护市场主体的意见》的通知，中央政府门户网站，http://www.gov.cn/xinwen/2016-09/29/5113516/files/14ae4a609bdf4d5493420937cd7c1f53.pdf，访问日期：2020年2月10日。

② 中国环境保护产业协会：《中国环保产业发展状况报告（2019）》，中国环境保护产业协会网站，http://www.caepi.org.cn/epa/resources/pdfjs/web/viewer.html?file=/epa/platform/file/filemanagecontroller/downloadfilebyid/1551316923721052064256，访问日期：2020年2月13日。

间尤其是东北亚地区错综复杂的政治外交合作的需要。在东北亚区域内，日本在环境保护方面的技术一枝独秀，韩国的环境保护产业技术水平落后于日本，但整体高于中国。韩国在东北亚环境外交中经常以调解方的身份出现，在争取多边环境合作主导权的同时，对于本土环境产业的海外输出格外热情。

此外，韩国在经历了几十年的环保技术积累后，在满足国内较为狭小的环保市场需求后，出现向海外市场进军的强烈内在动机。由于中国新兴环保市场的巨大容量，日韩环保企业表现积极，继而引致环保产品供给方的激烈竞争，韩国相比日本的环保技术差距较为显著，因此在环保产品价格上定位较低，具有一定优势，使用成本的下降也能更好满足正在发展壮大中的中国对环保产品的需求。

总体而言，韩国政府支持韩国环保产业开拓中国环保市场，构建了中韩环保产业交流合作的一系列机制和平台，并发布“中国市场开拓战略”，描绘了韩国环保企业开拓中国市场的路线图。目前来看，韩国环保企业赴华投资主要是看重中国的内需市场，以中国企业为对象开展市场营销。

在中韩两国强烈的合作需求背景下，中韩两国环境保护产业互动频繁，官方及民间参与水平逐渐提高。2013 年前后，除了中韩两国间每年一次的中韩环境合作联合委员会会议以外（该委员会根据《中韩环境合作协定》成立，每年召开一次双边会议，在两国轮流举行），中韩民间环保产业合作交流更加活跃。如 2013 年 12 月，在中国供销集团的支持下，由中国再生资源开发有限公司、韩国环境产业技术院等 11 家韩国优秀环保企业联合主办“中韩环球友好合作技术论坛”，韩国 11 家企业就城市固废、废轮胎、废金属、餐厨垃圾、污泥、污染土壤等方面的项目技术进行具体展示。中方与韩方环保企业及韩国环境产业技术院签署了《中—韩国际大中小战略合作谅解备忘录》；2014 年起，民间环保协会组织及地方政府在中韩环境产业合作中的参与度得到提升，12 月 10 日北京市国际生态经济协会和韩国大邱环境公团签署了双边战略合作协议，就双方机构的合作建立正式通道，内容包括：增强双方项目负责人的能力建设，互派管理人员交流学习，每年推动多个中韩企业之间的项目合作落地，轮流在中国和韩国召开技术产品合作交流会，推动政府之间的城市中韩产业园发展，共同组织筹办2015年第七届世界环保（经济与环境）大会中韩节能环保产业合作论坛等。

这一时期，中韩之间在地方政府层面的环境产业合作也迅速发展起来，2014年湖北省环境保护厅与韩国驻武汉总领事馆、大韩贸易投资振兴公社、韩国环境产业技术院联合主办“中韩环保合作交流会”，促成了湖北省企业与韩国环保企业就土壤修复、水处理、大气污染防治（脱硫脱硝，粉尘）等方面的事宜进行了深入的业务交流与洽谈；2015年10月中国环保机械行业协会、新密市委、市政府同韩国环境产业技术院共同主办“中韩环保产业合作对接活动”，为新密市26家中国企业与韩国19家环保企业进行了“一对一”洽谈对接搭建平台，最终达成战略合作3项，项目合作意向17项。①

2015年和2016年在两国间举办了多次不同层次的环保产业交流论坛，中韩两国环保产业合作的深度和广度在逐渐扩大。2017年中韩两国的交流受到了一些敏感事件的影响，但是在环保产业合作方面，却出现了积极的局面，环境产业合作对于两国而言都是事关长期经济发展的重点领域。2017年12月14日，韩国环境部同中国环境保护部在北京签署《中韩环境合作计划》（China – Korea Environmental Cooperation Plan 2018 – 2022）。该计划规定，两国在2018～2022年，优先在水、大气、土壤和废弃物、自然四个合作领域开展共同研究和政策交流，促进技术和产业合作。特别是，两国决定面向中国全境污染物排放量过高的产业推广目前在山东、河北、山西等地开展的钢铁、煤炭火力发电领域的大气污染防治实证合作项目，携手治理雾霾；2018年中韩环境合作中心在北京设立，在中韩关系的艰难期间，两国环保产业合作取得了突破性进展。2018年中韩签订了500亿韩

① 新密市人民政府：《我市举行2015中韩环保产业合作对接活动》，新密市人民政府网站，http：//www. xinmi. gov. cn/zxdt/512549. jhtml。访问日期：2020年3月6日。

元（约合人民币3亿元）的协议，以“中韩环境合作中心”（2018年6月25日启动）为主体，提高大气质量监测资料共享力度（由35个城市扩大到74个城市）、加强两国环境政策方面的合作。[①] 中韩两国环保产业合作进入了快速发展的新时期。

中韩两国环保产业合作的发展脉络，与中韩两国经济发展轨迹相契合。中韩环保产业合作符合中国产业组织优化转型、供给侧结构性改革、环保重要性提升等内在要求；同时韩国环保产业先行发展而国内市场容量有限，继而在保有相对优势及一定技术差距或壁垒的情况下，具有较为强烈的产业出口转移需求。

尽管基于中韩两国对于环保产业合作的内在需要，两国地方政府和民间产业交流合作非常活跃，但仍存在如下的问题：

第一，环保产业合作领域较为狭窄。中韩两国环保产业合作的方向主要集中在废弃物再循环、环境知识咨询与教育、气候与大气治理、水环境治理、环境复原、可持续利用资源能源等方面。其中，产业合作最为深入的当属水资源治理、大气治理及可再生资源能源方面，韩国的环保产业相对日本和其他发达国家来说起步较晚，其优势技术领域相对狭窄，对外合作战略也不明确，这导致中韩环境产业合作的领域也相对狭窄。

第二，环保产业合作区位和平台较为集中。中韩两国环保产业合作的地域化特征较为明显，企业业务开展主要集中在河北、广东、陕西、山东等地，这些也是与韩国经贸往来较为频繁的地区，广东和山东两地，自中韩两国1992年建交以来，历来是韩国人及韩国企业的聚集地。韩国同中国河北省和广东省的环保合作较为深入，已经取得了环保产业合作的实质性进展，主要集中在大气治理、水质、废弃物领域合作等，并已经建立了固定的合作机制，为双方优秀企业的技术交流提供了定期化交流的平台。但

① 环球网综合报道：《韩国2018年将下大力气治霾加强与中国合作》，搜狐网，https://www.sohu.com/a/218737995_115376，2020年2月13日。

是韩国同中国其他省份的互动还十分薄弱，尤其同我国东北三省的互动不频繁。这同我国的环保产业布局分布不合理有关，但同时也说明我国的环保产业没能有效利用韩国对中国环保市场的强烈需求，促进技术转移和吸引环保投资。

第三，顶层设计不足。韩国环保企业进行海外市场扩展时的特点就是组团出海，但是其产业组织仍然较为松散，出海组团以中小企业为主要成员，缺乏专项领域专项技术代表性企业引领，缺乏最具行业代表性的龙头企业、龙头产品引领。中国在进行环保产业合作时也缺乏明确的战略设计，这使中韩合作主要依靠市场推动，政府的角色是搭台而非引领，因此举办展览会以及合作会议是中韩进行产业合作的主要方式。这种合作方式使中韩环保产业合作局限在两国中小企业间的技术和设备买卖，降低了环保产业产能跨境转移合作的效率，这也导致中韩间巨大的合作需求无法得到有效对接。

中日韩在环保产业领域的合作考验着三国内部环境治理水平和环保产业发展水平，中日韩目前还没有形成三方在环保产业方面的互动，双边的环保产业合作也局限于市场需求的对接。事实上，中日韩相互间的产业合作的加深和融合是形成地区共同环境治理标准的重要推动力。与此同时，日韩将环保产业海外合作作为环境外交的重要组成部分，中国在“一带一路”建设上强调在环保领域的合作，三国在海外环保合作上的共同需求使中日韩在区域之外的环保产业合作能够成为合作新领域。无论是在区域内还是区域外的环保产业合作都有助于区域整体环保产业的发展，有助于形成利益共同体，培育共同标准与共识，有助于东北亚地区在认识上形成命运共同体。

接下来，本章将考察日韩近五年的合作实践，中日韩三国环保产业海外合作战略，为中日韩在区域内外的环保产业合作探索实践路径。

第三节
中日韩环保产业国际合作基本状况

一、中国环保产业国际合作基本状况

我国早在“十一五”时期已经在逐步进行环保产业“走出去”战略的实践，受综合能力限制，在初期阶段，单体设备出口是主要手段。随着综合实力的不断增强，在“一带一路”倡议的助力下，通往国际市场的路径逐步清晰，形成了现阶段的设备与耗材出口、工程设计服务、工程建设服务、运维服务等多维度的业务局面。同时，目标市场覆盖范围更广，结合企业自身特点及定位、针对不同区域，形成了不同的策略。

（1）环保设备出口。

在“十一五”中后期，部分环保领域龙头企业及专项设备企业开始逐步试水海外市场，集中在水处理设备、脱硫除尘设备等领域，以单体装置及配套部件为主的单体设备。至“十二五”时期，出口规模快速增加，平均年增长达到近40%，截至2015年我国年度出口交货值达到162.6亿元。出口形式从单机出口向成套出口、总承包转变。出口国家多集中在东南亚以及部分新兴工业国家。

（2）工程建设服务。

随着我国在城镇生活垃圾处理处置、城镇生活污水处理处置、供水设施建设等环境基础设施建设领域的全面发展并取得较大成就，相关领域产业发展已追赶上世界发达国家，在污水深度处理、污泥处理处置等领域已有更高突破。目前开展的境外项目中，围绕中方承建或援建的大型项目的环保配套服务比例相对较高。“十二五”以来，国内大型环保企业在东南

亚、中东等地区，在垃圾焚烧发电、供水设施建设、海水淡化等领域开展了多项以项目总包 EPC 模式为主的项目建设服务，如由北控水务承建，2016 年竣工的马来西亚吉隆坡潘岱第二地下污水处理厂项目，由中电建承建、2018 年投产的埃塞俄比亚的斯亚贝巴市雷皮垃圾发电项目等。

（3）工程建设 + 运维服务。

随着海外业务的深入，部分企业通过收购形式获得已建成境外环保项目的运维权，基于企业既定战略进行总体布局，快速增加相关细分领域中的市场份额。如云南水务对位于泰国普吉岛的垃圾发电企业 PJT 公司 100% 股权收购，获得该公司旗下日处理能力 800 吨的垃圾发电厂；锦江环境通过对印度尼西亚绿色能源有限公司的并购获得其旗下日处理能力 1000 吨的垃圾发电厂的经营权，都是典型案例。

此外，近年来在发展稳定的发展中国家尤其是东南亚国家，以 BOT、BOO 等模式合作的 PPP 项目模式探索逐渐增加。由光大国际以 BOO 项目模式承建、2018 年正式竣工投产的越南芹苴市生活垃圾焚烧发电项目等成功案例，已成为我国环保企业在“一带一路”沿线国家的标杆项目。

（4）以资源整合为目标的并购与参股。

从“十二五”中后期开始，随着国内环保产业领域优秀企业的快速发展，以及国内环保产业格局的快速变化，具有一定资金实力的龙头企业开始进军国际市场。其中部分企业并未直接以本企业的优势产品、服务作为进入模式，而是采取了对外资优秀企业的并购、大比例参股或其他形式的战略合作方式。开展并购等合作的对象主要可分为两大类。一类是并购位于环保产业发达的欧美等国拥有核心技术、工艺或产品的优秀中小型企业。中方企业通过并购，有效整合了国际优秀技术、人才，提升企业综合技术产品能力，提升企业品牌。上海巴安水务在 2016 年连续发起对德国 ItN Nanovation AG、瑞士 AquaSwiss AG、奥地利 KWI 等多家水处理领域技术型企业的股权收购；永清环保对土壤修复技术型企业美国 IST 公司、加拿大 MC2 公司的控股都是典型案例。

另一类是并购在特定区域内具有较强工程、市场能力的综合型企业。

通过并购，在获取相关技术经验的同时，中方企业在短期内实现对当地或周边市场的有效拓展。北控水务对新西兰 TPI NZ 公司的并购、天楹股份对西班牙 Urbaser 公司的巨资并购都是典型案例（见表4－13）。

综上，我国环保产业的“走出去”战略，正逐步成为我国环保产业发展的重要一环及优秀环保企业业务开展的重要组成部分，正在迈入新的发展阶段。目前，我国已形成了根据企业战略目标的不同、目标市场的特点，有针对性的环保产业合作的战略路径，如对于欧美日等发达国家市场，以先进技术产品引进及优秀资源整合为目的“走出去”较为多见；对于东南亚等新兴市场，则以产品技术工程服务输出拓展市场为主（见表4－13）。

表4－13　　我国环保产业目标区域与合作特点

目标区域	特点	战略定位	合作形式	合作领域
技术整合与战略合作：如美国、德国、日本、新加坡等国家	• 环保产业发达 • 技术研发能力强 • 治理市场接近饱和	核心技术、管理经验引进；整合优势共同开拓区域周边市场	优秀环保企业并购、参股	市场需求大、国内企业技术尚不成熟的不特定多领域。如环境监测、污泥处理等
稳定市场：如沙特阿拉伯、阿联酋等中东国家	• 资金能力强 • 市场空间有限 • 技术工程能力相对欠缺	发挥优势、开拓市场	EPC 形式为主	海水淡化、污水回用、工业污水治理等
新兴市场：东南亚、南亚中东欧等经济稳定发展国家	• 治理市场逐步开启，前景良好 • 技术能力相对欠缺 • 资金能力差异较大	发挥优势、开拓市场	BOT、EPC 等项目形式；对当地优秀环保企业的并购、参股等战略协作	垃圾焚烧发电、污水处理、供水设施、烟气治理等
不确定市场：欠发达国家、局势不稳定国家	• 治理市场需求不确定性强 • 资金支付能力较差 • 技术能力欠缺	我国政府援建项目、联合国等国际资金项目	EPC 等项目形式	污水处理、供水设施等环境基础设施

资料来源：王世汶、杨亮、常杪：《绿色“一带一路”背景下我国环保产业如何走出去》，载于《发展观察》2020年第1期。

二、日本环保产业国际合作基本状况

日本环保产业国际合作在日本外务省和环境省的协调下，由两个民间组织开展和实施，一个是日本海外环境合作中心（OECC，Overseas Environmental Cooperation Center），另一个是公益财团法人地球环境中心（GEC，Global Environmental Center Foundation）。

1. OECC 与 GEC 基本情况

日本海外环境合作中心（以下简称“OECC”），于 1990 年正式设立，致力于通过国内外环境合作，实现世界的可持续发展。OECC 凭借其在会员间搭建的广泛的关系网络，整合日本国内的环保技术、经验、信息和知识，活跃地开展海外环保合作，协调与发展中国家的合作伙伴关系及加强亚洲城市间合作，是日本在海外环境开发合作方面的中坚组织。

OECC 的成员涵盖政府部门、知识界、企业、非政府组织、地方自治团体等。由此，OECC 既有环境方面的专家顾问，也有能够进行环境观测、测定分析以及经营、制造和销售环境保护设施和环境测定仪器的企业，这些合作方能够为 OECC 提供智力和技术支持，推动了产官学的合作网络建设的实现。OECC 除了与日本环境部及国际合作机构（JICA）等政府机关紧密合作外，还与亚洲开发银行（ADB）、地球环境设施（GEF）、联合国大学（UNU）及气候变化框架公约（UNFCCC）事务局等国际机构构建了全新的合作关系；OECC 还同地方组织保持紧密合作，地方公共团体的加入不仅能解决资金来源问题，也能起到很好的宣传作用。

OECC 自成立至今始终围绕三个重要的领域开展合作，即“三大支柱”：（1）气候变化等全球环境问题。（2）水污染、大气污染等环境问题。（3）化学品、循环社会、废弃物处置。

气候变化是 OECC 合作的重要领域，在活动中促进有关碳补偿制度的实施与普及。OECC 通过上述活动不断加深与参与者的关系，旨在创造全新的环境价值，向社会发挥其作为公益中心的作用，为实现美好的地球环境贡献力量。在气候变化领域，OECC的合作基于两大原则：一是根据“针对不同国家的解决方案”（Nationally Appropriate Mitigation Actions：NAMA）原则制定合作实施方案；二是国家之间的碳信用额度制度（JCM）[①]原则，基于《巴黎协定》，协助各国按照“自主贡献”（Nationally Determined Contribution：NDC）实施减排。OECC协助签署《巴黎协定》，各国根据不同国家的情况制定相应的减排计划，向UNFCCC秘书处报告研究计划和探讨方案，并支持该国和地区实施计划并进行援助；在JCM方面，OECC致力于对“碳素市场快汇”情报进行普及，主要支持发展中国家的相关政策建立、推进环境保护以及通过国际市场机制削减温室气体；OECC还通过环境省“设备辅助事业”等，向发展中国家持续推进相关环保设备和技术援助。此外，OECC还努力促使实现全球气候变化应对政策同区域环境污染应对方面相协调，OECC同中国和蒙古国等国进行政策对话，并进行实地调查，在保护大气层和臭氧层方面，加大对发展中国家的合作力度。

在水污染和大气污染等问题方面，OECC通过中日韩环境部长会议（TEMM）下的沙尘暴防治合作，同各国的政策制定者和研究者展开合作并提供支援。在推动发展中国家水污染和土壤污染合作方面，OECC不仅针对亚洲国家同时也将视角聚焦非洲国家，展开相关问题的研究和援助，将合作领域扩展到全球，通过广泛收集国内外信息，完善援助计划。

在应对化学品方面，OECC通过企业策划、运营商的网络运营支持，完成化学物质对策的推进。同时，随着“水俣条约”的生效、发展中国家关于汞对策的关注度逐渐升高，OECC致力于在发展中国家推行合适的汞处理技术；在解决亚洲大城市普遍面临的废弃物处置问题上，OECC时刻关注当地课题和新闻的指向，通过JICA同亚洲城市开展城市垃圾处理合作。如，2017年4月，OECC为国际合作机构（JICA）设立的“非洲整洁的市镇平台”项目提供了资金援助，同时作为日本国环境省的“环境基础

① JCM即双边碳信用额度制度，是目前日本海外环境合作的基石，主要通过向发展中国家推广并实施温室气体的减排技术、产品、系统、服务及基础设施建设等方面的普及和对策的同时，定量评价日本在削减温室气体排放和吸收方面做出的贡献，以实现日本的减排目标。

设施建设海外基本战略”的联合制定机构，成立以投资废弃物发电和降低水质污染的净化槽关联技术为主要问题的研究会，对有关废弃物管理方面进行指导，形成脉络性的商业模式，对推进这一问题解决做出了贡献。

公益财团法人地球环境中心（以下简称“GEC”），设立于 1992 年，1993 年开始正式运行。[①] GEC 主要由两个事务局组成，分别是大阪本部和东京事务所。其中大阪本部主要负责气候变化。GEC 的核心机构是评议委员会，负责指导整体发展走向，对不同部门形成的对策进行汇总，提出指导性建议。

GEC 作为联合国环境规划署国际环境技术中心（UNEP IETC）支持的财团，与联合国环境规划署紧密合作，凭借日本国内丰富的环保经验、知识和技术，通过联合国环境规划署的合作项目展开国际合作以促进全球环境保护。GEC 的合作重点集中但不仅限于发展中国家。近年来，GEC 在气候变化方面灵活运用了国家间碳信用额度制度（JCM，Joint Crediting Mechanism），将低碳技术向发展中国家推广；在固体废弃物方面，GEC 主要支持联合国环境规划署的合作项目，支持其重点活动——废弃物管理中的无害环境技术（EST）在发展中国家的适用，并同时致力于加深对 UNEP IETC（联合国环境署国际环境技术中心）实施的国际环境合作与地球环境保护的理解，进一步加强宣传及知识普及活动。

在日本国内，GEC 利用“关西、亚洲环境、能源节约商务交流推进论坛”（Team E－Kansai）[②] 这一平台，支持大阪和关西拥有出色的环境、能源节约技术的日本企业在海外拓展业务。另外，GEC 通过国际协力机构（JICA）的集体研修制度等，积极展开国际研修等项目向发展中国家提供培训和交流活动。

---

① GEC（Global Environment Centre Foundation），公益财团法人地球环境中心，建立于 1992 年 1 月 28 日，GEC 的成立旨在通过利用日本丰富的环保知识和经验，支持联合国环境署在发展中国家的城市环境保护活动，并开展旨在促进国际合作以保护环境的活动，从而为发展中国家和世界范围内的环境保护做出贡献。

② Team E－Kansai 于 2008 年 11 月成立的企业论坛，旨在减轻亚洲环境负担，应对全球环境问题，以及在关西地区与亚洲地区之间就环境和节能产业进行业务交流。

2. 近年来 OECC 和 GEC 对外合作情况

（1）OECC 对外合作情况。

2017 年至今，OECC 的对外合作主要围绕环境基础设施建设方面，OECC 将环境基础设施建设作为其对外合作的基本战略。OECC 认为发展中国家作为世界的中心，随着其城市化的快速推进以及其经济总量的不断扩大，其环保基础设施的需求会不断扩大，市场需求将日益明显。快速的城市化和经济发展使发展中国家面临的问题是如何解决大气污染和水质污染等公害问题以及如何处理废弃物。以可持续发展的视角来看，保证城市基础设施数量的同时，还要考虑如何使环境基础设施建设对于环境的负荷最小化，这就意味着提升基础设施的质量十分重要。以城市固体废弃物处理来说，预计到 2030 年，东亚地区的固体废弃物将快速增加，南亚和非洲的固体废弃物会在 21 世纪末持续增加。目前，大多数城市以掩埋的方式来处理固体废弃物，现有的处理厂将无法满足需求。如何可持续地处理城市废弃物将在今后日益凸显。从应对全球气候变化的角度来看，按照《巴黎协定》的约定，无论是发展中国家还是发达国家，都将长期致力于温室气体的大幅削减，因此在发电厂和交通系统等基础设施建设中，完全低碳型基础设施普及就显得尤为必要。

OECC 在 2017 年 7 月 25 日公开发表了“环境基础设施对外合作的基本战略”。OECC 的基础设施对外合作主要围绕日本环境省提出的六个合作领域展开，分别是减缓气候变化政策、气候变化适应政策、废弃物的循环利用、净化槽技术、水环境保护和环境评价。OECC 在以上六个领域方面针对不同国家的实际情况，通过利用同合作国间政策对话、研讨会、民间企业的环境技术介绍、相关的市民运动团体等灵活合作形式制定环境基础设施建设合作方案，不仅对各个项目的形成和实施进行支援，同时也对相关环保制度设计和研修等人才培养和能力建设等项目提供支持来完成基础设施的对外合作。OECC 现阶段的重点合作领域是气候变化及其相关领域，具体说来包括气候变化应对政策、氟利昂对策、化学物质对策、区域环境污染对策以及资源循环等方面的对策。OECC 的对外合作在考虑合作可能性的前提下，致力于促进《巴黎协定》各事项的实施。

OECC 通过其搭建的活跃的国内外关系网络开展合作，OECC 有专门性机构设置，“气候变动科”主要负责承担海外环境开发合作中涉及气候变化问题的业务，“环境管理科”负责水污染、固废、3R 等区域环境合作。OECC 对外合作强化环境基础设施建设，除在三大支柱方面提供环境基础设施外，在发掘实地需求、提供合作方需求、评估国内外企业和参与合作机构方面也有着明显的优势。因此，OECC 凭借其在技术、经验、资金和关系网络优势全力进行环境基础设施的对外合作，在不同地区采取不同的合作方略。

在东亚和东南亚地区，OECC 的合作目标在于解决大城市日益严重的大气污染问题、生活排水和工业排水引发的水污染问题以及城市垃圾处理等问题。这些发展中国家对环境基础设施需求很高，日本的经验和技术能够满足城市发展的需要。OECC 的主要合作是将日本同等级的技术引入这些有需求的城市。OECC 同印度尼西亚、越南和蒙古国在大气污染对策、水质污染对策、气候变化对策、废弃物处理等方面展开合作，除为这些国家的大城市提供环境基础设施建设外，还在构建综合环境制度、环境人才资源培训、能力建设等方面提供包括资金在内的各项支持，将日本的技术灵活地运用到环境基础设施建设中。

南亚是宗教、民族、文化、语言具有多样性的区域，人口众多且城市化发展迅速，面临最为严重的问题是环境废弃物处理以及应对自然灾害的问题。OECC 在南亚地区的合作尤为关注不同国家宗教和文化的差异，常常根据合作不同阶段的状况因地制宜地进行调整。OECC 同印度的合作主要集中在气候变化对策、固废、3R 以及化学品管理等领域，合作形式和内容多样化，既包括技术合作也通过研修等方法，进行人员培训和基础设施需求的调查。但在其他的合作国，OECC 主要的合作对象是政府相关机构以保证资金来源的多样性。

大洋洲岛屿国家对大型的基础设施的需求较小，但是环境负荷对社会的影响很大。OECC 针对岛屿国家的合作主要集中在气候变化方面，主要形式是同国际可再生能源机构（IRENA）合作，同合作国共同进行基础设施需求评估和发掘，制定具体实施方案，促进这些国家可再生资源的普及使用。

中东地区对日本的能源安全具有重要的战略意义，也是日本推进环境对外合作的重点区域。中东地区石油和天然气资源丰富，经济发展迅速，OECC 对中东合作的定位在实施和日本同等级别的环境基础设施。OECC 已同科威特和伊朗缔结了合作备忘录，在所有环境领域尤其是废弃物方面展开合作。

非洲各国对环境合作的必要性有着共同认知，但在具体基础设施方面普遍处于起步阶段，环境基础设施建设非常不完善，是 OECC 未来合作的重点区域。2017 年 4 月 OECC 设立了“非洲的魅力街平台”，这一平台是 JICA 进行协调，旨在对非洲各国在废弃物方面具体的基础设施需求进行调查和信息搜集。同时 OECC 还通过 JCM 基金①支持在非洲国家推行了低碳项目方面基础设施的建设。

日本没有大量的资源可以开采和生产，日本在环保方面的优势在于环保技术、环保设备、环保制度、环保经验、环保人才等，这些是日本环境对外合作的硬实力也是软实力，因此 OECC 在各个地区的合作强调灵活性，即灵活使用技术也灵活利用合作方式，既满足日本输出环保技术的需要，也满足合作国不同的合作需求，既为全球环境保护贡献力量也为日本的加工贸易提供新的合作路径。

（2）GEC 对外合作情况。

GEC 自成立以来，主要为联合国环境规划署国际环境技术中心（IETC）的活动提供支持，推进发展中国家的环境保护，为全球气候治理贡献力量。为促进《巴黎协定》的推进，GEC 连同日本政府和合作国共同推进通过包含两国信用制度（JCM）在内的市场机制减排。GEC 还收集各

① JCM 基金旨在为采用先进的低碳技术和管理的主权及非主权项目提供财政优惠，该基金将为亚银项目提供补助金和技术援助。

国的意见，努力促成 COP24 的意见统一。GEC 根据 JCM 为合作国应对气候变化提供资金和设备援助，通过 REDD +[①]保护森林以应对气候变化，并为使发展中国家能够使用日本的低碳素技术改良了现有技术。为推进上述合作，GEC 实行了环境省辅助事业的运营管理，支持日本企业在海外进行气候变化合作。

2017 年 GEC 与合作国进行的主要活动都是围绕应对地球变暖。GEC 在这一合作中灵活运用了 JCM 制度对发展中国家进行技术转移。目前，JCM 正式开始的国家有蒙古国、孟加拉国和埃塞俄比亚等 17 个国家。[②]

GEC 始终支持日本环境省的对外合作事务，2017 年 4 月，GEC 受日本环境省委托，开展了“2017 年度两国间信用制度的借贷讨论以及 REDD + 进展管理等项目委托业务”。这一活动主要讨论如何促进日本国内外进一步理解 JCM 的资金支援事业，并分析了灵活运用 JCM 借贷方案的案例；2017 年 7 月 12 日，GEC 在印度尼西亚和蒙古国召开了 JCM 合作国协议会，对于在两国正在实施的 JCM 设备补助项目的进展情况进行了沟通，根据各项目的进展状况，促进了日本与合作国之间的理解（见表 4 - 14）。

表 4 - 14　GEC 2017 年以来参与的对外合作项目

序号	项目进展年限	合作国	项目名称
1	2 年	蒙古国	新飞机场近郊 15MW 太阳光发电技术导入
2	3 年	越南	南部中部地区配电网，无定形高效率变压器的导入Ⅱ
3	2 年	越南	橡胶制品制造工厂的高效率漩涡机冷冻机导入
4	2017 年完成	越南	对啤酒工厂的节能设备导入
5	3 年	老挝	万象市 14MW 水上太阳光发电技术的导入

① “REDD +”是指在发展中国家通过减少森林砍伐和减缓森林退化而降低温室气体排放，达到保护森林、可持续管理森林的目标。在发展中国家开展减少森林砍伐和减缓森林退化等活动，并依据温室气体排放量的削减和吸收量的增加等指标取得经济奖励这一机制已逐渐被理解和接受。

② 蒙古国、孟加拉国、埃塞俄比亚、肯尼亚、马尔代夫、越南、老挝、印度尼西亚、哥斯达黎加、帕劳、柬埔寨、墨西哥、沙特阿拉伯、智利、缅甸、泰国以及菲律宾。

续表

序号	项目进展年限	合作国	项目名称
6	3年	老挝	对配电网的无定形高效率变压器的导入
7	3年	印度尼西亚	对大型购物中心的燃气试验系统以及吸收式冷冻机的导入
8	2017年内合作取消	印度尼西亚	北斯拉夫州1MW太阳光发电技术的导入
9	2017年内合作取消	印度尼西亚	对机场终端内空调系统节能的改造
10	3年	墨西哥	风力发电所项目
11	2年	墨西哥	20MW太阳光发电技术导入
12	2017年内合作取消	智利	圣地亚哥首都州近郊4.6MW太阳光发电系统的导入
13	3年	泰国	食品工厂的生物质能废热供暖系统设备的导入
14	3年	泰国	曼谷港的节能设备的导入
15	3年	菲律宾	新达纳岛15MW小水力发电技术
16	3年	菲律宾	新达纳岛4MW小水力发电技术
17	延长2年	菲律宾	汽车零件工厂的1.53MW屋顶式太阳光发电技术导入
18	延长2年	菲律宾	车辆工厂1MW屋顶式太阳光发电技术的导入
19	3年	印度尼西亚	车零件工厂煤气废热供暖技术及吸收式冷冻机的导入
20	2年	印度尼西亚	化学工厂吸收是冷冻机的导入
21	3年	蒙古国	达尔汗市20MW太阳光发电技术的导入
22	3年	印度尼西亚	苏门答腊岛10MW小水力发电技术
23	2年	菲律宾	冷冻仓库1.2MW屋顶式太阳光发电技术的导入

资料来源：根据GEC的海外合作情况整理。

2017年8月，GEC为促进对发展中国家的技术转移，受环境省委托执行了“在亚洲太平洋地区GC.CTCN案件支援实施的委托业务”。这项业务以亚洲和太平洋地区的发展中国家作为对象，活用了日本的低碳素技术和气候基金GCF和气候技术中心CTCN的案件，达到提高发展中国家应对气候变化能力的目的。GEC在做技术转移之前，通过大量的文献搜集、举行听证会以及对发展中国家技术发展情况的摸底等方式，有效地使日本的低碳素技术与发展中国家现有的技术相融合，推进双方合作切实执行并取得进展（见表4－15）。

表4－15　　　　2017年GEC的主要合作对象

数目	对象国	主要负责对象
1	泰国	泰国天然资源环境政策计划局（ONEP） 泰国科学技术革新政策局（STI） 联合国环境计划亚洲太平洋地域事务所（GCF的国际AE） 联合国开发计划亚洲太平洋地域事务所（GCF的国际AE） 泰国温室效果气体管理机构（TGO） 国际气候变动技术研修中心（CTIC） 亚洲工科大学（AIT）
2	越南	越南天然资源环境省（MONRE） 越南计划投资省（MPI） JICA专门家 市川环境工程驻河内事务所
3	缅甸	缅甸天然资源环境保护省（MONREC）
4	菲律宾	环境天然保护省（DENR） 菲律宾土地银行 亚洲开发银行（ADB）
5	斯里兰卡	马哈韦力开发环境省（MMDE） ADB斯里兰卡事务所 UND斯里兰卡事务所 JICA斯里兰卡事务所 斯里兰卡气候基金（SLCF）
6	印度尼西亚	财务省（MOF） 环境林业省（MEF） 鹿岛建设印度尼西亚营业所

3. OECC和GEC未来发展走向

总体来说，无论是OECC还是GEC，其对外合作的基本都是“日本环境基本计划”。这一计划的主要精神是形成循环型共生社会和环境生命文明社会，具体包括：（1）实现可持续的生产和消费的绿色经济。（2）国土股份的价值提高。（3）活用地域资源的可持续地域。（4）实现健康富足的生活。（5）支持可持续技术的开发和普及。（6）在国际贡献方面要发挥领导能力和构筑战略合作伙伴关系。尤其是第（6）点的国际贡献方面是

OECC 和 GEC 的对外合作指针，通过活用 JCM 进行基本设施和技术输出，在发展中国家环保制度、技术和资金上提供支援，借此提高日本对全球环境合作的参与度和贡献度。

再进一步说，日本关于气候变化适应对策推进的法案已由政府向国会提出。这个法案主要围绕：(1) 推进气候适应的综合政策。(2) 基础设施的配备。(3) 强化地域差异。(4) 开展适当的国际合作。今后日本针对亚洲太平洋地区的合作平台的构建会逐步的展开。OECC 和 GEC 更会根据环境政策的走向，配合环境省的工作，在国际对外合作方面，体现日本的自身优势，保证在环境合作上的领头羊优势。

日本环境省 2017 年 7 月发布了“海外环境基础设施建设基本战略”，旨在多个层面推进高质量基础设施建设的海外建设。为推进这一战略，日本各环境组织和政府阁僚积极地与合作国的政府展开对话，搭建政府合作平台，促成政府相关机构、自治体、民间事业体的合作，这是日本现阶段与各国合作的主要形式。OECC 在战略准备阶段开始到公布之后，配合环境省做出了与发展中国家在各种基础设施建设方面的合作计划，针对不同地区采取不同的合作方式。在 OECC 提出的 2018 ~ 2020 年的行动计划来看，其对外合作的重点仍然是在气候变化相关领域积极输出环境基础设施。OECC 在 2018 年 5 月召开了“环境基础设施建设的下阶段的战略展开”。可以看出，OECC 至少会在未来两年持续扩大与发展中国家在环境基础设施建设方面的合作。

反观 GEC，从 GEC 近两年的发展道路来看，未来 GEC 将继续致力于借助 JCM 进行技术转移，这与 GEC 的创建目的相同。除去基础设施建设这方面的政府支持，也不难看出在环境技术和技术转移方面环境省也格外的重视。在“环境基础设施技术研讨会”中，日本与合作国讨论从企业和自治体角度出发在城市合作层面进行环境技术合作的可能，这一合作之后也被环境省列为 2018 年度的重点施策方针。未来，GEC 会在技术转移方面继续发挥更大的作用，从表 4 - 15 中可以看出在技术转移方面，日本与合作国方面所签订的合同并不是在 1 年之内完成，而是在 2 年或 3 年内完成某项设施的建立。从实际的地域考察到与当地政府和民间组织的交流再到具体的实施，日本未来几年的发展目标仍是与发展中国家在应对全球变暖的实施政策方面进行更细致的交流与合作。

三、韩国环保产业国际合作基本状况

韩国环保产业海外合作也是由两个民间组织开展和实施，一个是韩国环境产业技术院（Korea Environmental Industry & Technology Institute，KEITI），另一个是韩国环境产业协会（Korea Environmental Industry Association，KEIA）。

1. KEITI 和 KEIA 的基本情况

韩国环境产业技术院（KEITI）由环保商品振兴院和韩国环境技术振兴院整合后于 2009 年正式成立。涉及领域主要为环境技术开发和环保产业培养。KEITI 是环境部下辖的一个准政府机构，其主要业务是普及优秀环境技术，帮助国内从事环境技术相关产业的企业进驻海外。为持有与环境相关的新技术的企业提供举办展示会以及说明会的费用等营销服务。并且，为进驻海外的相关环境企业提供每个课题每年 3 亿韩元以内的资金支持。为越南、蒙古国等发展中国家开展环境改善计划提供帮助。除此之外，还建立有为减少污染物、节省能源和资源的产品提供绿色标志认证的环境标志制度。标示减少碳排放量成果的碳环境成果标示制度。

KEITI 对于韩国环境产业界的作用，类似于中国国际贸易促进委员会对于中国进出口行业的作用。从韩国环境产业技术院（KEITI）2005 年组建至今的主要事件中可以发现，韩国环境产业技术院在这 13 年中组织实现了较大程度的扩充，服务质量获得了广泛认可，实力也取得了巨大提升，不论在韩国国内还是在国际上，KEITI 作为环保组织机构的地位和声望出现了较大的突破，且行动日益活跃，在国际环保产业合作中的重要作用与日俱增。

韩国环境产业技术院（KEITI）的机构组织框架已经较为完备，KEITI

包括三个最主要也是最核心的业务部门：技术开发部门、环境指标认证部门以及韩国本土环境产业扶持部门。在近年来的发展历程中，技术开发部门和环境产业支援部门在国际环境合作中出现频繁，而环境指标认证部门主要面向韩国本土企业的环保指标认证以及海外企业进入韩国后涉及的环保产品及技术认证。①

韩国环境产业协会（KEIA）成立于2012年12月31日。行动目的同样是以促进韩国环境产业发展为重心，组织性质更接近于民间组织，为企业法人。虽然也具有一定的政府背景，但相比KEITI，其组织规模和活动能力较小。KEIA的设立主要为满足韩国在以下三个方面的需求：（1）进一步抢占世界环保产业市场；（2）促进韩国环保产业海外推进；（3）作为政府的投诉窗口建立企业与政府的沟通渠道，促进制度改善。②

KEIA的发展仍然处于起步阶段，发展速度不及KEITI，但作为企业法人的非政府环境保护组织，KEIA的发展已经取得了不错的成绩，环保培训事业已经较为稳定，海外推进事业也取得了较大进展，尤其是2016年以后，KEIA在对发展中国家尤其是中国的环保产业合作中扮演了越来越重要的角色，已经同河北、广东、四川等省级行政区划建立了较高级别的经常性环保产业合作关系。

韩国环境产业协会（KEIA）的组织构架较为精炼，组织构成不及KE-ITI丰富。KEIA的主要组织功能是实现韩国国内环保产业的培训、企业发展咨询以及本土环保企业组团出海等。KEIA并不具备类似KEITI的环保技术研发能力，也不具备类似KEITI的环保产品与技术资格认证职能。

2. 近年来KEITI和KEIA的对外合作情况

（1）KEITI的对外合作情况。

2017年至今，KEITI开展了多次对外合作，最有代表性的活动有9次，涉及双边合作共5次，分别是同巴拉圭、沙特阿拉伯、越南、伊朗和印度尼西亚开展，为韩国企业进军上述国家搭建平台，除同相关国家签订总体

①② KEITI网站，http：//www.keiti.re.kr，访问日期，2020年2月13日。

环境合作备忘录和合作规划外，具体合作领域主要集中在共同水利开发和上下水道工程；此外，KEITI 还组织了多次研讨会，包括 2017 年亚洲碳足迹网络国际研讨会，向亚洲参会国家介绍了为实现低碳社会转型的绿色建筑和环境信息共享的先进事例，同时也同亚洲国家共享了近几年的环境成就；2017 年中东和非洲环境论坛，了解中东、非洲地区国家环境现状并介绍 KEITI 的合作项目；2017 年 KEITI 还同联合国产业开发机构（UNIDO）共同举办研讨会，同韩国环境部、外交部、15 个国家的驻韩外交团及韩国环境企业共同讨论环境合作问题，为韩国企业的海外合作提供信息平台；2018 年韩国环境产业技术院和企业环保革新中心共同举办亚洲环境技术验证国际研讨会实务会议，KEITI 向对韩国环境技术需求剧增的东盟国家开放新技术认证技术验证制度，KEITI 以此次研讨会为跳板，同东盟国家和中东地区国家签订合作方案，努力强化韩国国内的中小企业的海外环境合作，进一步加强对韩国国内中小企业的支援。

从 KEITI 2017 年至今的主要对外合作活动可以发现，KEITI 的活动足迹遍及南美洲、中东、非洲和亚洲等地区。而在南美和中东地区都开展了水质管理及处置业务，这也从侧面反映出 KEITI 所掌握的水质处理技术获得了发展中国家的广泛认可。2017 年至今的主要对外活动中，KEITI 有将近一半的合作是与亚洲的发展中国家开展的，亚洲是 KEITI 的主要活动范围，而亚洲的发展中国家也是 KEITI 的主要技术与资金目的地。

（2）KEIA 的对外合作情况。

相比于 KEITI 的海外产业合作战略，KEIA 的亚洲业务重心倾向更加明显，2017 年至今，KEITI 开展了多次对外合作行动，具有代表性的 10 次对外合作全部同发展中国家进行合作，其中 9 次同亚洲国家展开合作，有 6 次是同中国进行的环保产业合作交流。KEIA 的综合实力和行动能力有限，因此集中资源将主要业务领域放在亚洲，尤其是中国这个具有巨大环保市场潜力的发展中国家。

KEIA 同中国的合作一方面为中韩企业搭建沟通平台，比如 2017 年 KEIA 举办中韩环境产业合作论坛（上海），促成了 2475000 韩元的合作；

2017 年 KEIA 还组织了韩国环境产业协会、韩国环境部、韩国环境产业院以及 41 家韩国环境企业向北京派遣了产业合作团，组织协调韩国企业参加“第 15 届中国国际环境保护展示会（CEIPEC 2017）”，共促成了中韩企业合作订单 242 件总金额达到 1024 亿韩元[①]；另一方面，KEIA 还同中国地方政府展开活跃的合作，2017 年至今，KEIA 同中国河北省、四川省和广东省举行工作组会议，支持韩国企业在这些地区的业务，同时与这些省级政府展开经常性的环境合作，这说明 KEIA 对中国市场的开拓已经具有一定的广度和深度。

2017 年 KEIA 同河北省的环境合作工作组会议主要集中在大气污染、水质管理和废弃物处理三大领域。该工作组会议开始于 2016 年，合作项目集中在推进减少城市微尘的市政项目，2017 年工作组在 2016 年合作的基础上新选出 7 家公司的 13 个技术进行持续的宣传和推广。此外，双方还商定将两国企业间的交流领域扩大到河北省重点需求领域——水质、废弃物领域。KEIA 和河北省为了不断监测双方的合作，决定指定两个协会的重点联络负责人，并随时检查双方的合作情况并予以应对。KEIA 期待通过本次会议，今后双方企业间的多个领域合作将持续扩大。

KEIA 同广东省的环境合作工作组会议开始于 2015 年，当年的合作领域包括重金属污水处理项目，并确认双方优秀企业的技术展开定期交流；2017 年是 KEIA 同广东省举行的第三次工作组会议，合作领域扩展到废弃物管理，空气、土壤/地下水和水质管理等领域，促成了 4 家韩国企业同 30 家中国企业的 31 件订单，合作总额达到 22 亿韩元。[②]

2017 年 KEIA 还开拓了同四川省的合作业务，2017 年 4 月 13 ~ 15 日，在第 13 届四川省省会环境保护产业博览会上组成了韩国馆，共有 12 家韩国企业参加，成交 79 件订单。展览会期间还举行了韩国—四川环境产业合

① 중국북경환경산업협력단파견（'17. 6. 12 - 16），KEIA 网站，http：//www. keia. kr/bbs/board. php? bo_table = b17&wr_id = 23&page = 2，访问日期：2020 年 3 月 5 日。

② 한 - 중（광동성）환경기술교류회및 1：1 상담회개최（17. 9. 21），KEIA 网站，http：//www. keia. kr/bbs/board. php? bo_table = b17&wr_id = 28&page = 1，访问日期：2019 年 9 月 5 日。

作论坛，韩方介绍了水质、大气、测定仪器等优秀环境技术。另外，双方还建立了长期合作机制，以使企业间的实质交流得以实现。

KEIA 除同中国开展活跃的合作外，还致力于开拓越南、缅甸、马来西亚等亚洲国家以及塞内加尔的环保产业市场，主要涉及水处理和自来水项目。

3. KEITI 和 KEIA 的未来发展走向

（1）KEITI 的未来发展方向。

KEITI 的未来发展走向大致可以分为四个总体方向和十二个局部方向。其中总体方向涉及中长期产业技术开发、短期事业开发/原创技术开发、公共技术开发和土壤、地下水技术开发。

中长期产业技术开发包括全球顶级（global top）环境技术开发项目和废弃资源能源技术开发项目，其中全球顶级环境技术开发项目旨在通过世界一流水平的环境技术开发，实现韩国环境产业的新增长动力及出口产业化。这一项目从 2011 年开始将持续到 2020 年结束，共投资 6979 亿韩元；废弃资源能源技术开发项目旨在开发利用废弃物作为能源供给的新技术，将废弃资源的填埋、海洋排放减至最小化，从而减少发生环境污染的可能，开发废弃资源能源化的实证体系。这一项目从 2013 年开始持续到 2020 年，共投资 1341 亿韩元。

短期事业开发/原创技术开发包括环境产业先进化技术开发项目、绿色工业技术产业化推广项目和开发安全的杀菌剂管理技术三个局部发展方向。其中，环境产业先进化技术开发项目通过促进可在现场快速应用或可在短时间内应用的环境技术的商业化，提高该行业的生态效率和竞争力。这一项目从 2011 年持续到 2020 年，投资金额为 3910 亿韩元；绿色工业技术产业化推广项目主要通过技术开发解决企业运营中的环境问题，并促进企业的产业化进程，这一项目投资已超过 320 亿韩元，于 2018 年结束；开发安全的杀菌剂管理技术旨在使国民能够在日常生活中安心地使用生物制剂。这一项目计划投资 181 亿韩元，从 2018 年开始持续到 2020 年结束。

公共技术开发包括基于环境政策的公共政策制定、生活共感环保技术开发、应对气候变化的环境技术开发、应对化学事故的环境技术开发和生物多样性外来生物威胁管理技术开发五个局部发展方向。这些项目开发具有典型的提供公共性产品特征，为韩国政府委托发展项目，获得了政府的资金支持。公共环境政策制定旨在控制如各类污染防控、清洁水管理等具有明显公共性质的环境问题，通过公共利益型环保技术开发，实现环境保护，提高人民生活质量，实现国家环境政策目标。生活共感环保技术开发事业为防止环境污染因子等多种环保问题引发的人体及生态系统受损，这一项目集中在与生活密切相关的环保技术领域，从 2012 年到 2020 年，共投资 1639 亿韩元；应对气候变化的环境技术开发项目、化学事故应对环境技术开发项目和外来生物威胁管理技术开发项目旨在满足韩国参与全球气候变化、化学品管理和生物多样性国际合作的需要。

土壤、地下水技术开发目前主要包括二氧化碳保存这一环境管理技术开发项目，旨在开发二氧化碳（CO_2）陆上储存的环境管理技术，并完善相关法律完善制度，确保二氧化碳捕获和封存（Carbon Capture and Storage，CCS）技术的环境安全性。

可以看出，KEITI 未来发展方向的主要着力点在环保技术开发方面，共投资预计超过 1 万亿韩元，其中对能够保持韩国环保领先地位的技术投入占比最大，对能够快速进行产业化的技术投入位居其次。KEITI 的战略中心意在提升韩国环保产业整体技术水平。

（2）KEIA 的未来发展走向。

KEIA 的未来发展方向主要分布在两个总体方向和七个局部方向。其中总体方向包括支持韩国环保产业体力量壮大和构筑国内外联系网络。

环境产业体强化方针主要包括优秀环境企业海外出口支持计划（Green Export）、非洲农村自来水工程支持项目、环境、贸易、国际动向传播事业和环境咨询和培训四个局部发展方向。其中，优秀环境企业海外出口支持计划的目标是培育优秀的中小企业，打造模范事例，以此为基础，加强韩国环境企业进军海外市场的力量及标杆效应。KEIA 为培养优秀环境中小企业、培养全球出口企业，将与海外事业专门咨询机构联手，加强当地技术业绩调查、扩大市场份额、消除当地结构壁垒等全方位支持，这一项目为长期项目，将持续投入经费；非洲农村自来水工程支持项目，该项目旨在环境市场发展潜力巨大的非洲国家，为解决非洲地区缺水问题做出贡献，从而奠定韩国国内环境企业进军海外的基础。

环境、贸易、国际动向传播项目旨在迅速向国内环境产业界提供国际上环境、贸易相关的情报和信息，包括多边与双边贸易协定中的环境商品和环境服务的最新信息、主要环境相关进口限制动向等信息；环境咨询和培训项目主要为贸易对象国提供环境市场信息及环境教育及培训。

KEIA 还将在未来构筑国内外联系网络，主要包括中韩环境产业合作项目、中日韩三国环境产业圆桌会议和具有潜力的海外环境市场信息调查项目。中韩环境合作始终是 KEIA 的合作重点，中韩环境产业合作项目旨在了解中韩环境政策和环境产业发展趋势，寻找合适的合作项目，加强环境合作伙伴关系，建立新的合作渠道，促进韩国国内环保产业与中国的合作，进入中国市场；中日韩三国环境产业圆桌会议的目标是通过各国政府、学术界和商界人士之间有关环境产业、环境技术和政策信息的交流，促进该地区环境产业的发展。在中日韩环境部长会议框架内举办中日韩环境产业圆桌会议和产业论坛，利用环境产业的优势互补，促进区域内合作。

此外，KEIA 还计划与具有潜力的海外市场进行信息调查，通过信息调查，掌握对象国环境产业现状，构建海外协助网，提供可行性调查、市场开拓团等进军海外市场事业的项目。KEIA 从 2002 年到 2015 年共进行 33 个国家调研，包括其中亚洲的 9 个国家、美洲 7 个国家、中东/非洲及阿拉伯国家 11 个国家以及 12 个欧洲国家。

KEIA 作为民间环保组织，资金来源与影响力有限，项目投入预计也并不明确。未来发展主要集中在本土环保企业及产业的组团出海、非洲环保形象工程、环境教育及咨询和中韩环保产业合作方面。KEIA 对于我国的环保市场开拓意图极为明确。

第四节
中日韩环保产业国际合作战略

一、中国环保产业国际合作战略

从以上中日韩三国环保产业海外合作的实践可以看出，三国环保产业海外合作均具有明确的战略规划、实施路径和重点领域。中日韩环保产业在地区内外的合作均应在三国环保产业海外合作战略中寻求最大合作空间。

随着我国环保产业综合实力的不断增强，早在2011年，商务部、环保部等十部委联合颁布的《关于促进战略性新兴产业国际化发展的指导意见》中就明确提出要实施环保产业"走出去"战略。此后《"十二五"节能环保产业发展规划》《关于加快发展节能环保产业的意见》《"十三五"节能环保产业发展规划》《关于加快推进环保装备制造业发展的指导意见》等相关指导性文件、规划均明确提出支持我国节能环保企业参与全球生态环境保护事业的相关要求。一系列政策措施的出台为我国环保产业"走出去"提供了政策基础和保障。[①]

2013年"一带一路"倡议提出后，我国进一步提出了建设绿色"一带一路"的构想。在《推动共建丝绸之路经济带和21世纪海上丝绸之路的愿景与行动》的框架下，我国先后发布了《关于推进绿色"一带一路"建设的指导意见》《"一带一路"生态环境保护合作规划》等指导性文件。

① 王世汶、杨亮、常杪：《绿色"一带一路"背景下我国环保产业如何"走出去"》，载于《中国发展观察》2020年第1期，第57页。

2019年4月召开的“一带一路”国际合作高峰论坛上，我国更明确突出了“要将‘一带一路’建成绿色之路”的发展方向。提升“一带一路”绿色建设水平，推动实现可持续发展和共同繁荣的理念得到了广大沿线国家的广泛认同与积极响应。

“一带一路”沿线国家和地区大多数属于发展中国家，生态环境敏感、环境管理基础相对薄弱、环境基础设施建设相对滞后，随着社会经济的发展，环境问题日益凸显，环境治理需求日益增加、潜在治理市场巨大。“一带一路”沿线国家及地区已经采取多种方式积极促进其绿色产业的合作与发展。绿色“一带一路”倡议成为中国环保产业海外合作的重要平台，也是环保产业海外合作的重要战略。

2015年，中国成立了“一带一路”生态环境保护领导小组，并以中国—东盟环境保护合作中心牵头提供技术支持，从而为绿色“一带一路”建设提供了有力的机构保障①。2017年4月，原环保部、外交部、国家发改委、商务部联合发布了《关于推进绿色“一带一路”建设的指导意见》，对绿色“一带一路”建设的意义、要求、任务及组织保障做了详细的说明和规定，为绿色“一带一路”建设提供了政策保障。与此同时，我国积极开展与“一带一路”沿线国家的对话交流，例如在2016年底，环保部连同深圳市政府举办“一带一路”生态环保国际高层对话，16个沿线国家以及包括联合国环境规划署在内的多个国际组织的高级别代表参会，从而有力地促进了绿色“一带一路”的理念宣传并推动了与沿线国家的政策沟通。另外，我国通过中国—东盟、上海合作组织等多双边机制，积极传播绿色“一带一路”理念，并在此基础上，落实领导人倡议，开展生态环境保护技术交流合作，例如旨在通过援外生态环保培训以提高沿线国家环境保护意识和环境管理水平而实施的“绿色丝路使者计划”“海上丝绸之路绿色使者计划”等。

① 国冬梅、王玉娟：《绿色“一带一路”建设研究及建议》，载于《中国环境管理》2017年第9期，第15~19页。

此外，我国还通过建设和开通上海合作组织环境保护信息共享平台、中国—东盟环境保护信息共享平台以及“一带一路”生态环保大数据服务平台，推动沿线国家环保信息的互联、互通、互用[①]。并通过收集整理沿线国家环境状况报告、环境合作机制概况以及出版《“一带一路”生态环境蓝皮书》等，为绿色“一带一路”的建设提供信息支持。同时，推动能源、交通、制造等多领域的“走出去”重点企业发布《履行企业环境责任共建绿色“一带一路”》倡议，助力绿色“一带一路”建设。[②]

在绿色“一带一路”的平台推动下我国环保产业已经迈出了走向国际市场的坚实一步，但仍处在起步阶段。

二、日本环保产业国际合作战略

作为日本环境外交的重要组成部分，日本环保产业对外合作一方面服务于扩大日本海外影响力，尤其是塑造日本在亚洲领导力的需要；另一方面旨在向海外输出其优势环保技术，占领海外市场。此外，在气候变化领域，日本环保产业对外合作还服务于履行《巴黎协定》的减排承诺。2017年至今，日本环保产业对外合作一方面围绕环境基础设施建设展开；另一方面集中在环保技术转移领域，发展中国家是日本环保产业对外合作的主要目标。

2017年7月，日本环境省发布了“海外环境基础设施建设基本战略”，旨在多个层面在海外推进高质量基础设施建设。为推进这一战略，日本环境组织和政府阁僚积极地与合作国政府展开对话，搭建政府合作平台，促成政府相关机构、自治体、民间事业体的合作，这是现阶段日本与各国合作的主要形式。日本制定环境基础设施这一战略的依据在于：随着发展中

① 国冬梅、王玉娟：《绿色“一带一路”建设研究及建议》，载于《中国环境管理》2017年第9期，第15～19页。

② 周国梅：《我们将建设怎样的绿色丝路?》，载于《中国生态文明》2017年第3期，第20～22页。

国家城市化的快速推进及其经济总量的不断扩大，城市环保基础设施的需求会不断扩大。目前，发展中国家普遍面临的严重问题是大气污染、水污染以及固体废弃物问题。大多数发展中国家城市以掩埋的方式来处理固体废弃物，现有的处理厂将无法满足需求，如何可持续地处理城市废弃物将在今后日益凸显；此外，从应对全球气候变化的角度来看，按照《巴黎协定》的约定，无论是发展中国家还是发达国家，都将长期谋求温室气体的大幅削减，因此在发电厂和交通系统等基础设施建设中，完全低碳型基础设施普及就显得尤为必要。从可持续发展的视角来看，发展中国家的环保基础设施无论在数量上还是质量上都有巨大的市场空间。

2017 年以来，日本环保产业对外合作的另一个重点领域在环保技术转移方面，在这方面，日本推进在发展中国家通过市场机制实施减排，重点在于两国信用制度（JCM）的应用。JCM 即双边碳信用额度制度，是目前日本海外环境合作的基石，主要通过向发展中国家推广温室气体减排技术、产品、系统、服务及基础设施建设等方面，同时，定量评价日本在削减温室气体排放和吸收方面做出的贡献，以实现日本的减排目标。GEC 是日本推进该领域合作的主要机构。GEC 根据 JCM 为合作国应对气候变化提供资金和设备援助，通过 REDD +[①]保护森林以应对气候变化，并为使发展中国家能够使用日本的低碳技术改良了现有技术。为推进上述合作，GEC 实行了环境省辅助事业的运营管理，支持日本企业在海外进行气候变化合作。

2017 年以来 GEC 与合作国进行的主要活动都是围绕应对气候变化展开，合作对象主要是环保技术薄弱的发展中国家。目前 JCM 正式合作的 17 个国家中 12 个是亚洲国家、3 个美洲国家、2 个非洲国家，日本对外合作的重点区域仍然是亚太地区。日本的环保对外合作战略还包含着日本作为环境大国的国际责任，因此，日本在对外合作对象主要是环境技术级别较低的发展中国家，一方面能够保有足够的技术优势，占有合作的主动；另

① “REDD +”是指在发展中国家通过减少森林砍伐和减缓森林退化而降低温室气体排放，达到保护森林、可持续管理森林的目标。在发展中国家开展减少森林砍伐和减缓森林退化等活动，并依据温室气体排放量的削减和吸收量的增加等指标取得经济奖励这一机制已逐渐被理解和接受。

一方面能够作为环境公益方向国际社会发挥其环保大国的作用，为实现美好的地球环境贡献自身的力量。

日本没有大量的资源可以开采和生产，在环保方面的优势在于环保技术、环保设备、环保制度、环保经验和环保人才等，这些是日本环境对外合作的硬实力也是软实力，因此日本在各个地区的合作强调灵活性，既灵活使用技术也灵活利用合作方式，既满足日本输出环保技术的需要也满足合作国不同的合作需求，既为全球环境保护贡献力量也为日本的加工贸易提供新的合作路径。

从日本2017年以来环保产业对外合作的情况来看，无论在环境基础设施合作还是基于JCM的技术转移，中国都不是日本的重要合作国家，这并不是因为日本不重视中日环保合作，而是因为日本对中日合作的定位不同于其他亚洲发展中国家，更多地将中日环保产业合作设定在商业领域，而非外交层面。

三、韩国环保国际对外合作战略

韩国环境保护产业对外合作的中长期发展战略大致可以划分为三个部分：首先，满足韩国本土环保市场需求，积极扶持本土中小型环保企业实现技术积累与成长；其次，积极开拓发达国家环保市场，利用既有产品技术并突出价格优势以参与发达国家环保市场的激烈竞争，获取先进环保技术及理念，保持与环保一线市场的紧密联系，把握环保产品开发走向与潮流；最后，开发发展中国家环保市场，利用环保领域比较优势及先行经验，突出量身定制和价格优势策略，占据发展中国家新兴环保市场一定份额。韩国环保产业对外合作旨在依托韩国环保产业技术知识展开对外合作，推广韩国环保价值观，从而确立世界环保领域领导地位，创造可持续发展的未来。

2017年以来，韩国环保产业对外合作重点推进了以下三大方向：环境重点领域（如雾霾、酸沉降等）合作，培育环境友好型产业及基础设施升级，推进环境信息合作；扩大环保产品服务合作，为履行环境政策提供综合支持，提升环境服务质量；构建海内外专门环保合作网络，拓展合作方式。

近年来，韩国环保产业对外合作主要的推进方向是向发展中国家出口以技术和产品为载体的相关基础设施，同时向东道国传授韩国的环境管理经验。进行基础设施建设需要稳定的合作资金来源，仅依靠政府开发援助资金很难满足发展中国家的资金需求，因此韩国引导民间资本进行海外投资，以充裕的资金额度和较高的技术水平实现与发展中国家的合作。除环保基础设施建设外，韩国海外环境合作还通过与东道国的政策对话和双边协定实现，这也是日本海外环保产业合作的重要特征。通过与合作国家政府间的政策对话，掌握对方国家环境合作领域的准确需求，按照合作国实际需要进行有重点的合作，以提高合作的效率，加深双方的理解和互动。

韩国试图将其环保产业合作打造成援助发展中国家及欠发达国家实现联合国可持续发展目标（以下简称 SDGs）的标杆。为此，韩国还提高了 ODA 援助项目对可持续发展目标的支持力度，重点转向经济、环境、社会领域。此外，韩国致力于建立并维系全球伙伴关系，为了环保技术普及和共享构筑跨国环保合作网络。持续推进建立基于中央政府、地方政府及社区环保知识与技术共享的全球平台，扩大 ODA 援助体系和范围。

韩国环保产业的重要战略领域集中在气候变化、绿色发展和灾害应对等方面，战略目标是在对外合作过程中树立韩国的主导地位。随着环境领域的国际合作需求日益增加，韩国积极谋求为国内处于饱和状态的环保产业建设与工程行业寻找海外新市场，形成新的国家增长动力，因此韩国在未来较长时期内都会进一步探索这一领域的海外合作路径。在国际环境合作领域中，韩国意图在多边框架中谋求扩大双边环境合作，近些年，韩国除了推进在东北亚、东南亚地区环境合作外，还加强了同中东、中亚、欧洲和美洲等国家的双边环境合作，积极推行其环保产业的海外合作战略。

从中日韩环保产业发展状况和日韩环保产业海外发展战略来看，中日韩环保产业合作有着强大的互补优势和合作需求，是否能将这种合作有利条件转变为地区环境治理的强大内在动力是东北亚地区未来环境治理的重要课题。

第五节
中日韩环保产业合作与东北亚地区环境治理

从近些年中日韩环保产业发展状况、国际合作状况及国际合作战略来看，中日韩三国环保产业呈现阶梯发展状态，日本的环保产业发展较为成熟，创新能力强，以高端环保技术研发和设备出口为主；韩国环保产业处于稳定发展阶段，以中端环保技术开发和出口为主，部分环保技术能够达到国际先进水平，在市场上具有价格竞争优势；中国环保产业虽然发展迅速，但总体上还处于起步阶段，技术整体水平较弱，以中低端技术为主。中日韩在各国国际合作战略的引领下都致力于海外市场开拓，扩大合作空间。

在中日韩环保产业合作方面，在地区内，中国是重要合作市场；在地区外，发展中国家是三国国际合作的共同对象，中日韩都致力于因地制宜、因国施策地解决发展中国家的环境问题，推进环保基础设施建设、环保设备和服务出口、环保技术转移以及环保资源整合。因此，在开发共同市场的方面存在竞争。然而，由于中日韩环保产业在发展阶段和技术水平存在的差异，又为三国合作提供了空间。

中日韩在区域内的环保产业合作

在东北亚地区，日本和韩国都注意到，自 2014 年，中国环保政策的法律力度不断加大，《环境保护法》《大气污染防治法》《环境影响评价法》等相关法律的相继出台，既强化了环境污染对策也刺激了中国环保产业的蓬勃发展。同时，日本和韩国国内节能环保技术市场已趋近饱和，多年积累的技术、知识、人才等的经营资源单纯依靠国内市场几乎无法生存。近几年来的以城市环境及产业公害为中心的环境相关设备的订单的数量每年都呈现出负增长的趋势。另外日韩两国国内再生能源市场的建设迟缓、产业出现萎缩。因此，日韩两国政府和产业界非常关注仅次于美国的世界第二大的环保产业市场——中国，尤其把节能环境合作放在对华政策的中心位置。

日本学者根据2016年中国环保产业的营业收入和生长率判断，2017~2022年，中国环境污染防治关联产业中市场规模最大的是污水处理产业。根据日本经济产业省的相关预测，到2025年，中国上水处理将从2007年的1.7兆日元，提高到6.7兆日元（4倍）；污水处理领域将从1.0兆日元提高到4.8兆日元，提高4.8倍。此外，日本学者还认为中国水处理、资源循环和节能环保领域的市场最具吸引力，环境观测和土壤修复产业的成长率较高，认为这两项会成为新兴的成长产业。日本拥有这些领域的尖端技术和设备，因此中日间贸易机会巨大，韩国相比日本的技术优势略处下风，但在环保产品和服务价格上具有较大优势。大气污染防控领域也是日本和韩国两国最为关注的领域，认为中国对PM2.5消减、工业产业的脱硫等净化关联的先端技术和设备的市场需求会急剧增加，也是日本和韩国开展对中国技术合作和环境贸易的重点领域。

日韩环保产业对外合作最为关键的是如何使日韩的技术与当地情况相适应，因为日韩认为与其说日韩环境产业的强项是高技术，不如说是日本和韩国积累了如何系统地解决各种各样环境问题的经验和技术，因此，“本地化”和“适应化”就变得尤为重要。

对于日本和韩国来说，中国国内环保企业已经具备一定的生产水平，如果只出售“产品”“设备”，则不能保证持续的竞争优势。所以，日本要进行“系统出售”。比如，在“能源”“资源循环”等市场不断增长的领域，日本所进行的“系统出售”除了具体的设备和产品以外，还包括出售管理系统和运营系统等。日本方面明确表示“系统性”是日本同欧美企业相比具有竞争优势的源泉，并且，在这个领域，即使是在世界上，日本也已经构筑起了特别的“能源对策”和“资源循环”的社会系统，并取得了非常好的效果。因此，日本非常有信心以“系统出售”的方式，在“能源对策”“资源循环”项目上，获得更大的市场份额。因此，近些年循环经济和可持续发展社会建设既是日本和韩国环保合作的重要领域，也是中日韩环境合作的重要方向。

然而，从近几年中日和中韩环保合作的实践来看，中日与中韩之间都有相互迫切的需要，双方也都拥有各自的优势，满载着各国政府的大力支持及企业的殷切期待，但成功合作的项目却十分有限。而在环境服务（水处理、垃圾燃烧、替代能源等）领域，日本和韩国企业几乎没有立足之地，中日和中韩环保产业合作还存在大量可以提升的空间。

中日韩环保产业合作的内在需求和基本状况为东北亚地区环境治理带来了重要机遇。当前，中日韩在环境产业合作领域，政府主导的具有援助性质的合作方式已经消失。取而代之的是，以企业主导的重视双方利益的商业型合作方式。这就使中日韩环保产业合作在一定程度上脱离了地区合作的框架，缺乏政治合作内涵。将中日韩环保产业合作纳入地区环境治理合作框架，地区治理框架下的中日韩环保产业合作将有利于形成地区统一的环境标准、地区乃至国际认可的技术评估验证体系、使用相同话语的环境技术人员以及跨越国界的环保技术转化体系，这些合作不但有利于中日韩环保产业的共同发展，更能推动地区环境治理的发展。

第一，中日韩环保产业合作有利于促成地区治理标准的形成。地区治理框架下的中日韩环保产业合作将有利于形成统一的标准。治理的核心是形成约束力，无论是将国际标准本地化还是形成地区统一的标准，都需要各国环保产业总体发展处于大体均等的水平，形成相对统一的产业标准。在此基础上，各国合作才可能遵循一致的环境标准，将环境标准贯穿从产品设计到应用的各个环节，最终出现统一的治理标准。借助统一的环境标准而非治理标准是目前东北亚地区环境治理的实施路径。目前中日韩环保产业合作还主要集中在日韩环保技术和设备在中国市场的销售，因此，搭建企业和企业沟通的平台成为政府参与的主要途径。政府在中日韩环保产业合作中的角色相对孤立，没能发挥引导和助推的作用，这与三国政府在

TEMM 框架下的合作目标不一致，忽视了环保产业合作过程建设。TEMM 将可持续发展社会、循环经济等列为合作的优先领域，为中日韩环保产业合作提供了平台和政治支持，三国政府都应设计更为长远的合作战略，有目标地设计和引领环保产业合作，打通市场屏障，使日本和韩国较为发达的环保技术标准、环境企业管理标准及环保经验能够在中日韩产业界共享，提升地区内各国执行国际标准的能力，为地区治理提供重要抓手，推动地区环境治理标准的生成。此外，只有企业成为地区环境合作的重要治理主体之一，环保产业合作才能够与地区环境治理相衔接，环保行业的标准才能助推地区环境标准乃至治理标准的形成。

第二，中日韩环保技术转移合作有助于地区共同体建设。环保技术合作是环保产业合作的核心，核心技术是各国环保产业竞争力的集中体现。目前中日韩环保技术合作主要局限在市场，出于对核心技术的保护，中日韩环保产业合作往往无法实现共赢。日韩企业过去在中国的盈利模式主要由三大支柱组成：第一个是提供技术许可，而不是向中国公司提供一代技术和专有技术；第二个是在中国生产和销售通用产品，主要是本地制造/销售非核心产品；第三个是基础产品的直接交付，即出口核心商品，旨在避免技术泄露。在传统的收入模式中，无论是中国企业还是日韩企业在这三个方面的利润都在下降，中国企业不掌握核心产品技术，日韩企业不掌握核心销售渠道。技术转移不是单纯的专利技术的转让，而是要配合开发能够与当地的供应链、工程、现场操作能力及环境相匹配的技术。

为解决这一问题，中日韩在基于中国市场的合作应秉持“市场与技术共同开发”的思维，使环保技术合作覆盖技术转移的全过程，加深从研发到应用各个阶段的合作深度，为环保技术在区域范围内的有效转移提供制度支持。在区域环境治理框架下加强技术研发合作，通过技术人员和科研人员的互动，促进各国研究机构在实验室标准、研究方法及研究规范的统一。使用相同话语的环境技术人员的互动和交流，有利于加深科学界对环境问题的认知，沟通各国分歧，将重点集中在问题解决上。环保技术合作能够促进地区环境共同体的形成。

在日本和韩国，尤其在环保领域，公司倾向于将研究成果“商业化”作为自己公司的一项举措，这反映了日本研究机构与企业的联合立场。中国的企业与研究机构之间存在着巨大的信息不对称，这使中国的环保技术研究水平提高显著，然而技术转化水平还比较低下。中日韩企业可以在合作中将日韩企业在本国的做法以适合中国国情的方式进行转化，联合研究机构进行共同开发的产品研发以及销售，提高中日韩企业合作的利润空间。

第三，中日韩环保产业合作有利于推进地区内多治理主体协同合作。目前，企业而非政府是中日韩环保产业合作的主体，基于商业利益能够使合作更为有效和持久。然而缺乏与地区环境治理的协调使企业在合作中缺乏助力，往往合作空间狭窄。目前，中国主要依托如中日节能环保论坛、绿色博览会等展会为中日韩各方企业搭建沟通平台，地方政府也通过办展会和研讨会、论坛的方式促进企业间合作，这种方式通常被称为“政府搭台、企业唱戏”。这种方式虽然简单直接，却没有体现政府顶层规划的作用。无论是中方企业还是日韩企业，在获取对方信息和理解对方需求方面都非常困难，这使很多合作是在无法有效沟通的前提下进行，因而影响合作效果。

为推进产业合作，在东北亚地区建立共同的环境信息平台是必然的需求，促进包括中央政府、地方政府、科研机构、企业等多种主体在内的多种形式的交流与合作，支持区域内信息共享。在中国，地方政府不是环境政策的制定者，但却承担着具体的环保责任和经济发展的重任。这导致在中央政府层面关注可持续发展问题，在地方政府层面关注经济发展问题，因此，由中央政府主导的合作必然需要让地方政府参与其中，一方面了解地方政府的需求，因地制宜地制定环保合作方案；另一方面使地方政府作为环保项目的参与者，才能使其成为项目的有力执行者。

我国应当积极参与利用日本 JCM 制度及韩国相关援助机制补充中国城市环境基础设施建设的资金和技术不足的问题，务实地促进日本和韩国环保技术转移有效解决中国城市化进程中的环境问题；在中日韩环保产业合作中中国还应加强顶层设计，加强中央和地方的沟通与协调，将日韩的海外合作需要与中国引进海外企业、资金和技术的需要相结合。

有鉴于此，中央政府应当首先明晰不同地方政府对环保的需要和态度，引导不同需求的地方政府参与中日韩环保产业合作。有些地方政府抱有强烈的愿望改善当地的产业结构，促进节能环保等战略性新兴产业的发展。在各地陆续出现的环保城市就是巨大的试验场，新技术大多在这里率先使用，如果成功，在更大范围普及使用的可能性很高。因此，中日及中韩之间强化地方层面的互相交流，对双方未来的技术合作具有重要意义。

此外，环保人才是环保产业合作的灵魂，中日韩环保产业应加强环保人才培训与交流，为环保产业长期合作提供基础。目前的人才交流与合作形式主要是召开研讨会、进行联合研究、开设培训班等，除技术学习之外，还应进行政策制定和法律法规的学习。此外，还应将大学教育纳入中日韩环境人才培养的合作框架。以岩手大学的环境人才培养方法为例，除为学生提供跨学科（人文社会科学、教育学、工学、农学）的环境知识，同时培养学生与环境管理相关的能力，有针对性地培养在环境领域具有知识、理念和技术的人才。环境教育方面的合作是目前对中日韩环保产业合作的薄弱环节。

小结

从中日韩三国近年来环保产业国际合作战略来看，中日韩在地区范围内的合作主要集中在中国市场，在地区之外，“一带一路”沿线国家是中日韩共同战略目标国。绿色“一带一路”框架下的中日韩环保产业合作，以及 TEMM 与“一带一路”的绿色合作机制的对接，是东北亚地区环境治理的新思路与新路径。共同开发海外市场，在同第四方合作中实现环保技术、经验和理念的转移。中日韩应积极合作探索与东盟国家的产业合作，在合作中开拓新的合作路径。比如，东南亚国家都在面临高速的城市化，城市普遍面临环境困扰。城市环境基础设施建设可以成为中日韩合作的重要领域，三方应充分利用日本和韩国在这方面的资金和技术优势，中国在环保基础设施方面的制造优势，以及中日韩三国与东盟国家的良好互动和亚洲投资开发银行平台。

此外，除东盟外，阿联酋、沙特，以及中东欧、南亚等“一带一路”沿线国家政治局势和经济发展都较为稳定的国家也是中日韩环保产业海外合作的重点，在对亚洲区域国家城市环境基础设施建设中探索合作路径、合作模式及合作制度建设，培育三国共同利益契合点，挖掘合作潜力。在绿色“一带一路”建设框架下推进中日韩环保产业合作也应当成为东北亚地区环境合作积极探索的实践路径。

第五章

中日韩环保技术转化合作

目前，中日韩的环保技术合作主要围绕在为三国企业搭建交流平台，促进三国企业对接，然而三国在环保技术合作领域的政策对话和管理经验交流还非常有限，环保技术合作还没有进入地区现有多边环境合作框架。推进技术合作不能只在技术层面用力，一切合作都是政治命题。因此，地区乃至全球环境产品的供给水平和供给质量提升是环境治理的重要课题，提升地区内各国环保技术的研发和创新能力，加大环保技术成果的落地转化，从而提高各国和地区整体环保产品的供给水平和能力是区域环境治理乃至全球环境治理的目标之一。

目前，中国环保产业发展处于基础阶段，环保科技成果转化的效率还很低，成果转化质量不高，而日韩环保产业已经进入平稳发展阶段，在成果转化体系上更加完善，转化效率更高。这种差距一方面制约了三国的环保技术合作；另一方面也为环保技术合作提供了空间。在环保技术转化领域，中国正在面临日韩两国十几年前经历的治理难题，而日韩两国对海外市场的探索又使中国成为重要的产品出口地。三国的彼此需要在不同层面和不同领域展现，但都会聚在合作这个共同需要上。在这种情况下，每一个国家的政策环境和体系环境都会成为影响地区合作的重要因素。从理论上说，中日韩应探索构建地区环保技术转化合作体系的可能性，打通技术转化的边界壁垒，尝试环保技术成果在三国范围内实现转化，提高技术成果的应用范围；从实践上说，实现这一设想需要中日韩三国拥有水平和效率大体相当的技术转化体系和管理体系，有合作良好的部门和机构进行对接。中国环保产业技术转化水平和管理能力的提升是构建地区性环保产业转化合作体系的关键。日韩的环保技术成果转化体系能够成为中国构建环保技术转化体系的借鉴。

本章将从中国环保技术成果转化的现状出发，通过对比日韩环保技术转移体系的成功经验，探讨中国应如何构建和完善现有的环保技术成果转化的管理体系，为中日韩环保技术转化合作体系的构建进行基础研究的积累。

第一节 中国环保技术转化体系及成果转化现状

一、中国环保技术转化的政策体系

按照《中华人民共和国促进科技成果转化法》（以下简称《转化法》）的界定，科技成果指的是“通过科学研究与技术开发所产生的具有使用价值的成果”。[①] 而“科技成果转化”，按照《中国科技成果转化2018年度报告（高等院校与科研院所篇）》给出的定义：是指为提高生产力水平而对科技成果所进行的后续试验、开发、应用、推广直至形成新技术、新工艺、新材料、新产品，发展新产业等活动。[②]，与国外的“技术转移”不同，“技术转化”这一概念包含着更为复杂的产权归属和管理体制改革

① 《中华人民共和国促进科技成果转化法》，中华人民共和国科学技术部，http：//www. most. gov. cn/fggw/fl/200710/t20071025_56668. htm，访问日期：2020年2月11日。

② 中国科技成果管理委员会、国家科技评估中心、中国科学技术信息研究所：《中国科技成果转化2018年度报告（高等院校与科研院所篇）》，科学技术文献出版社2019年版。

问题。

在中国，政府始终是科研活动，特别是高校和公立科研机构科研活动的主要资助者，同时又是绝大部分高校和科研机构乃至国有企业的举办者、出资人和管理者。因此，“成果转化”，既有着市场经济条件下政府作为科研项目委托人、科研经费出资人与项目承担者、经费使用者之间的合同义务关系，也有着政府作为相关机构举办者、对科研成果这类无形资产的产权归属关系。这样一来，政府作为技术成果的开发者和技术成果产权的拥有者，也承担起了技术成果产业化的主体角色，因此，在中国，法律和政策的导向是科技成果转化的主导力量，政策逻辑是中国科技成果转化推进的核心动力。

中国最早推动环保科技成果转化的政策开始于1993年颁布的《环境保护最佳实用技术推广管理办法》。该政策在1999年修订为《国家重点环境保护实用技术推广管理办法》（以下简称《办法》）。该办法确立了国家推广重点环保实用技术的基本原则和措施，强调了市场机制、社会化服务体系在环保技术推广中的作用，为中国环保技术成果转化确定了明确的实施方向。1999年，国务院办公厅转发科技部等部门关于促进科技成果转化若干规定的通知，《转化法》开始有了可行的配套措施，随后，高新区、大学科技园区、校办企业蓬勃发展，技术市场交易规模不断扩大。

2006年，原国家环保总局建立了先进环保技术发布制度，每年向社会发布《国家先进污染防治示范技术名录》和《国家鼓励发展的环境保护技术目录》，以鼓励新环保技术的应用。为促进环保产业的发展，满足对环保技术装备的需要，工信部和科技部于2011年发布《国家鼓励发展的重大环境技术装备目录》以引导环保装备产业发展方向。[①] 中国环保科技成果转化的政策逻辑从一开始就顺应改革开放的需要，将市场，而非计划手段作为解决科技成果支撑经济发展的最终手段。市场因素的加入使最初的

① 刘文仲、杜晓雪、汤天丽等：《我国环境技术转移模式与运行保障机制研究》，载于《中国环保产业》2012年第4期，第19~23页。

科技成果研发和转化迸发出巨大的力量，成效非常明显。这一时期诞生了一大批民营环保科技企业。

然而，长期以来，尽管国家不断强调自主创新能力并将国家创新体系上升为国家战略，但相对滞后的体制机制改革使市场发挥的作用相对有限，产学研相对分割，企业的需求和技术开发无法有效对接。从2009年到2016年，中国科技成果转化领域共发布相关政策153项，其中最多的政策类型是意见，占46.41%；除此之外是通知、办法、方案、规划、公告、纲要、规定、决定、法律、计划、批复和细则。尽管出台了众多相关政策，但相关法律只有1部，即新《转化法》。[①] 总体上，中国的科技成果转化政策方面，多规章、少法律，尽管形成了层级完善的政策体系，但缺乏足够的法律效力。《转化法》作为科技成果转化的总体大法还缺乏细分法律的支撑，法律体系还不健全。

2015～2016年，中国密集出台了一系列科技成果转化政策法规，形成了《中华人民共和国促进科技成果转化法》、国务院《实施〈中华人民共和国促进科技成果转化法〉若干规定》（2016年3月）和国务院办公厅《促进科技成果转移转化行动方案》（2016年5月）"三部曲"。2016年8月，教育部、科技部联合发布了《关于加强高等学校科技成果转移转化工作的若干意见》，中科院、科技部联合印发《中国科学院关于新时期加快促进科技成果转移转化指导意见》。在此基础上，各地方省市制定各自详细的转化政策。由此，中国基本形成了从顶层政策法规、中层科技创新规划到地方、部门意见较为完整的科技成果转化政策体系。[②]

这一系列政策法规的出台推动科技成果使用、处置和收益权"三权下放"，提高了科技成果转化的法定奖励比例，特别是个人比例，用制度手段与经济激励推动技术转移转化；我国还先后设立了促进科技成果转化的

① 王永杰、张善从：《2009～2016：中国科技成果转化政策文本的定量分析》，载于《科技管理研究》2019年第2期，第42页。

② 刘磊：《供给侧改革视域下我国科技成果转化政策体系建设》，载于《全球科技经济瞭望》2016年第31卷第8期，第16页。

引导基金、实施技术创新引导专项、推进金融对科技成果转化的支持；推进技术转移示范机构建设、知识产权服务业和科技中介机构发展，出台《国家技术转移体系建设方案》，加强专业化技术转移服务体系建设，构建科技成果转化服务平台；建立完善科技报告制度和科技成果信息系统，构建有利于科技成果转化的科研评价体系，为科技成果转化创造了良好的制度环境。

在环保技术领域，国家环保部门为促进环保相关科技成果转化，定期颁布规划（如环境保护“十三五”科技发展规划），设立发展目标，提出科技成果转化的总体需求目标，对于重大的污染治理问题，制定完善污染物排放标准，引导环保科技研发。这项顶层规划旨在为环保技术成果转化提供有利的政策环境；在具体操作层面，为调动环保技术开发者的积极性，每年开展环保科技成果登记和“环境保护科学技术奖”评选，推动环保科技成果管理的规范性；定期颁布重点技术推广目录（如环保产业协会每年颁布的国家重点环境保护实用技术名录），宣传新技术，促进新成果应用；对于意义重大的污染治理问题，成立国家环境保护工程技术中心（如国家环境保护工业烟气控制工程技术中心等），开展相关环保技术的开发和转化工作；然而，各省、市、自治区目前还缺乏针对环保科技成果转化单独出台相关政策或实施细则。

总体上看，我国环保科技成果转化虽然构建了层级完善的法律体系，但在政策实践层面，主要的政策手段包括奖励政策和政府资助政策，还缺乏权益归属政策和税收优惠政策杠杆，政府主导型的公共服务体系特征明显，相关技术推广多停留在示范工程阶段，企业主体地位和市场导向作用不突出。[①] 这一政策体系决定了企业和市场需求不能够得到充分的表达和满足，政府主导技术研发导致科技成果虽然能够产出然而却很难实现产业化，成果持有者和需求方不能有效对接。此外，中国还普遍缺乏社会化和

① 王治民：《环保科技成果转化的政策思考》，载于《中国人口·资源与环境》2014 年第 5 期，第 173 页。

网络化的信息服务平台，环境污染防治技术评估制度体系尚未建立，尚未形成有效的科技创新机制。①

中国的环保产业以中小企业为主，具备国际竞争力的大企业数量非常很少，能够用于投入科技研发的资金和人员都十分有限，自主研发能力弱。中国环保产业尽管经历了30年的发展，但环保原创技术少，多数来自国外技术的模仿、消化与吸收，技术装备水平明显滞后于国外发达国家，尤其是在材料、工艺等核心技术领域无法适应治理市场的需求。

二、中国科技成果转化现状

党的十八大以来，创新发展驱动战略已经上升为国家战略，科技创新是提高社会生产力和综合国力的战略支撑已经成为普遍共识。在环境保护领域，环保科技创新同样是环保事业发展的核心动力之一。随着中国《大气污染防治行动计划》《水污染防治行动计划》《土壤污染防治行动计划》三大行动计划的全面铺开，中国环境治理的需求极其巨大。然而，现阶段，中国的环保科技成果转化情况不容乐观，环保治理水平与巨大的治理需求之间存在着较大的差距。

（1）科研经费投入不足，资金投放领域不均衡。从图5－1和图5－2可以看出，中国在科研经费投入方面，从1985年到2017年呈现快速增长，全国科研经费支出从约0.8亿元增加到约1.75万亿元，支出增幅逐年增加，2017年达到约为3.5%。然而，科研经费投入在GDP的比重变化并不明显，从1985年占比0.8%增加到2017年的2.1%。同世界其他国家相比，2016年，中国科研经费投入总量为2359亿美元，仅次美国排在世界第二。然而，科研经费总量在GDP的比重为2.11%，低于韩国的4.24%、日本的3.14%和德国的2.94%，位列第四。

① 常杪、杨亮、孟卓琰、王世汶：《中国环保科技创新的推进机制与模式初探》，载于《中国发展》2016年第16卷第6期，第4页。

这说明，中国科研经费投入虽然在总量上增长非常明显，但在国家资源分配上还没有吸引足够的关注，资金投入和发达国家相比还有很大的差距。国家财政科技支出占公共财政支出比重比 1978 年还略有下降（见图 5－3）。[①] 此外，科技创新的资金投入主体为国家财政资金与企业科研经费。2016 年，我国科研投入资金总额约为 1.57 万亿元，其中，企业投入占比 76.2%，研究所占比 15%，高校占比 7.6%。企业资金投入虽然比较大，但主要用于购买专利，签订技术服务合同，无法直接产生科技创新。科技成果转化的关键环节，技术中介服务与技术培训共 458.3 亿元，仅占比 4.1%。这说明，目前科技成果转化的资金投入没有得到合理的分配。其中，2016 年，政府出资占比 81.9%，占绝大部分份额，而在国外这部分资金占比不到千分之二。中国科研机构的研究与企业需求缺乏有效连接。[②]

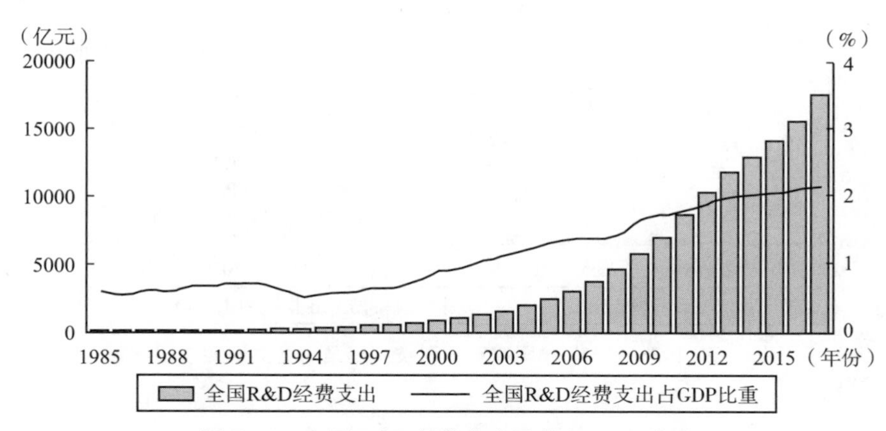

图 5－1　全国 R&D 经费支出及其占 GDP 比重

① 《1978～2018 年改革开放 40 年主要科技指标》，中国科学技术指标研究会，中国科技统计，http：//www. sts. org. cn/Page/Content/Content? ktype = 7&ksubtype = 3&pid = 46&tid = 104&kid = 2034&pagetype = 1，访问日期：2020 年 2 月 11 日。

② 赖超禹、郝然：《我国科技成果转化机制研究》，载于《长春理工大学学报（社会科学版）》2019 年 3 月，第 132 页。

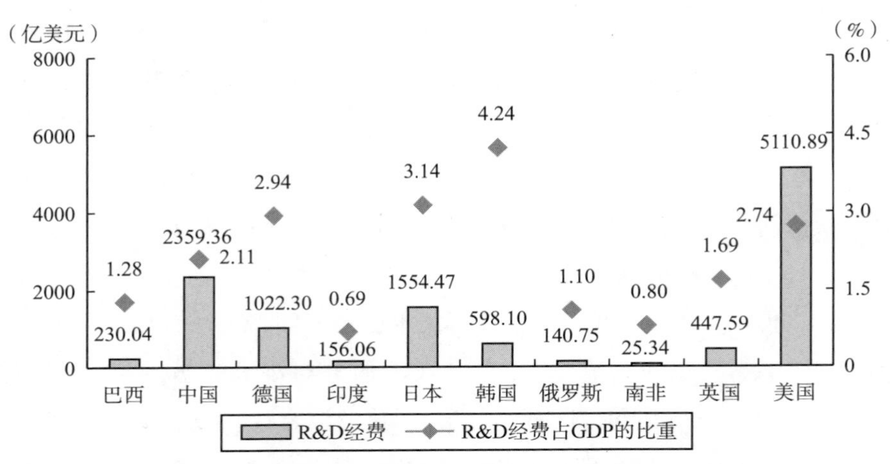

图 5-2　部分国家 R&D 经费总量及其 GDP 的比重（2016 年）

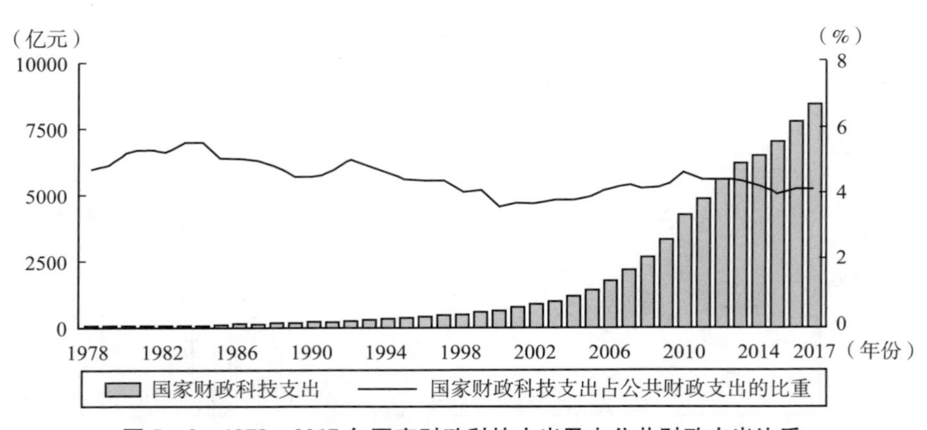

图 5-3　1978～2017 年国家财政科技支出及占公共财政支出比重

（2）科研人员比例较少，利益分配不均衡。从图 5-4 可以看出，中国科研人员的总量占世界第一位，2016 年接近 400 万人，然而，在万名就业人员中科研人员数量还比较少，2010 年约为 80 万人，2016 年约为 100 万人，增幅不大，远低于德国、日本、韩国、俄罗斯和英国水平。

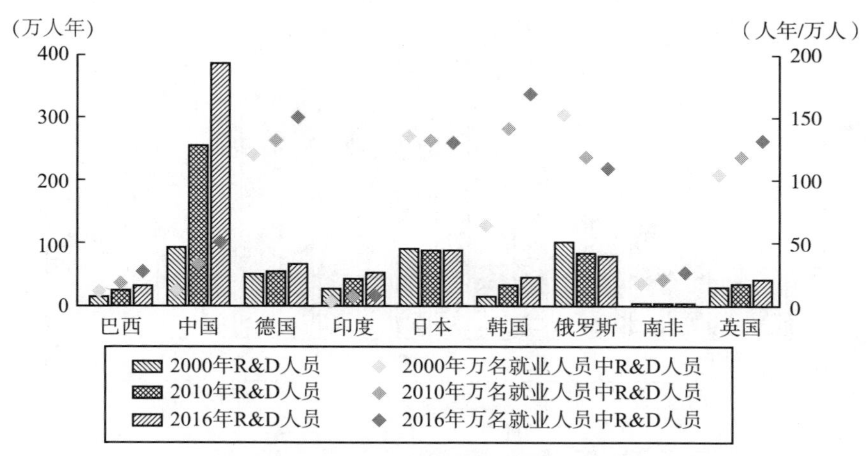

图 5-4 部分国家 R&D 人员总量与万名就业人员中 R&D 人员（2000 年，2010 年，2016 年）

在科研成果产出方面，从图 5-5 和图 5-6 可以看出，1998～2017 年，中国各类机构的科学引文（EI）索引数从约 0.1 万篇增长到 31 万篇，其中，高等学校的科技成果贡献最大，其次是科研院所，医疗机构的占比较小，公司企业的贡献率非常微小。从 1998 年到 2016 年，我国各类机构

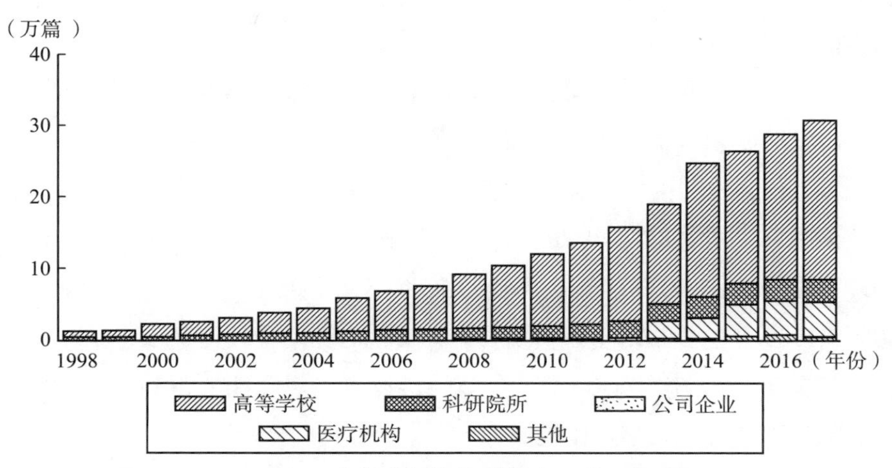

图 5-5 1998～2016 年各类机构的科技论文引文索引数（SCI）

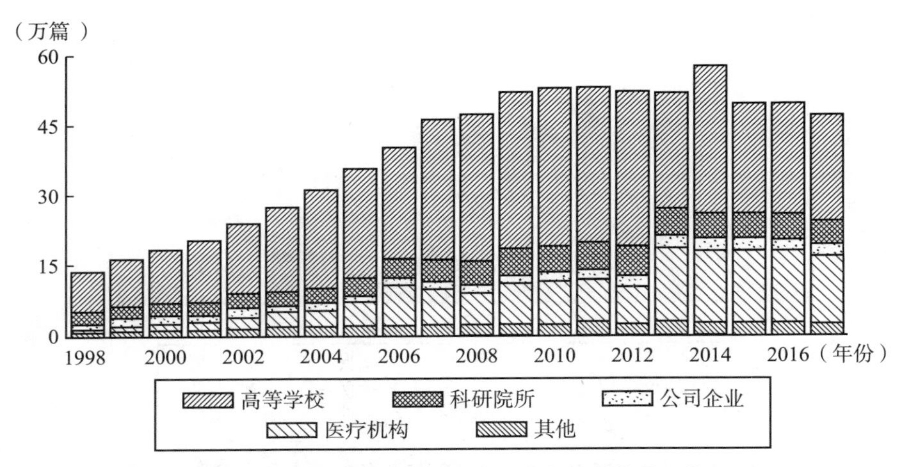

图 5－6　1998～2016 年各类机构中国科技论文数

科技论文数从 14 万篇增加到约 48 万篇，高等学校论文数量最大，医疗机构的论文数量增长较快。这说明我国科研成果产出增长较快，然而，根据《国有资产评估管理办法》，国有科研单位对科技成果不享有处置权和收益权，这就意味着即使科技成果成功转化，取得可观的经济收益，科研人员也难以直接获得经济收益，科技人员奖励激励机制的失衡，严重影响了科研创新的积极性。这也是科技成果转化的各个阶段出现效率低下甚至是停滞不前的现象。

（3）科技成果转化率整体较低。根据图 5－7，从成果转化量来看，我国国内发明专利申请数量与授权量从 2008 年之后出现猛增，2017 年达到约 125 万件，专利授权量居世界第一，增长速度最快；根据图 5－8，从产出效果来看，从 1985 年到 2017 年，全国技术市场成交合同金额逐年攀升，2017 年达到约 1.4 万亿元，然而增长率不高，除 1987 年增长一度达到 80%，1989 年达到最低呈现负增长外，其他时期增长较为平稳，2017 年增长率只有 0.1%。这表明，我国众多的科技成果实际能够得到转化的数量还非常有限，转化效率还比较低。

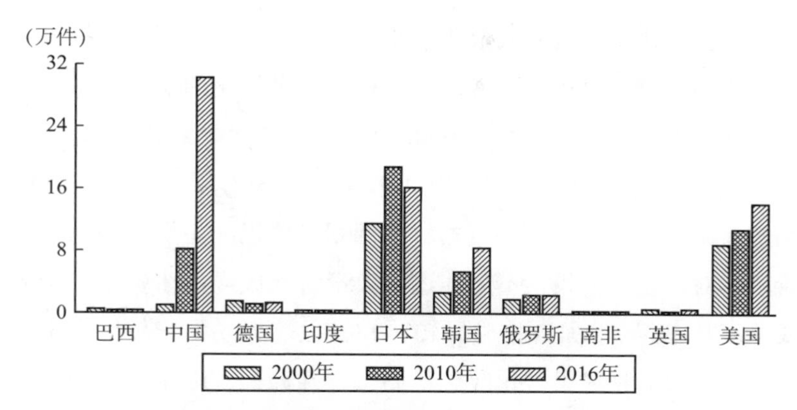

图 5-7　部分国家发明专利授权量（2000 年，2010 年，2016 年）

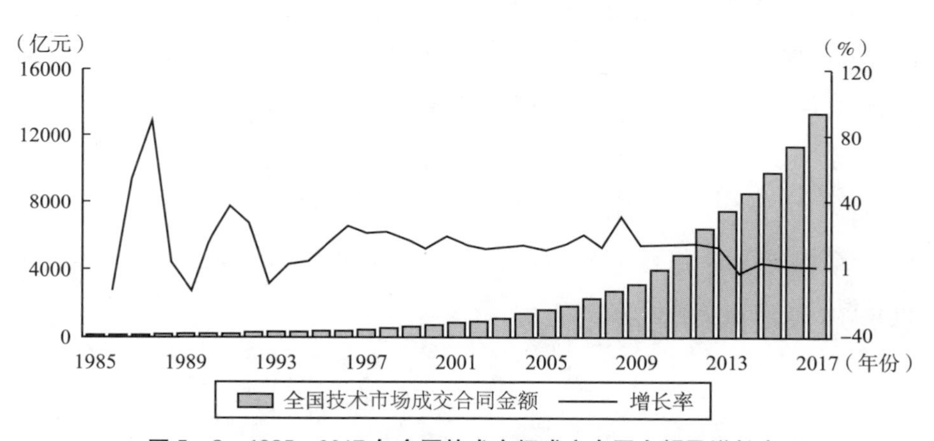

图 5-8　1985~2017 年全国技术市场成交合同金额及增长率

我国目前还缺乏科技成果的有效评估机制和中介服务机构，并因此，由于对成果未来前景、实用价值等信息无法做出较为客观的第三方评价，这使企业的需求和科研机构的供给无法有效对接。此外，中介服务机构的缺乏使双方需求无法衔接的情况更为明显。这样一来，科研机构科技创新的意义和用处不是为了技术应用而是为了科研人员的晋升等需要。这使科研经费投入难以达到预期效果。

综上，我国科研人员的人数非常众多，国家总体科研经费投入金额巨大，科技成果的资源也比较丰富，这为科技成果转化的实施提供了良好的政策基础和项目源。然而，我国科研人员在总体就业人员的比重还不高，技术市场成交合同金额虽逐年攀升，但实际增长有限，科研经费投入在GDP占比也远不及发达国家。各类科技计划经费投入主要集中在科技成果研发阶段，对转化环节投入不足。这使大量科技成果由于资金问题处于未应用或停用状态。[①] 中国科技成果转移和扩散能力还处于较低水平。除资金不足外，中国科技成果转化政策机制也存在障碍，激励机制缺失。科技成果转化体系还不完善。

中国科技成果转化制度体系决定着整体转化水平，日韩两国在这一方面有着丰富的经验和较为科学合理的制度体系，接下来，本章将考察日韩两国的科技成果转化体系，以考察中日韩在这一领域的合作空间。

第二节 日韩环保技术转化法律体系

一、日韩环境法体系及其对环境技术转化的作用

1. 日本环境法体系

日本的环境法体系非常庞大，但又非常细致；既有总体指导原则，又有原则下可操作的行动指南；有强制执行的行政手段，也有国家支援性保障。这些无疑都在创造社会及产业对环保技术的需求，确保日本的科技成果具有能够商业化的市场和制度环境。

---

① 《促进科技成果转化的科技金融支持机制重大问题调研报告》，载于《金融促进上海科技创新中心建设研究报告》，社科文献出版社皮书数据库，第252页。

第一，日本环境法体系完整且细致。日本的环境法体系以《环境基本法》和基于该法下制定的具有法律效力的《环境基本规划》为基础，涵盖公害防治、废弃物循环再利用以及地球环境保护三大领域，并辅以《环境影响评价法》以及《绿色购入法》（促进环境相关方有限选购环保产品为目的）确保以上领域的法律及法定规划得以彻底执行。

在此基础上，日本的环境法体系将环保领域的相关问题进行分解细化，针对每个细化问题均进行了相关立法。比如，公害预防领域又细分为《大气污染防治法》《汽车尾气排放防治法》《恶臭防治法》《噪音防治法》《水污染防治法》《特定化学物质污染防治法》《破坏臭氧层物质特别措施法》等8部法律；[①] 废弃物循环使用领域以《循环社会形成推进基本法》[②]为基础，针对废弃物处理及清扫，以及资源的有效利用分别制定了《废弃物处理法》和《资源有效利用促进法》两部法律指导实践，[③] 并分别在生活用容器包装再利用、特定家用电器再商品化、食品资源的循环利用、建筑材料的再资源化以及废弃自动车的再资源化五方面制定详细的法律规范以促进其资源的循环利用；地球环保领域制定《地球温室对策推进法》

---

① 《大气污染防治法》，日本政府法令检索网站，https：//elaws. e－gov. go. jp/search/elawsSearch/elaws_search/lsg0500/detail？lawId＝343AC0000000097；《汽车尾气排放防治法》，https：//elaws. e－gov. go. jp/search/elawsSearch/elaws_search/lsg0500/detail？lawId＝404AC0000000070；《恶臭防治法》，日本环境省网站，https：//elaws. e－gov. go. jp/search/elawsSearch/elaws_search/lsg0500/detail？lawId＝346AC0000000091；《水污染防治法》，https：//elaws. e－gov. go. jp/search/elawsSearch/elaws_search/lsg0500/detail？lawId＝345AC0000000138；《特定化学物质污染防治法》https：//elaws. e－gov. go. jp/search/elawsSearch/elaws_search/lsg0500/detail？lawId＝347M50002000039；《破坏臭氧层物质特别措施法》，https：//www. env. go. jp/chemi/dioxin/law/dioxin. html，访问日期：2020年2月14日。

② 《循环社会形成推进基本法》，日本政府法令检索网站，https：//elaws. e－gov. go. jp/search/elawsSearch/elaws_search/lsg0500/detail？lawId＝412AC0000000110，访问日期：2020年2月14日。

③ 《废弃物处理法》，日本政府法令检索网站，https：//elaws. e－gov. go. jp/search/elawsSearch/elaws_search/lsg0500/detail？lawId＝345AC0000000137；《资源有效利用促进法》，https：//www. meti. go. jp/policy/recycle/main/admin_info/law/02/index02. html，访问日期：2020年2月14日。

《臭氧层保护法》《回收破坏法》《海洋污染海上灾害防治法》《节能法》[①]以及具有实际操作意义的《地球温室对策推进大纲》6部法律。[②] 每部法律均配有相应的法规《施行令》和《施行规则》，对具体的操作细节进行标准化的规范。

日本这一环境法体系的特点使环境保护在实际推进过程中所发生的问题均有法可依，有章可循，避免了单一立法所带来的考虑不周，各部门对法律解读不一致，从而使法律出现落地困难，难以执行等尴尬局面，为环保技术的应运而生及迅速推广普及提供了上下贯通，步调一致的市场环境。

第二，日本环境法制定目标量化，实操性强。日本的环保诸法中，无论母法还是子法，均明确包含国家、国民（企业，个人）以及各级地方政府在内社会相关方在环保执行中的各自的职责。并分解社会整体环保目标至各级政府，由各级政府制定《量化目标》及《实施规划》确保整体环保目标的完成。同时明文规定，企业为达到环保目标需进行相关环保技术的开发及应用。

以工业固体废弃物处理为例，除按照《环境法》规定，[③] 环境大臣制定减少工业固体废弃物的量化目标和整体规划后，由各级政府制定该地区的相关目标以及实施规划。同时，要求企业主体自行处理在生产等事业活动中所产生的固体废弃物。企业可选择自主处理，也可以选择交付专业固体废弃物处理业者进行处理。废弃物的处理包括对其搬运，保管，处理及填埋等行为。针对每一道废弃物处理相关程序均有专业的量化科技标准保

---

① 《地球温室对策推进法》，日本政府法令检索网站，https：//elaws. e - gov. go. jp/search/elawsSearch/elaws_ search/lsg0500/detail? lawId = 410AC0000000117；《臭氧层保护法》https：//www. meti. go. jp/policy/chemical_management/ozone/index. html；《回收破坏法》http：//www. env. go. jp/earth/ozone/cfc/law/kaisei/；《海洋污染海上灾害防治保护法》https：//elaws. e - gov. go. jp/search/elawsSearch/elaws _ search/lsg0500/detail? lawId = 345AC0000000136 _ 20170908 _ 426AC0000000073&openerCode = 1；《节能法》https：//www. enecho. meti. go. jp/category/saving_and_new/saving/summary/，访问日期：2020年2月14日。

② 《地球温室对策推进大纲》，日本首相官邸网站，https：//www. kantei. go. jp/jp/singi/ondanka/9806/taikou. html，访问日期：2020年2月14日。

③ 《环境法》，日本政府法令检索网站，https：//elaws. e - gov. go. jp/search/elawsSearch/elaws_search/lsg0500/detail? lawId = 405AC0000000091，访问日期：2020年2月14日。

证处理行为的标准化。企业进行自行处理时，在搬运环节需执行《废弃物实行令》中收集和搬运固体废弃物标准；在处理环节，应遵循《固体废弃物施行令》中再生标准，填埋处理标准，海洋投放标准；在搬运前的固体废弃物保管，同样需要遵守《固体废弃物处理法施行规则》中规定的保管标准；需要委托第三方进行处理时，需要提交工业固体废弃物管理凭证，凭证保留5年以上。同时，对大于一定量的工业废弃物排放工厂进行登记管理和考核，要求其制定废弃物减排目标及规划。企业接受减排任务，同时需要达到国家制定的详细的相关技术标准。

由此，日本将相关企业责任上升至法律层面，并将有规范和专业的详细科技标准进行规范和量化，如企业不遵守相关规范，即视为违法行为。因此，企业为了履行自身的法律责任，但企业目前技术能力却无法完成时，企业只能谋求环保技术的研发，应用以及技术的升级，日本每年研发经费的80%由企业贡献。[①] 新的环保需求势必使得企业不得不主动进行环保技术的研发和创新。与此同时，国家层面作为国家战略还制定了《废弃物处理设施兴建及整备计划》，[②] 帮助对废弃物处理有困难的企业进行废弃物处理。废弃物处理设施也需要达到社会整体的环保相关标准，这样的设施兴建同样无疑也是推动环保技术应用的主要动力。

随着一系列计划的推进，日本社会从个人到企业，从大企业到中小企业都成为环保规划达成的无可推卸的责任主体，无疑刺激了企业应对环保任务而产生的对环保技术的市场需求，刺激了相应环保技术的研发和加快了技术成果向实际应用的转化。而这种转化是以市场为导向的，目标性强，成功率高。

第三，日本大环境法行政手段同经济手段并存。日本的《环境基本法》为保障环保措施到位，采用行政手段和经济手段并行的办法。在行政

---

① 《我国产业技术相关研究开发活动的动向》，日本经济产业省经济技术环境局，2019年9月，https://www.meti.go.jp/policy/economy/gijutsu_kakushin/tech_research/index.html，访问日期：2020年2月14日。

② 《废弃物处理设施整备计划》，日本环境省，http://www.env.go.jp/press/105612.html，访问日期：2020年2月14日。

措施上，无论是环保环境大法还是各分支法律领域，如《固体废弃物处理法》等均为法律层面的立法而非法规，对于违反法律的行为，地方政府所辖的环境局有权遵照《固体废弃物处理法》并依据地方法规性质的《固体废弃物处理行政处罚条例》的具体处罚细则，对非法排放者进行改善，处理，停业整顿，甚至取消执业资格等处罚。同时向所辖市，所辖省，国家环境部等社会各部门公布违法及处罚事件。如违法行为已造成环境影响的，将勒令其进行处置。甚至地方环境局如确定违法行为，还可以对相关事业主体通过司法途径，向国家公检机关进行行政性诉讼。针对违法行为进行行政处罚外，日本同时引进经济手段促进社会各相关方切实执行环保目标。

在经济手段中，值得一提的便是形成了政府对民企，中小企业的一系列的扶持制度，并以法律的形式固定下来。《中小企业创造活动促进法》中明确规定，政府需利用辅助金等辅助制度支持中小企业对环保技术的应用和开发。[①] 经济产业省制定的《产业技术实用化开发辅助事业规划》《新一代战略技术实用化开发辅助事业规划》《大学内新产业实用化研究辅助事业规划》等一系列的产业研发辅助制度中，环保均作为重要领域纳入辅助体系，通过国家资金的切实拨付，融资制度和政策税收减免等手段，辅助及促进社会企业的产业技术研发和商用，为社会中环保责任主体完成环保任务提供可能。

日本的环保法律规格很高，除基本法外，其他分类均以法律的形式存在，法律效力明显高于法规。这就使得地方政府在执行过程中，有明确的处罚权限。同时，通过经济手段，支援中小企业进行环保技术的应用。行政同经济手段并存，提高社会中企业方对环保技术的需求，使得企业不得不自主寻求环保技术，或自主研发，或向外寻求技术成果。企业尤其是大企业成为日本环保科技研发和转化的主力。近些年，环保经营等企业经营

---

① 《中小企业创造活动促进法》，日本政府法令检索网站，https：//elaws. e – gov. go. jp/search/elawsSearch/elaws _ search/lsg0500/detail/411AC0000000018 _ 20150801 _ 000000000000000/0?revIndex = 0&lawId = 411AC0000000018，访问日期：2020 年 2 月 14 日。

理念应运而生，也已成为日本对企业运营的重要考量之一。

由此可见，日本环境保护法体系的整体设计，有效地刺激了环保相关方对环保技术的需求，形成巨大的需求市场；行政手段和经济手段并用，使得生产者自身由被动环保变为主动环保，刺激企业自身对环保技术研发的刚需。两种需求内外呼应，使得日本环保技术的研发非常活跃，且均能够从市场需求或环保任务出发，使得技术落地性强，能够迅速完成成果转化。日本的产业技术的研发 80% 来自社会企业，只有 20% 来自国家财政拨付。这样的法律体系的设计，确保 80% 的研发力量能够有的放矢，而又可以迅速的进行落地转化。

2. 日本环境技术转化体系相关法律政策

在日本环保大法律体系下，环境技术转化形成了由《环境基本计划》统领，《环境技术开发推进战略》执行，其他环境法律横向联动的机制，确保了日本环保技术的科学研究、成果产出、落地转化和实际应用的连贯。①

（1）第五次环境保护基本计划。

日本环境立法的基本体系具有完整细致，可操作性强，法律效力高的特点之外，环境省根据环境大法，每 5 年均会根据当前存在的社会问题，环保需求以及国际环保动向制定《环境保护五年规划》，具体针对当前社会中存在的环保问题和环保需求，制定详细的、有针对性的国家层面的对应策略和今后的方针。2018 年 4 月日本《第五次环境保护基本计划》通过内阁决议开始生效。《第五次环境保护基本计划》中提出以联合国可持续发展目标为指引，《巴黎协定》生效后，日本今后的环境政策兼顾技术及理念的创新以及解决经济和社会实际问题两大方面，使环保领域中的创新技术更具有实用性，更加能够切实的为社会发展服务。②

① 《环境基本计划》，日本环境省网站，https：//www. env. go. jp/policy/kihon_keikaku/；《环境研究，环境技术开发推进战略》，环境省网站，http：//www. env. go. jp/policy/tech/kaihatsu. html，访问日期：2020 年 2 月 14 日。

② 《第 5 次环境基本计划》，日本环境省网站，https：//www. env. go. jp/press/105414. html，访问日期：2020 年 2 月 14 日。

同时，《第五次环境保护基本计划》中确立6大重点领域，并将6大领域的横向联动发展作为重点战略，重视各领域间的协调合作。这6大领域分别为：可持续的生产消费双环保的经济体系的搭建；国土资源的价值提升；活用地域资源并持续可发展的地域建设；健康安心的生活再现；可支撑持续可发展的相关技术的开发和普及；在国际贡献中发挥日本的领导作用，构建国际合作机制。同时，明确各地区将各自形成地域资源相互补充的独立的“自然经济循环型的地域性社区”。《基本计划》还提出环境风险管理的概念。其中，建设同环境资源共荣共生，建立可持续发展的新型循环型低碳社会便是此次5年规划的重点。为此，相关领域的技术更新换代，对新技术的研究开发需求应运而生。

（2）环境研究、环境技术开发推进战略。

为了更好地促进环保领域的技术研发，切实实现可持续发展的自然循环型的地域建设，环境省有针对性地制定了《环境研究，环境技术开发推进战略》（以下简称《推进战略》）具体指导整体的技术研发，并指出，标准化的建立和合理化的法规建设以及支持技术评估和技术验证均是未来对环保技术研发的支撑性国策。《推进战略》首先确定了4个研究开发领域的重点战略，分别为低碳社会的构建，循环型社会的构建，自然共存型社会的构建，安全、安心、高品质社会的构建。重点领域的确定为日本整体的环保技术开发指明了方向，并在此框架下，依据过去5年间形成的技术成果，再次为实现重点领域目标所需的技术进行分解，细化和升级。比如在低碳社会构建领域当中，为实现低碳社会，确定了5个行动方向。①地球温室效应形成的物质，形成机制等进行解析并实现高精度预测模型的开发及评价；②实现低碳社会的效果评估体制；③相应技术的开发及实际应用；④相应技术的引进及普及；⑤非二氧化碳温室效应形成气体的削减对策。[1]

---

① 《环境研究，环境技术开发推进战略》的相关答疑，日本环境省网站，https: // www. env. go. jp/policy/tech/kaihatsu/toushin_h1803. html，访问日期：2020年2月14日。

在此基础上，《推进战略》进一步细化，分解所需技术领域，如在第三个行动方向中，根据过去5年间，日本国内的技术研发成果，将节能技术、再生技术、氢气和IT等新技术的应用，以及二氧化碳固有技术的研发等作为深入进行研究开发的领域。在过去5年间，日本逐渐形成家用燃料电池市场，今后5年，将在再次研发的基础之上，扩充固定燃料电池，燃料电池自动车，氢气制造，储藏技术，EST引进等方面的技术研发和应用。那么无疑，这些技术的开发及引进将是未来5年日本市场相关领域中最受瞩目的领域。

（3）日本环保技术转化体系相关法律政策中的横向联动体制。

日本在《环境保护五年规划》中多次强调横向的联动体制的建立，在《环境研究、环境技术开发的推进战略》中，也明确了推进过程中包括国家在内的，从国家到地方公共团体，从环境省到其他政府部门，从研究机构到企业运营主体，从国立研究机构到地方性研究机构以及大学的研究机构的职能，强调横向配合共同推进的体制的建设。《推进战略》中再次确定并强化了国立环境研究所从技术研发到实际商用为止的整体的牵头职责，同时强化各地区的国立环境技术研究基地，民间技术研究机构的职能，并强调地区内外民间企业的横向合作的重要性。以此成为一点多线的社会统一合作推进体制。

《推进战略》将国立环境研究所定位为日本环境科学中的中枢研究机构，这一机构的主要职责是在地球温室效应，循环社会，环境风险，自然共生领域进行广泛的研究，负责在环境政策的制定中提供有效的科学建议，并在政策的具体细化以及实施方面，发挥领导作用。① 为此，今后国立环境研究所将致力于《推进战略》所指方向，作为环境科学领域中的中枢研究机构，引进最新研究课题，积极应对社会中产生的针对地球温室效应以及环境领域的应对需求，作为国立研究开发法人，通过强化同环境省

---

① 《环境研究，环境技术开发推进战略》的相关答疑，日本环境省网站，https://www.env.go.jp/policy/tech/kaihatsu/toushin_h1803.html，访问日期：2020年2月14日。

的横向沟通，积极同大学以及其他的国立研究法人，地区的研究机构进行横向合作并进一步推进全球环境问题的解决和国际化合作。[1]

同时，《推进战略》也明确了地方研究机构的职能：地方大学，国立水俣病研究中心，地方公共研究团体统称为“地环研”，他们熟知地区情况，是植根地区的研究开发的重要旗手，在地区环境问题的解决中发挥重大作用。同时，民间机构能够基于不同地区特点，开发最实用的技术，是环保产业开发海外市场的重要组成部分。因此，在环保领域技术研发的各个阶段中，不同机构的横向配合必不可少。

另外，《推进战略》也完善了环保技术研发领域研究经费的发放机制，综合统筹对环境领域，不仅是环境省，同时也包括其他政府机构相关的预算进行按需分配，面向社会征集技术相关需求项目，统一审核，统一发放；在国立环境研究所的统一牵头下，整合环境相关的信息资源和数据，建立统一的信息平台，面向社会开放，做到社会认知统一；同时为确保及活用环境保护领域的研究人才，还设立了多点执业和年薪制度，促进人才流动。

总之，日本的环保技术转化的法律体系不但为技术转化提供制度支持和法律保障，还在法律层面上创造了技术转化的需求，集中社会资源和力量进行重点技术领域的研发和转化；通过横向联动机制推进适合不同地区、不同层级需要的技术，并进行落地转化，提高了科技研发的效率和落地转化的成功率；通过设立资金、人才、社会认知等保障制度，确保环保技术研发和转化所需要素的优化配置。日本的环保技术转化不是平地起高楼，而是在法律体系这个基础上深耕夯实，确保整个技术转化体系目标明确、执行有力、转化得当。

---

① 国立环境研究所介绍，国际环境研究所网站，http：//www.nies.go.jp/，访问日期：2020年2月14日。

二、韩国环境法体系及其对环境技术转化的作用

1. 韩国环境法体系

环境立法是实行环境管理的前提和基础。韩国根据时代变迁和对环境问题的认识程度，不断制定、修改环境法制，形成了以《环境政策基本法》为核心的环境法律体系。韩国的环境问题最早出现在20世纪60年代。当时的环境污染对策是1963年颁布的《公害防止法》，但该法只有21条，缺乏具体的法律规定，实施细则最终在1969年7月颁布，但法律建设并不充分，法律缺乏实效性。60年代后半期，社会高度关注环境问题，迫使政府在1971年1月修改了《公害防止法》，引进硫磺氧化物排放容许基准和排放设施设置许可制度。20世纪70年代，随着产业化和城市化发展，环境问题加剧，《公害防止法》难以应对多样化的环境问题，因此1977年12月又制定了《环境保全法》取代《公害防止法》。《环境保全法》引进环境影响评价制度、环境基准、产业废弃物处理等新制度，以全部的环境问题为规制对象，增加了预防环境问题产生的思想，改变了《公害防止法》只是以大气污染和水污染等为规制对象的局面。这一时期，韩国颁布的“环境法”还有1967年3月的《鸟兽保护及狩猎法》、1963年12月的《毒物及剧毒物法》、1966年8月的《下水道法》、1961年12月的《水道法》、1979年12月的《合成树脂废弃物处理事业法》。①

1980年韩国修改宪法，设立了对“环境权”的规定。宪法第35条规定，所有国民都有在健康舒适的环境中生活的权利，国家及国民必须努力保护环境。环境权的确立，推动了韩国环境行政法从事后规制向为事前预防转化。这一时期，随着产业结构的转换，韩国重化学工业化导致的环境问题异常严重，有必要针对不同领域的污染制定对策。1990年

① 范纯：《韩国环境保护法律机制研究》，载于《亚非纵横》2010年第5期，第51～58页。

8月韩国制定了《环境政策基本法》，该法规定了污染者负担原则、施行长期综合环境保护计划、对环境污染的受害者实行无过失责任、对污染环境的企业实行连带责任原则等。在该法指导下，《环境保全法》分化为《大气环境保全法》《水质环境保全法》《噪音振动规制法》《有害化学物质管理法》《环境纷争调整法》等6部法律。此外，韩国还制定了一些新法，如1980年的《自然公园法》、1983年的《环境污染防止事业团法》、1986年的《废弃物管理法》、1992年的《资源节约与循环促进法》、1999年的《环境犯罪取缔特别措施法》《湿地保护法》等，以推进细分领域的环境保护。

进入21世纪以后，韩国环境保护法律不断推陈出新，在修订已有法律法规版本基础上，出台了一系列涵盖环境各个维度且适应新的生态环境变化与需要的新法律，形成了较为完善的环境法律体系，为韩国环境技术需求与转化形成了强有力的制度供给。其中，具有代表性的新环境法律法规包括：《新环境商品购买促进法》《环境领域的试验与检查法》《关于文化遗产与自然环境资产的国民信托法》《畜产废水处理法》《下水道法》《首都圈大气环境改善特别措施法》《水质及水生态系统保全法》《汉江水系上水源水质改善及居民支援法》《自然环境保全法》《环境改善费用负担法》《岛屿地域生态系统保全特别法》《土壤环境保全法》《白头山脉保护法》《野生动植物保护法》《环境技术开发及支援法》《废弃物国际移动及处理法》《水道法》《残留性有机污染物管理法》《电气电化产品及汽车资源循环法》等。①

与日本环境法律体系相比，韩国方面环境法律体系对于环境技术转化的保障效果同样非常突出。日韩环境法律体系对比如表5-1所示：

① 范纯：《韩国环境保护法律机制研究》，载于《亚非纵横》2010年第5期，第51~58页。

表5－1　日韩环境保护法律体系

环境法律体系	日本	韩国
代表性法律	《环境基本法》 《环境基本规划》 《环境影响评价法》 《绿色购入法》 《大气污染防治法》 《汽车尾气排放防治法》 《噪音防治法》 《水污染防治法》 《破坏臭氧层物质特别措施法》 《循环社会形成推进基本法》	《环境政策基本法》 《土壤环境保护法》 《大气环境保护法》 《水质环境保护法》 《下水道法》 《废弃物管理法》 《环境技术与环境产业支援法》 《关于环境犯罪的处罚特别措施法》 《汉城市自然环境保护条例》
特点	完备、细化、目标量化、规范标准化、实操性强	
结论	（1）环保领域几乎所有问题都有法可依；（2）法系的激励从根本上推动被动及主动的双重技术需求	

资料来源：作者整理。

2. 韩国环保技术转化体系相关法律政策

（1）韩国环保技术转化体系相关法律政策的顶层规划。

韩国在环保技术转化体系中的相关法律及政策，大致可以分为顶层规划和具体法规两个层面，对韩国环保技术从立项研发到商用推广全流程进行引领、规范和指导。韩国环保技术相关法律政策体系以《环境技术与环境产业支持法》和《韩国环境产业技术院法》两部法律为主体，实现对环境技术法律体系整体的顶层布局，以及对环境技术体系中涉及的各方面实现紧密衔接。

在20世纪末环境与贸易联系日益紧密的国际发展趋势下，环保技术的重要性随之日益提升。韩国为将国内环境技术进行系统、综合开发和培育制定相关制度规则以促进低污染技术研发，于1994年12月颁布了《环境技术开发与支持法》（后更名为：《环境技术与环境产业支持法》）。该法历经25年50余次修订完善，是韩国环境产业技术体系中的基本大法。主要为实现四个方面的基本功能：（1）韩国环境部及相关管理机构制定长期环境技术开发计划，按年度选定研究课题，推动环境技术研究开发事业；（2）为了达成环境标准，在必要的情况下，环境部领导人依照总统令责成相关地区行政长官，劝告使用并推广优秀的环境技术；（3）为中小企业的环境设施有效运营提供技术支持，并对公共环境设施实施技术诊断；（4）为促进低污染技术开发，提高消费者的环境保护意识，为环境标识的认证及使用提供法律依据。[①] 2018 年 12 月韩国再次修订《环境技术与环境产业支持法》，对环境技术转化体系中涉及的全流程几乎都做出了法条更新，以适应新的环境变化与技术特点。

在韩国环保技术转化体系的发展过程中，随着环境市场容量的提升及环境产业规模的扩张，顶层设计与微观具体实施之间的中间机制对于体系的高效运转与持续优化愈加重要。韩国环境产业技术院自 2005 年韩国环境技术振兴院和环保商品振兴院实行法人化开始初步执行政府与环境产业中间管理机制，经过组织结构整合于 2008 年成立韩国环境产业技术院（以下简称 KEITI），正式定位于政府与产业中间管理机构，为准政府组织，该组织以开发环保技术、培养环境产业以及普及和促进绿色产品为目的，依据并促进《环境技术及环境产业支援法》的执行，其事业领域正在逐渐扩大。另外，国民对提高生活质量的要求正在增加，对环境福利的需求也在增加，为了有效地推进多种环境领域的业务，韩国环境产业技术院的作用也在增加。随着 KEITI 的发展，权力与职能领域逐渐放大，为规范韩国环境技术院的权利与义务，韩国于 2015 年 12 月颁布《韩国环境产业技术院法》，以便 KEITI 能够更好执行相关事业，并能适应机构的系统发展和国民环境多样化需求。该法的制定，能够促进 KEITI 更加自主、负责地执行其所管理事业的设立及运营，以积极应对新的环境需求，推动韩国本土环境技术开发、环境产业培育及环保产品普及。[②]

① 환경기술및환경산업지원법［시행20160127］［법률제13886 호］. http：//www. law. go. kr/DRF/lawService. do? OC = me _ pr&target = law&MST = 180432&type = HTML&mobileYn = &efYd = 20200220，访问日期：2020 年 1 月 5 日。

② 한국환경산업기술원법，韩国环境部，2015 年 12 月。http：//www. law. go. kr/DRF/law-Service. do? OC = me_pr&target = law&MST = 179525&type = HTML&mobileYn = &efYd = 20161202，访问日期：2019 年 12 月 22 日。

（2）韩国环保技术转化体系的相关具体法规。

韩国针对环保技术转化出台了一系列专门的法律法规，以韩国环境部制定的《环境技术开发运营规定》和《环境技术实用化促进规定》为代表的相关法规构成环保技术转化体系的具体法规主体。

《环保技术开发运营规定》自1997年出台以来，至今共经历30次修订，从环境技术研发管理机构、运行体系、技术课题选择、技术方遴选、费用分担、过程监督、技术评估、惩处措施、技术推广等环境技术从无到有、从市场需求到转化落地的全链条进行了详细的规定。韩国环境产业技术院作为具体事业的主要执行者根据历次修订颁布相应的具体实施细则以指导实际运行。

《环境技术实用化促进规定》依据《环境技术开发与支持法》自2002年出台执行至今，历经7次修订，于2018年10月发布最新版本，细化了对环境技术补贴及奖励机制、技术转化促进及审核、业务费用使用及技术推广应用等方面。该法规是韩国环境技术转化体系中重要的专项法规。

《环境技术性能验证评估程序和标准法规》新版本中，明确规定了环境技术性能的验证标准和程序、验证委员会的运行规则、绩效评估检查规则等，于2019年修订并发布了最新版本。《环境技术和环境产业支持法实施细则》对环保技术和环保产业的支持规程、环境新技术认证验证、技术应用及推广等方面做出详细规范，于2018年修订并发布了最新版本。这些法律法规的出台，进一步完善并提升了韩国环保技术转化体系的系统性和效率。①

（3）韩国环保技术转化相关代表性法律法规及其对转化体系的意义。

韩国环保技术转化相关代表性法律法规大致可以划分为顶层规划及具体法规两个层面，通过相关法律政策的保障与支撑，韩国完善并提升了环保技术转化体系的系统性和效率。各层面的代表性法律法规及相应作用如

---

① 환경기술및환경산업지원법시행규칙，韩国环境部，2019年12月，http：//www. law. go. kr/DRF/lawService. do? OC = me_pr&target = law&MST = 212623&type = HTML&mobileYn = &efYd = 20191220，访问日期：2019年12月21日。

表 5－2 所示：

表 5－2　　韩国环境技术转化相关代表性法律法规及其对转化体系的意义

韩国环境技术转化相关代表性法律法规	顶层规划	《环境技术与环境产业支持法》	对环境技术的系统综合开发和培育进行顶层构建，技术转化体系中的“基本法”
		《韩国环境产业技术院法》	政府与环境技术市场、宏观设计与微观执行的中间机构“专项法”
	具体法规	《环境技术开发运营规定》	对环境技术从无到有、从市场需求到转化落地的全链条进行详细规定，提升转化效率
		《环境技术实用化促进规定》	规范并细化环境技术补贴及奖励机制、技术转化促进及审核、业务费用使用及技术推广应用等方面，进一步提升技术转化成功率与收益率
		《环境技术性能验证评估程序和标准法规》	规定环境技术性能的验证标准和程序、验证委员会的运行规则、绩效评估检查规则，进一步规范环境市场技术评价的标准化流程、提升韩国国内环境技术专项评价证书的公信力与含金量
		《环境技术和环境产业支持法实施细则》	对环保技术和环保产业的支持规程、环境新技术认证验证、技术应用及推广等方面做出详细规范，明晰技术生命周期内的政企间权责，提升技术转化效率，提升创新积极性

资料来源：上述韩国相关具体法律法规，经作者提炼分析并整理。

第三节
日韩环保技术转化体系的技术认证及验证机制

日韩的环境保护技术验证评价对象为已商业化或具有商业潜力的水、废气、土壤污染治理等新技术；验证评价的核心是在一定试验周期内综合评价技术的环保效果、经济效果和运行维护等性能参数；验证评价提供一系列客观的性能绩效数据供决策者、用户参考。客观、高质量的运行数据可以科学、公正、可靠地反映新技术的真实性能，提高技术的可信度，因此在项目立项、融资、扩大市场方面受到了广泛认可，有效地推动了创新技术市场化进程。

一、日本环保技术转化体系的技术认证及验证机制

在日本，工业产品计划在日本市场进行交易和流通前，须得到日本工业标准（Japanese Industrial Standards，JIS）认证。JIS 即为日本工业规格认证体系，符合工业规格标准的产品发放 JIS 标识。环保产品也不例外。环保领域中，实行认证（JIS）和实证（环境技术认证，Environmental Technology Verification，ETV）双标准，以促进环保技术的商用和推广。在日本销售的产品和技术均需通过日本经济产业省的 JIS 认证，取得行业标准认证后方可进入市场，属于硬性规定。然而，即便取得 JIS 认证，在推广中依然存在商用效果无法保证，无法同其他产品进行横向验证等问题，这使使用方往往在实际引进中犹豫不决。因此，日本环境省在 2008 年实施环境技术实证制度，帮助对环保技术产品的商用效果、维护规模等问题进行实际验证，通过后颁发 EVT 标识，为环保技术的广泛推广助力。EVT 制度由环境省进行运营管理，将技术调查，实证运营企划及实证实施外包给相关机构进行具体操作。

1. 日本 JIS 认证制度

JIS 标识是根据日本《产业标准化法》第三十条第一款，即只有经过由国家认可的第三方认证机构的认证，其产品上才能附有 JIS 标识，方可在日本国内进行销售。JIS 的对象非常广泛，包含矿业，工业产品，数据，服务等均有相应的产业标准，是日本的国家规格，旨在提升产品品质，性能和安全性及生产的合理化。JIS 的认证包含对产品、数据、服务等种类及品质的实验方法及评价方法，以及被要求的规格值，以保证所引进的产品具有使生产者、服务提供者、使用者/消费者能够更放心使用的优良品质才引进。日本产业经济省负责制定和更新这一制度，2019 年，《工业化标识 JIS》更名为《产业标准化法 JIS》，新的标准法遵照国际标准，并增加了数据、服务和经营管理内容，增加具有专业知识的民间的认证机构，该

机构制作的JIS方案可直接上交经济产业大臣。此外，新的标准法增加了违规行为的处罚力度，处罚金额上调至1亿日元。[①] 同时，为促进日本的标准化同国际标准接轨，新的《JIS法》中还增加了国家、国家研究机构、大学以及事业主体在该过程中的义务。这些新的规定为产业化标识JIS认证体系深入到产业的各个领域中提供更大便利，同时将第四次工业革命的产物，IOT（物联网）及AI（人工智能）等信息技术的产物也纳入其中，使标识辨认更加简单，除对产品品质本身具有促进升级的意义外，还能够确保安全并使得公共用品的采购更为顺利。[②]

2. 环保技术实证（ETV）制度

环保技术实证制度是指针对已经具有可实用化的先进的环境保护技术，就其环保效果，以及其衍生环境影响及其他环境角度对其重要性能进行验证。验证机构为非技术开发者和利用者的客观的第三方机构（实证机构）。通过实证机构确立的环境技术实证方法及验证体制，得到公正客观的第三方验证数据，使得环保技术的使用者在购买、引进环保技术之际，可以方便进行环保效果的比较，进行适合的选择。不仅能促进环保技术的普及、促进环境保护的推进，同时也能助力中小企业的发展。通过环境技术实证后的环境技术将赋予“EVT实证”标识。[③]

日本环境技术实证体系在日本环境省制定的整体方针和其整体的运营管理下进行，由实证机构、实证运营机构和实证技术机构组成。环境省负责整体实证事业的推进，并向社会募集并选定实证运营机构和实证技术机构，同时负责对实证报告进行验收。

实证运营机构负责整体方案制定；为指定技术领域组织调查、同时对实证机构的公募和选定进行辅助，下设环境技术实证事业运营委员会。实

---

① 经济产业省JIS法改正要点解析，日本经济产业省网站，https：//www. meti. go. jp/policy/economy/hyojun－kijun/jisho/jis. html，访问日期：2020年2月24日。

② 《产业标准化法》，日本环境省网站，https：//elaws. e－gov. go. jp/search/elawsSearch/elaws_search/lsg0500/detail？lawId＝324AC0000000185，访问日期：2020年2月1日。

③ 详见日本环境省环境实证事业网站 https：//www. env. go. jp/policy/etv/system/index. html，访问日期：2020年2月1日。

证运营委员会由学者和相关人员等构成，针对实证运营机构承担的活动给出专业化意见；环境技术调查机构主要辅助进行实证对象技术的选定，同时也是技术实证申请接收的窗口。此外，还接受来自有实证申请意向的团体或个人的事前咨询；辅助进行实证对象技术的企业方募集；同时在技术调查机构中设置技术调查讨论会；技术调查讨论会原则上根据每个实证技术领域分别设置技术调查讨论会。如有需要也可对多个实证技术领域，设置一个技术调查讨论会。技术调查讨论会由实证技术领域的专家学者，有经验者组成。在技术调查机构的各项业务中，负责进行技术的实证实施，并制作实证报告的机构。

根据实证技术领域不同，原则上一个技术领域需要设置一个实证机构。实证机构具体进行实证活动的整体安排。包括实证所需的公关活动，价格设定，实证计划的规划，技术实证实验的实施，数据的验收，报告书的发布等具体事务。实证机构在其内部设定技术实证讨论会。该机构也由专家学者及有经验者组成。在实证机构进行的各项事务中，针对实证计划的具体规划，具体的实证（既有数据的实证，实证实验的实施）行为，出具实证报告书等各项活动中给与专业的意见。

日本环保技术验证的流程大致可分为七个步骤：（1）选定验证机构；（2）签订验证协议；（3）公开招募技术测试方；（4）编写验证测试计划；（5）验证测试；（6）编写和发布验证测试报告；（7）授予验证标识。NEDO（国立研究开发法人新能源产业技术开发机构）便是环保技术实证实验的其中一个选定实施机构，隶属于日本经济产业省（见图5－9）。

二、韩国环境技术转化体系的技术认证及验证机制

韩国的环境技术验证组织构架、费用分摊及技术检验标准等环境技术验证机制各方面与日本类似。目前，韩国环境技术的主要认证及验证路径形成了NET（新技术认证及技术验证）制度和ETV并举的局面，同样以ISO 14034为标准，并适应ISO/IEC 17020要求。

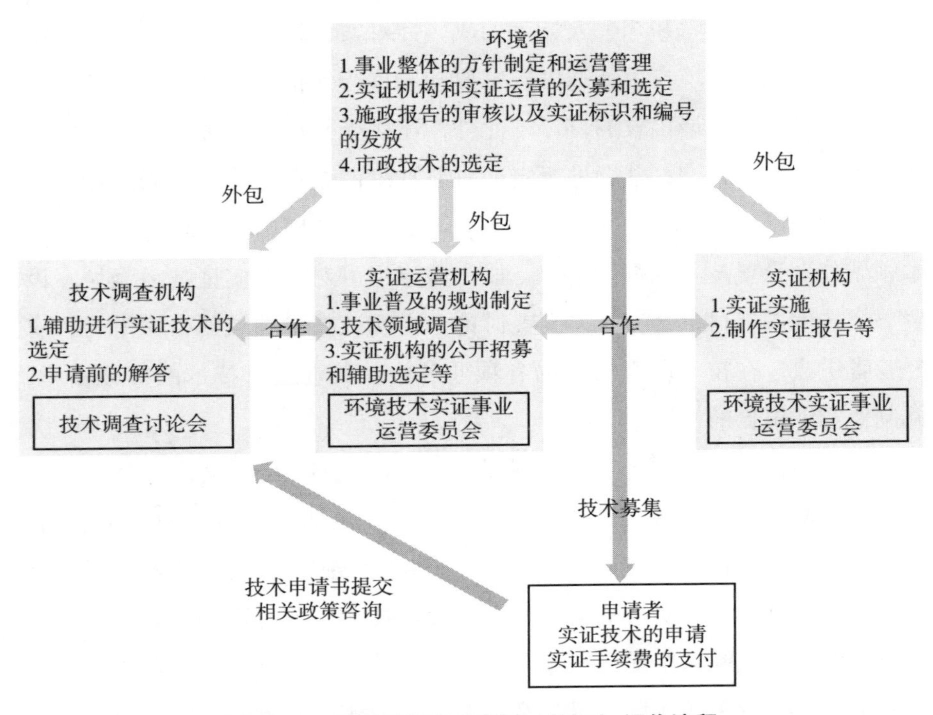

图 5－9 日本环境技术实证（ETV）运作流程

注：《日本 ETV 制度》，日本环境部网站，https：//www. env. go. jp/policy/etv/system/index2. html，访问日期：2020 年 3 月 20 日。

1. 新技术认证及技术验证（NET）制度

为促进环保新技术的开发和推广，韩国于 1997 年引入了新技术认证及技术验证（NET）制度并实行至今。2018 年底，韩国环境部对《新技术认证、技术检验（NET）的评价程序等相关规定》进行了第 12 次修订，由 KEITI 技术评估组主导实施，认证及验证标准向 ETV 看齐，同日本一样强调第三方现场检验机构的专业性和独立性。其中，新技术认证涉及技术新颖性、技术性能、现场适用性三项一级评估指标及十二项二级指标；技术验证涉及除技术新颖性以外的其他衡量口径。NET 认证推进了韩国国内环境技术水平评判的标准化及其标准升级，同时对于有海外出口要求的环境技术，实现与 ETV 认证的顺畅对接。NET 至今已成为韩国环境产业的核心认证标志，通过对优秀环境技术进行评估认证，促进了韩国环境技术的开发、分配及转化，推动了韩国整体环保产业的良性发展。

NET 制度旨在通过国家评价体系对环境技术进行评估，对通过评价的优秀环境技术授予新技术认证，使得技术使用者对已认证的新技术具有充分的信任，并提高新技术的使用度。由此，技术开发者可以将开发出的新技术迅速推广到现场，推动新技术的开发和环保产业的培育。

新技术的含义是指符合《环境技术与环境产业支持法》第二条第一项的环境技术，是指韩国国内首次利用或从国外引进的技术改良，以及与此相关的新环境技术，并符合《环境技术与环境产业支持法施行令》第十八条第三项规定的新颖性、技术性能及现场应用性能俱佳的技术。其中，新颖性是指，国内首次开发或引进国内，对国外技术的主要部分进行消化改良的环境领域工艺技术及其相关技术；技术性能的优越性是指，与现有技术相比，新技术应在技术效率、完成度、重要度和发展性具有优势，并对适用技术产生的次生污染物的影响具有积极效果的技术；现场应用的优越性是指，与现有技术相比，客观上揭示了经济性、安全性、维护和管理的便利性以及在现场积极推广的价值。[①]

新技术认证、技术验证评估程序以环境新技术开发者（个人/企业）的认证验证申请为起点。评估程序的运行体系构架，涉及环境部、环境产业技术院、试验分析机构三个层次。如表 5 - 3 所示，环境部负责法律法规制定颁布及修订、技术检验证书发放等制度统筹，KEITI 负责新技术认证和技术验证评估、审议委员会的组建及运作等，实验分析机构负责新技术认证和技术验证现场调查（评估）测试及分析。最后，经过认证、验证的新技术通过市场流转，流向环境技术需要者（国民、环保设施发包方等）。根据韩国《环境技术与环境产业支持法施行令》第十八条，对获得新技术认证的技术，通过现场评价计划审议，现场评价和文件审查，进行“技术

① 신기술인증・기술검증의평가절차등에관한규정，http://www.law.go.kr/DRF/lawService.do? OC = me_pr&target = admrul&ID = 2100000184865&type = HTML&mobileYn = ，访问日期：2019 年 12 月 21 日。

性能”和“现场适用性”检测后颁发技术验证证书。

韩国新技术认证和技术验证评估程序同日本的评估体系一样，都加强了对环保科技成果的评估和评价，并通过标准认定以政府名义为环保技术背书，这样就提高了技术成果的可信度，使市场推广环节的效率大大提高。这一环节的设置消除了技术持有者和使用者之间信息不对称的情况（见表 5 -3、图 5 -10）。

表 5 -3　韩国新技术认证、技术验证评估程序的机构组成

体系结构	相关职能
环境部	法律法规制定颁布及修订、技术检验证书发放等制度统筹
KEITI	新技术认证和技术验证评估、审议委员会的组建及运作等
实验分析机构	新技术认证和技术验证现场调查（评估）测试及分析

资料来源：KEITI，신기술인증 · 기술검증，KEITI 网站，http：//www. keiti. re. kr/site/keiti/02/10201050000002018092810. jsp，访问日期，2020 年 2 月 11 日。

2. ETV 制度

韩国在 2000 年开始运行 ETV 制度，ETV 程序标准同样符合 ISO14034。近年来韩国在亚洲各国的 ETV 推广普及活动中较为活跃。韩国对 ETV 制度的界定为对按照规则提出的环境技术验证申请进行现场调查、现场评估计划审核、现场评估作业及综合评价等，对环境技术性能进行评估。[①]

韩国实施 ETV 制度主要有两个目的。一方面，通过第三方的性能确认向外界提供客观可靠的信息；另一方面，通过提供适合环境技术出口国的技术性能资料，为环保产业海外合作提供有效支持。与韩国 NET 制度的运行机构组成类似，ETV 也大致包括三个层面：韩国环境部、韩国环境产业技术院（KEITI）以及第三方现场评估机构。

---

① 환경기술성능확인，KEITI 网站，http：//www. keiti. re. kr/site/keiti/02/10201050000002018092810. jsp，访问日期，2019 年 12 月 21 日。

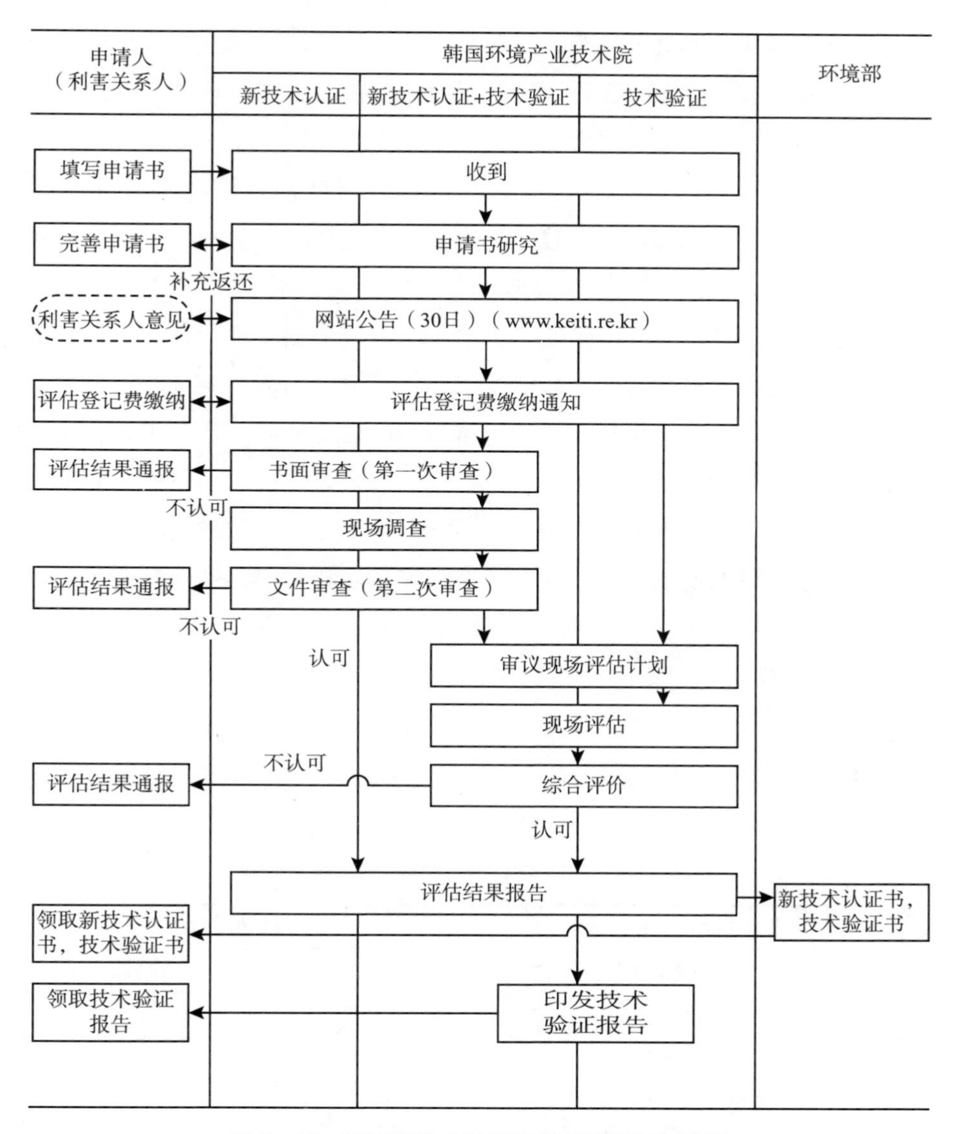

图 5－10　韩国新技术认证和技术验证评估流程

资料来源：KEITI，한국신기술인증 · 기술검증평가절차，KEITI 网站，http：//www. keiti. re. kr/site/keiti/ex/board/View. do？cbIdx＝319&bcIdx＝28655，访问日期，2020 年 2 月 11 日。

韩国环境部作为程序所有者运行评估体系，根据《环境技术与环境产业支持法》第三十一条第二款，韩国环境产业技术院（KEITI）被环境部委托为性能确认验证管理机关，负责 ETV 申请受理、遴选并组建审议委员会、选定评估技术方案、签署评估协议、选定第三方现场评估机构、审核现场评估计划、组织综合评价、表决，结果发布等 ETV 全流程。

韩国国内的环境技术认证体系中，ETV 制度的认证顺序位于 NET（New Excellent Technology）制度之后。新的环境技术需首先在 NET 认证系统中进行认证，在已取得 NET 认证的技术之后，再对希望获得 ETV 标识的技术进行实证。在实际的验证工作中通常与其他国家进行共同实证，推进技术出口的目的显而易见。截至 2015 年，韩国在环境领域七个方面共实施了 157 项 ETV，在土壤和地下水的监测和改善、清洁生产和工艺、农业环境技术等领域暂未实施 ETV。

在韩国 ETV 制度中，技术性能的验证主要考察技术的效率性、完成度和重要程度，以及现场使用中的经济性、安全性和维护管理便利性等两大类六个方面的内容，符合要求的环境技术持有者在提交验证申请后，由韩国环境产业技术院（KEITI）根据相关法律法规进行 ETV 的全流程管理与互动，通过现场评估以后，KEITI 对环保技术提交综合性能评价鉴定，并颁发证书（见表 5－4、表 5－5）。

表 5－4　　韩国 2000～2015 年韩国 ETV 实施领域及统计

验证技术领域	件数
水质处理及监测	90
材料、废弃物、资源	50
大气污染及清除设备	4
能源相关技术	1
其他	12
合计	157

资料来源：日本以外のETV 事業における環境技術分野と実施件数，日本环境部网站，http：//www.env.go.jp/policy/etv/system/index5.html，访问日期：2020 年 2 月 11 日。

表 5-5　　韩国环境技术性能检验（ETV）评价项目及标准

1　技术性方面		
评价项目		细节和标准
技术性	效率性	现场评估结果显示处理性能（效率，时间等）是否遵守现场评估计划
	完成度	现场评估结果显示，一系列性能和质量的再现是否遵守现场评估计划
	重要度	现场评价结果带来的环境改善效果是否遵守现场评价计划
2　现场适用性方面		
评价项目		细节和标准
现场适用性	经济性	现场评估结果显示技术经济性是否遵守现场评估计划
	安全性	现场评估结果显示，设施设备工作环境等的安全性是否遵守评估计划
	维护管理便利性	现场评估结果显示，运转及控制等维护管理便利性是否遵守评估计划

资料来源：KEITI 网站，http：//www. keiti. re. kr/site/keiti/ex/board/View. do? cbIdx = 319&bcIdx = 28655，访问日期：2020 年 2 月 11 日。

第四节 日韩环保技术转化体系中的技术转移及信息化推广机制

环境技术推广平台对于对接技术供需双方、提高环境技术转化成功率具有重要推动作用，在环境技术转化体系中是环境技术形成之后，转化之前的重要机制。

一、日本环保技术转化体系中的技术转移及信息化推广平台

日本的环保技术转移及信息化推广机制中，以 TLO（Technology Licensing Organization，技术转移机关）为主要代表的产学研中间机构和经济产业省及环境省下属信息平台等机构发挥了重要作用。

目前，日本有 782 所高等学校，2805 所职业技术学校，在校大学生

300 万人，教员约有 15 万人。[①] 从大学所属来看，日本的高校可分为国立大学，公立大学和私立大学。目前，日本大学除了具有为社会培养和输送各类人才的职能以外，还肩负着大量的以基础研究为主的科研任务。每年的成果产出量成千上万。近些年来，随着环境和能源需求的增加，大学科研中明显增加了对实用性，节能环保型技术的研发力度。然而，如何能够使得这些科研成果通过转化变为现实生产力，是日本产业，政府各界共同关注的话题。为此，日本政府制定了一系列的法律措施，创建有利于科技成果转化的制度环境。日本通过 TLO 组织和企业信息平台推广技术转移。

1. 日本 TLO 组织

（1）日本 TLO 组织概况。

大学是研究资源相对集中的领域，但是其研究成果中，一些新型产业成果却没能被产业界所应用。为促进大学等研究机构的研究成果更好地服务于产业界，促进产学合作，提高产业活力，1998 年，日本政府依据 1995 年制定的《科学技术基本法》原则，制定并颁布了《大学等技术转移促进法》（以下简称：TLO 法），[②] 从法律层面确认了技术转移机构是将在大学以及研究所进行的研究成果向企业进行转移的中介机构，旨在促进大学科技成果转化，技术创新和技术转让。以 TLO 法正式确立为契机，日本大规模修订了产学合作的制度，促进了大学等研究机构的成果转化，同时促进了企业委托大学进行项目研究。

2004 年，日本政府制定了《国立大学法人法》，[③] 使国立大学获得了独立法人资格，取得了对自主研发科技成果进行转化和转让的自主权，其

① 令和元年学校基本调查 https：//data. gakkou. net/h30daigaku002/，统计局日本在校学生人数调查 https：//www. stat. go. jp/data/nihon/25. html，访问日期：2020 年 2 月 25 日。

② 《大学等技术转移促进法》，日本政府法令检索网站，https：//elaws. e - gov. go. jp/search/elawsSearch/elaws_search/lsg0500/detail？lawId = 410AC000000005，访问日期：2020 年 3 月 14 日。

③ 《国立大学法人法》，日本政府法令检索网站，https：//elaws. e - gov. go. jp/search/elawsSearch/elaws_ search/lsg0500/detail？ openerCode = 1&lawId = 415AC0000000112 _ 20190524 _ 501AC0000000011，访问日期：2020 年 3 月 14 日。

利益收归学校经营所有，不再纳入政府财政。该法的实施大大提升了日本国立大学技术成果的开发和同企业合作的效率。

（2）TLO组织的类型。

日本TLO组织形式大致分为三类，内部组织型、单一外部型和外部独立型。内部组织型TLO作为大学的一个组织架构存在于大学之中。由于其组织架构的便利性，能够迅速地将学校内部的研发成果进行汇总。但是由于其缺乏专业的成果开发、转化、管理以及把控市场需求及正确进行市场评估人才，使得其成果在转化过程中的效率明显降低；单一外部型的TLO是设立在校外，是由学校出资入股，专门进行大学成果转化的单独机构。同第一种相比，其独立性更强，拥有更专业的技术转化人才和经验。但是由于其控股大学相对单一，一般承接大学科技成果范围相对狭窄；外部独立型TLO是完全的法人资格，同大学有紧密的合作关系又完全独立于任何一个大学。它有完全自由的经营自主性和广阔的经营范围。一般同多个大学及企业均有合作关系，从而利用不同地区、不同的资源优势，广泛开展技术成果转化的开发与技术转让、转移业务。外部独立型TLO以企业的形式存在，拥有专业的技术转让，市场运作等经验的人才和经验，能够帮助高校实现技术成果的高效转化（见表5－6）。

表5－6　　　　日本TLO机构的类型

TLO类型	结构关系	特点
内部组织型	作为大学的一个组织架构存在于大学之中	（1）组织架构的便利性，能够迅速地将学校内部的研发成果进行汇总。（2）缺乏专业的成果开发转化管理以及把控市场需求及正确进行市场评估人才，使其成果转化效率低
单一外部型	设立在校外，由学校出资入股并专门进行大学成果转化的单独机构	（1）独立性更强，拥有更专业的技术转化人才和经验。（2）其控股大学相对单一，一般承接大学科技成果范围相对狭窄

续表

TLO 类型	结构关系	特点
外部独立型	完全的法人资格，同大学有紧密的合作关系又完全独立于任何一个大学	(1) 完全自由的经营自主性和广阔的经营范围。一般同多个大学及企业均有多种合作关系。(2) 以企业的姿态存在，拥有专业的技术转让、市场运作等人才和经验，能够帮助高校实现技术成果的高效转化

资料来源：姜莹：《日本大学区域性 TLO 的营建机制分析及启示》，载于《现代经济信息》2014 年第 4 期，第 4 页。

例如，关西 TLO 株式会社属于外部独立型 TLO 机构，其主要出资方为京都大学与和歌山大学，是一家通过多家大学合作进行科技成果转化，研究交流和支援创新的股份制公司。其合作大学有京都大学、和歌山大学、九州大学、福冈大学和立命馆大学等，主要服务主体为大学、研究机构和企业方。关西 TLO 的业务主要分为三大类，第一，面向大学和研究机构的主要业务为提供智慧财产的管理业务，具体包括：通过调研寻找新研究和新发明的课题；针对发明本身进行市场性的评估；专利申请业务；为使技术成果得以应用，在国内外向企业方进行市场推广业务；第二，面向企业，定期向企业输送大学及研究机构的研究成果，在此基础上为企业制定其感兴趣的相关技术成果转化方案；第三，为企业和大学进行共同研发，申请政府专项基金提供咨询和整体转化项目管理。从 2010 年至今，关西 TLO 技术转化业务营收逐年攀升，2017 年，约有 2 亿日元的委托服务费的营收，共实施了 400 ~ 500 个项目。可见 TLO 机构在大学成果转化中的促进作用非常重要。①

2. 日本环境企业信息平台

日本政府的相关部门下设机构运营的环保企业的信息平台为促进国内相关企业的交流和日本与国际企业的交流提供支持。日本经济产业省下属

① 关西 TLO 株式会社简介，关西 TLO 株式会社，https://www.mext.go.jp/component/a_menu/science/detail/__icsFiles/afieldfile/2019/05/17/1415817_4.pdf#search=%E9%96%A2%E8%A5%BFTLO'，访问日期：2020 年 3 月 14 日。

的中小企业基盘整备机构运营的“J－goodtech”网站（www. jgoodtech. jp）为促进中小企业同大企业，中小企业同海外企业的信息沟通而设立，同时为中小企业的技术推广提供商业机会。在该网站上注册成为会员的企业可以将自己的需求汇总后上传，网站会根据所掌握的注册企业的信息，寻找能够匹配的伙伴企业，进行介绍。如有意向合作，则会帮助需求企业进行信息整合，进行积极的提案斡旋，直至达成合作意向。同时会定期举办交流活动，促进会员间的商业交流，以促进合作。该网站不仅仅是信息平台，同时为企业会员提供商务服务，帮助中小企业寻找商机，为环保技术的市场开拓助力；环境省也同样下设“环境 Business front runner”网站（www. businessfrontrunner. jp），分为环境污染、地球温室化、废弃物处理、资源有效利用和环境保护等板块，为登记在网站上的研究机构等进行宣传并定期公布调查报告，为其环保技术、产品以及服务进行推广。同时在会员间，定期开展研讨会，讨论环境保护领域中的重点课题，提供有利于企业经营和公共团体制定政策的信息。

除此之外，民间亦同样存在类似的民间团体，为环保企业寻找商业机会。日本环境商业综合研究所、日本贸易振兴机构 JETRO 的 TTPP 平台等均对环境技术供需对接起到积极作用。

二、韩国环保技术转化体系中的技术转移及信息化推广平台

韩国环保技术转化体系中的技术转移及信息化推广平台，以韩国技术转移专门机构 TLO 机构和环境产业技术信息系统（KONETIC）为中心。

1. 韩国 TLO 组织

韩国高校的环境技术研发与技术转移是韩国环保技术转化体系中的关键力量，在韩国高校环保技术研发成果的转移方面，技术转移机构（TLO）发挥了关键的作用。

随着 2000 年韩国《技术转让促进法》的实施，国家研究开发项目的成果归大学所有，大学可以自行开展技术转让业务，因此，作为各大学产

学合作团体的下级组织，技术转移专门机构（TLO）开始运营。一般来说，大学产学合作团体除了负责技术转让、事业化等业务外，还负责研究课题合同和研究费用管理等与产学合作相关的整体业务。大学技术转移专门机构是产学合作团体的下属组织，负责知识财产管理、技术转移、技术事业化等业务，通常分为产学事业组、产学合作组、产学技术转移组、技术事业部等。

韩国大学技术转移专门机构（TLO）从2003年开始逐渐成立，初期以大学产学合作团体的内部部门形式存在。这一时期，韩国TLO主要的职能主要是在完善大学内部职务，制定技术转让规定的同时，转变了大学对科技成果的固有认识，构筑了大学技术商业化的基础。

此后，2005～2010年韩国TLO组织开始全面构建。大学技术转移专门机构从2006年开始韩国Canect Korea（CK）事业全面成长项目（国家均衡发展委员会，产业资源部，教育科学技术部共同推进的项目，选定了18所先导TLO和24所财团参与大学技术转移，并以60亿韩元的年预算支持5年）。入选该项目的各高校以政府支持预算为基础，建立并扩大组织体系和规模，通过聘用专业人才开展技术营销，开始快速提升技术转移件数及技术费收入的成果。

2011～2015年是韩国TLO的成长期，韩国大学技术转移专门机构通过政府的持续支持得以稳定发展。韩国继Canect Korea（CK）事业之后，开展了第二期支持，扩大了支持对象，支持了比原来更多的大学，并将事业费中人工费比率扩大到70%，努力确保专门人才的聘用。

但是，尽管政府持续不断地进行支持，但仍然存在大学技术产业化力量分散、对后发大学的支持不完善、技术挖掘及后续管理力量不足等局限性。因此，为了改善这些问题，韩国从2016年开始推进第三期事业。目前正在推进的TLO支援事业是引入TMC组织（大学内部TLO与控股公司进行关联或整合的组织，负责技术事业化总体业务、技术经营业务等，并提供大学内的企业技术需求挖掘及联系的服务），引导将分散在大学的TLO、技术控股公司、创业中心等连接或合并起来，构建后发大学间的合作体系，重点支持技术经营业务，目的是降低人工费支出条件和提高事业费中人工费比率，搞活技术产业化（见表5－7、表5－8）。①

表5－7　　韩国2015年国内大学技术转让事业化业务执行与否以及有无专责部门

类别	技术转让事业化业务执行与否			有无技术转让商业化专责部门		
	实例数（件）	有（%）	无（%）	实例数（件）	有（%）	无（%）
国公立大学	26	100.0	0.0	28	85.7	14.3
私立大学	117	77.8	22.2	112	65.2	34.8
合计	143	81.8	18.2	140	69.3	30.7

资料来源：韩国产业通商资源部：《公共技术转让工作化现状调查》（2016年）。②

表5－8　　韩国2015年国内大学技术转让现状

类别	新技术（件）	技术转让（件）	技术转让率（%）
国公立大学	6091	1412	23.1
私立大学	11912	2372	19.1
合计	18003	3784	31.7

资料来源：韩国产业通商资源部：《公共技术转让工作化现状调查》（2016年）。③

2015年，韩国产业通商部对143所大学科技成果转化情况进行了调查，结果显示，2015年，143所韩国国立、公立大学和私立大学大学中表示正在执行技术转移事业化相关业务的大学占比为81.8%，这与2014年141所大学中的74%正在执行相关业务相比有所增加。特别值得注意的是，接受调查的韩国国立、公立大学都表示正在执行技术转移事业化业务；然而，在140所大学中，只有69.3%的大学表示有专门部门进行技术转移事

① 류인호，대학기술이전전담조직（TLO）활동이기술사업화성과에미치는영향요인연구[D]. 충남대학교，2018 년. 31－32.

②③『공공기술이전사업화현황조사』통계정보보고서，한국산업통상자원부，2016. 韩国产业通商资源部，www. mke. go. kr，访问日期：2020年2月11日。

业化，这表明很多大学在没有专门部门专门人员的情况下，正在执行技术转移事业化业务。[①] 从表5－9可以看出，2015年韩国国内高校技术转让总数为3784件，新增技术转让率为31.7%，比上年提高6.3%。

表5－9　　2010～2015年韩国国内大学技术转让率

年份	转让率（%）
2015	31.7
2014	25.4
2013	20.3
2012	19.5
2011	16.4
2010	13.8

资料来源：韩国产业通商资源部：《公共技术转让工作化现状调查》（2016年）。[②]

尽管韩国有专门的法律保障体系和专门的成果推广和中介机制，但韩国国内专门负责组织是以研究管理及专利管理为主的行政处理为中心，未能起到连接企业和大学的关键核心作用。[③] 尽管韩国研发经费投入占GDP比重超过4%，但用于产学研的内外部资源仍然短缺。韩国大学内部的研究管理系统和技术商业化系统是顺次的结构，大部分研究成果都是事后处理的一维方式，因此研究者的研究都是在学术研究的基础上进行的，与此相反，企业是从市场的需求、销售增长的可能性等角度出发来寻找合适的科技成果，因此会出现适合商业化的技术不足现象。即使研究人员创造出的成果是市场所需的技术，但很多情况下还达不到企业要求的开发水平。

① 이희원，대학연구성과물의기술이전사업화활성화방안에대한연구［D］. 성균관대학교，2018 년，35－36.

② 『공공기술이전사업화현황조사』 통계정보보고서，한국산업통상자원부，2016. 韩国产业通商资源部，www. mke. go. kr，访问日期，2020年2月11日。

③ 이희원，대학연구성과물의기술이전사업화활성화방안에대한연구［D］. 성균관대학교，2018 년，56－57。

为了减少这样的问题，大学需要与产业界进行持续的沟通，但是目前韩国国内大学的这种沟通并不顺利。要想将尚不足以进入市场的研究成果开发到商业化阶段，财政上的支持也是不可缺少的因素，但韩国大学内部资金和政府的支持存在不足。

同日本相比，韩国的环保科技成果转化还缺乏系统的成果管理机制。技术商用化的成功与技术的有效管理有密切关系。韩国大学内部的成果管理仅限于申请专利、注册以及知识产权的商用化。已转移的技术是如何被利用的，技术引进者是否按照合约来实施技术，如果不履行合约，将采取什么样的措施等技术转移的后续管理体系还很缺乏，这使技术转移后的问题不可控。

2. 环境产业技术信息中心（KONETIC）

韩国国家环境技术信息中心（KONETIC，Korean National Environmental Technology Information Center）是由 KEITI 运营的环境产业技术信息专业化门户网站，开展环境技术及产业信息数据库集成、推广、市场对接、环境技术知识网络实践培训和技术及产业培育等工作。这一网络于 1999 年开始运营，至今已发展成为强大的环境技术及产业信息数据库，在实用技术、发展趋势、评估信息、专利信息、技术交易服务等方面提供专业化服务。在韩国环境技术转化体系中，KONETIC 凭借全面系统的环境产业技术信息覆盖、高使用频率及高客户满意度，对于环境技术普及推广、供求信息匹配、提高韩国环境技术转化成功率方面，起到了关键的驱动作用。[①]

（1）KONETIC 概况。

1999 年 6 月，韩国国家环境技术信息中心（KONETIC）在环境部（MOE）的监督下，由韩国环境管理公司（EMC）成立并运营。之前的环境产业技术信息领域中，大量的环境数据和资料支离破碎，许多与环境相

① KEITI，환경산업기술종합정보제공，网站名称，http：//www. keiti. re. kr/site/keiti/02/10202010000002018092810. jsp? tabNo =2，访问日期：2019 年 12 月 21 日。

关的组织通过各自的渠道进行环境产业技术信息的传播。因此，对于环境产业技术需求方而言，很难筛选并提取出有价值的信息。正是在这种情况下，KONETIC 发起并创建了环境产业技术信息的集成和交换系统，称为“环境产业和技术信息系统”①。该系统于 2000 年 3 月开始运作，将环境产业和技术信息供求双方聚集在一起，促进他们之间的信息交流，并提升环境产业技术的转化效率。

KONETIC 是韩国最大的环境信息门户网站，拥有广泛的用户群体，向客户提供环境产业及技术方面的多样化电子数据。KONETIC 构建的数据库有上百万件的数字化专业文档，囊括了技术、设施、具体业务和管理等环境产业及技术领域。在 KONETIC 的发展历程中，其信息化系统通过持续的数据治理技术更新，以实现优质的环境专业信息服务，提供高质量、价值驱动、创新的环境信息。

（2）KONETIC 的基本职能。

KONETIC 的基本职能是向社会提供环境产业技术综合信息。包括：①以需要者为中心的信息和附加服务，以支持环境产业，技术和政策；②按领域分类的环境基础设施，个别防治设施的设计及施工领域资料，包括项目目的、概要、设备特征、设计效率等；③与国内外环境基础设施、个别设施运营有关的运营方针和规定、运营费用、运营人力、设施改善事例、维修现状等（包括污废水、焚烧、填埋、畜产、粪便废水、再利用、堆肥化、净水、其他等领域）。

KONETIC 通过技术与生活融合的方式打造一站式信息服务体系，特别是环境产业和技术信息系统（www. konetic. or. kr）。此外，还拥有附属网站“APEC - VC（环境技术和交流虚拟中心）”，其网络服务是通过网址（www. apec - vc. or. kr）实现与包括日本、中国、菲律宾、越南、澳大利亚、智利和墨西哥在内的许多国家合作创建而成。海外环保产业综合网络

① KONETIC，국가환경산업기술정보시스템，网站名称，www. konetic. or. kr，访问日期：2019 年 12 月 21 日。

(www. eishub. or. kr) 提供80多个国家的海外环境技术资料、海外环境市场信息、海外环境法规等服务；网络环境现场培训系统（www. konetic. ecoedu. go. kr）侧重于环境技术的网络现场培训以及设施运营的专门知识提供。

KONETIC 通过环境产业与技术信息系统提供多种服务，如专业信息服务（如环境设施设计与施工信息、技术支持与诊断信息）；环保产业支援服务（例如环保商务、网上展览）；环境资讯及先进资讯服务（如国内外环境资讯、KONETIC 报告及焦点）；环境档案（如环境业务黄页，档案）。KONETIC 的信息系统（www. konetic. co. kr）数据库数据存量自 1999 年以来得到了极大的发展。

(3) KONETIC 主要业务内容及功能。

KONETIC 的信息系统覆盖了来自韩国国内外各种组织机构的信息，包括海外环境新闻，SNS（社交网络服务）。KONETIC 网络已经迅速扩展到环境信息各领域的信息提供和共享。KOETIC 的业务领域结构如表 5－10 所示。

表 5－10　　韩国 KONETIC 业务内容及领域

专业信息数据库	环境设施安装运营	设计施工	国内外环境基础设施
		诊断支持	环境部，环境公团及地方自治团体的资料
		设施运营	各企业个别防治设施资料等
	环境技术	实用技术	研究完成环境技术，转让目标技术
		开发动向	扩大国内外环境技术开发动向信息
		技术评估	国内外技术评价（NET 等）信息
		专利信息	环境相关专利（韩国产业资源部专利厅）
	环境企业及经营	判例信息	专利审判，环境纠纷调解委判例信息
		环境设备	国内外生产环境设备、产品信息

续表

资讯中心	环境新闻	提供环境专刊等环境新闻
	市场、政策动态	政府、公共机构政策动态资料、报道材料等
	企业支持信息	各部门、地方自治团体及所属、下属机构对产业界的支持信息
	招投标信息	提供环境相关招投标信息
	活动及展览信息	关于举办各种会议、研讨会和学术会议的信息
KONETIC 洞察分析	特别议题	各领域热点现状诊断及分析
	KONETIC 报道	技术、产业、市场现状分析及未来走向等
	信息图表	关于各领域热点问题的可视化概要资料
	报告概要	国际组织、海外研究机构报告书概要信息
	深度报告	所属、下属机构等深度研究资料，技术院发行资料
电子商务	环境企业信息	韩国国内 27000 多家环境企业“黄页”
	技术交易中介服务	环境技术开发业务及企业自主开发技术等技术转让信息平台
	会员产品宣传推广	KONETI 会员企业产品及设备宣传平台
	设备装备二手市场	约 3 万条环境相关设备产品信息，二手设备产品交易平台
社区	内部聊天室	会员间的问答、技术咨询平台
	BLOG	运营环境领域从事者，研究者，学生等博客平台
资料库	环境资料室	与环境事务有关的各种业务手册、现状统计资料和培训材料
	术语常识	环境相关用语说明
	环境计算器	专业工程师问题摘录，环境相关计算式

资料来源：KEITI，사업내용및분야，网站名称，http://www.keiti.re.kr/site/keiti/02/10202010000002018092810.jsp? tabNo=2，访问日期：2019 年 12 月 21 日。

KONETIC 在环境信息化系统构建和运作过程中，所体现出的环境产业技术信息化治理模式，实现了：（1）向包括公司和公民在内的所有用户提供及时且高度相关的环境产业技术信息；（2）与相关组织的环境产业技术信息共享，同国家和地方实体建立一个系统的决策机制；（3）构建企业、民间团体和公民进入环境产业决策过程的路径。对于韩国环境技术转化体系而言，KONETIC（及其附属网站）发挥了积极的实质性影响。

第五节
日韩环境技术转化体系中的支持机制

在环境技术完成生命周期之前，技术转化体系中的支持机制对于环境技术持有企业尤其是中小型企业的技术转化成功率、转化周期等方面具有重要的积极作用。

一、日本环境技术转化体系中的支持机制

日本对其环境技术转化体系的支持，主要体现在以下几个方面：环境技术研发经费支持、环境领域金融税收优惠政策支持、环保专业人才培育支持、新能源和产业技术研究开发机构（NEDO）的系统性支持等。

1. 环境技术研发经费支持及税收优惠支持机制

日本的研究经费大部分来自竞争性研究资金，其预算编制和发放均由各个主管部门决定，主要用于基础研究以及创新技术的研究开发。目前环保技术领域涉及的竞争性资金有文部科学省、环境省和经济产业省。环境省由其自身每年对外公开发放环境研究综合推进费，主要用于低碳社会的实现，环保技术的创新的研究开发；经济产业省持有先进产业技术创新事业基金；文部科学省的竞争性资金主要用于相关技术领域中的基础研究。在日本政府的研发经费的拨付和发放，具体研究课题的选定等均有相关的

政府部门下设的国立研究开发法人机构具体执行。

在环境及技术相关的领域中，国立环境研究所（NIES），新能源和产业技术研究开发机构，产业技术综合研究所（AIST）承担相应的职能；文部科学省的基金拨付主要由JST（科学技术振兴会）执行；环境省的执行机构为国立环境研究院；经济产业省的具体执行机构是新能源、产业技术研究开发机构等。日本《第五次环境规划》强调各省经费发放统一方向，为整体的5年规划服务。国立环境研究院和NEDO两大机构在统一的方向下，具体执行各自领域中的课题选定和经费发放。两大机构具体分工大致为：国立环境研究院偏重研究课题的制定和整体的统筹规划，目前推进的重要的领域包括低碳，资源循环，自然共生，安全领域，综合环境，灾害领域等；NEDO着重项目管理，以商用为前提进行上下游产业的沟通和搭建，并协助新项目商用后的市场拓展。两大机构每年均向社会征集科研项目，进行经费支持。

在进行经费的拨付和支持之外，国立环境研究机构规定，企业同其进行共同研究的情况下，研究费的税费减免可达30%。[①] 同时为鼓励中小企业的创新行为，中小企业厅于1995年制定了《中小企业创造活动促进法》。该法中提及的创造性事业活动包括，新产品及新服务的研究开发，事业化行为，创业行为以及热衷于研究开发的行为。该法针对中小企业进行的新型技术的研究开发从税制和金融层面，进行更为广泛的国家支持。该法从国家层面支援了社会中潜在技术力量向商用的转换，使得技术研发行为更加具有活力，不仅促进了产业的发展，同时促进了环保技术的不断诞生。

2. NEDO的系统性支持

2012年，日本修订了《环保节能产业发掘战略》以解决技术研发存在的难以商用，产业需求同研发方向不挂钩，技术难以普及等问题，制定出

① 《特别实验研究费税费扣除制度》，国立环境研究所，http：//www.nies.go.jp/jyutaku_itaku/index.html，访问日期：2020年3月14日。

一系列促进研发实用化和技术普及活用的支援制度。NEDO 便是其支持制度的执行机构之一。

（1）NEDO 的职能及组织架构。

NEDO 隶属经济产业省，成立于 1980 年，致力于解决能源环境问题，强化产业技术，通过扶持促进技术研发的国立研究开发机构，是日本产业制度及产业规划的执行机构之一，承担行政职能。NEDO 本身并不具有技术研发职能，而是作为技术研发管理机构，连接大学、政府及产业方、中小企业和大企业、技术方和使用方，以及为各横向领域搭建的平台或桥梁；通过推动高风险创新技术的研发和商用验证，并使其落地商用，从而解决社会问题，创造相关新兴市场。因此，NEDO 是新技术领域中小企业孵化和支援中小企业环保技术市场化的重要平台，也是专业的产业技术从研发到市场化的项目运营管理经纪人机构。

NEDO 的具体职能领域分为：技术战略的制定、项目的设计、立案、启动、运营以及预算管理。NEDO 向经济产业省负责，接受国家方针政策的调整和预算的拨付同时负有向国家进行相关建言的职责，依此，通过体制的构建，项目的运营和评估，将科研院所、产业界以及大学等机构串联在一起共同参与项目，以此来强化产业技术和环保技术的创新、升级以及商用。

①技术战略研究。

在 NEDO 架构中，技术战略研究中心主要负责通过调查研究，确定产业技术和节能环保领域的技术战略。同时根据战略规划，对重要项目进行立案，通过横向的项目管理，推进项目的进展。同时也负责向社会进行技术信息传播，促进技术战略推行，其涵盖的具体技术领域包含电子、信息机械系统、纳米技术材料、能源和氢气、可再生能源、环境化学和新领域及融合技术等领域，其下共设 8 个部门专门负责。同时技术战略研究中心，设综合项目管理室，通过宏观分析，标准化研究和知识产权保护，对项目进行整体管理和推进；NEDO 还设立国际部，对海外技术进行研究的同时促进国际间合作项目。

技术战略研究中心的工作运行周期通常为1~2年，其工作内容包括：第一，锁定社会课题和社会中的需求；第二，在社会需求的基础之上，确定各领域的重点课题。第三，锁定具体的技术领域；第四，NEDO组织大学、领域协会等相关机构，对任务进行对比分析；第五，锁定子技术需求的具体课题；第六，对摘选出来的各个子课题同已有的技术研发路径和新技术鸿沟的发掘实施评估，进行优先度排序，从而确定重点领域及具体项目课题。再对其从技术内容，时间表和目标值等维度进行项目目标的细化。最后，通过对技术能力，相关方及测算市场规模等维度，确定日本在相关领域的定位。

NEDO在制定项目课题后，往往会面向社会进行技术方征集，并对技术本身进行匹配性评估。确定后，在未来2~6年间，对技术开发到实际验证的阶段进行项目管理和推进。同时，在项目结束后，在未来10年期间，对项目进行追踪调查。在项目执行过程中的各个阶段，对项目进行评估，保证项目执行的准确性和效率。在项目企划阶段，对项目本身的预算以及实施的基本计划进行财务及市场性的评估，确保其合理性和可行性；在实施的中间阶段和结束节点，从项目管理效果进行评估，同时及时反馈到项目执行中，确保项目执行的准确性和效率性；在项目结束后，对项目结果进行追踪调查，针对项目本身所涉及的社会及经济效果进行追踪和评估，其评估结果将会活用至项目管理的方法改善。①

②技术评估。

NEDO在确保中长期计划得以实施的过程中，对所有开展的业务进行合理的评估，通过评估结果的反馈，不断进行业务改善。在NEDO架构中，专设评价部负责全部的评估工作，对各阶段的评估成果向社会公布。在评估过程中，除本机构的评估以外，同时邀请外部专家，技术人员对项目的必要性，效率和有效性设定评估标准，共同进行评估，以确保NEDO

① NEDO机构职能简介，NEDO网站，https：//www.nedo.go.jp/，访问日期：2020年3月14日。

开展的业务不断实现自我改革和完善；完成面向社会的公开汇报责任的同时，汇总经济和社会的需求，将评估结果反映到资源分配之中，促进资源重点投放和业务的高效化。

NEDO 评价部的评估体系大致可分为三大类，第一类，项目评估，针对选定实施方进行研发项目评估。第二类，制度评估，针对选定实施方及确定了研究开发内容的项目进行的评估。第三类，事业性评估，针对前两类评估所涉及的对象外的项目，针对其产业性进行评估。同时，在相关制度下进行的其他研究项目进行评估。

在评价部内设研究评价委员会，直接向 NEDO 理事长汇报，同时理事长将评估结果反馈到各项开展项目之中，通过执行部门，重新对项目进行部署调整。研究评估委员会根据领域不同，设立不同的领域分科小组。

（2）NEDO 的预算来源及拨付方向。

NEDO 的预算来源来自经济产业省的经费拨付。2017 年，NEDO 共取得 1391 亿日元的预算分配，累计完成 70 余个项目的立案及推进。NEDO 从挖掘技术需求开始，推进中长期项目，并从技术开发到商用进行连贯性的项目管理，旨在强化产业技术能力，解决能源环境问题；其中 1287 亿日元预算用于国内项目的推进。① NEDO 主要负责大型的，技术开发风险度较高，单家企业无法单独完成的大型综合性项目，包含从研发到商用以及技术验证的各个环节。NEDO 作为牵头机构，将各个相关企业的强项技术进行融合，同时依靠大学及研究机构的研究能力，综合进行高端技术的研发和商用。2017 年，NEDO 的 166 亿日元预算用于支援国际项目的开展。包含两国间信用制度框架下的气候变化技术的普及推广等项目，42 亿日元预算用于实用化技术需求挖掘项目。面向社会征集解决经济社会的各项课题，支援课题向项目的转化。②

①② 《2019 年 NEDO 简介》，NEDO 网站，https：//www. nedo. go. jp/content/100898872. pdf，访问日期：2020 年 3 月 14 日。

(3) NEDO关于环境技术转化的支持案例。

NEDO在2017年共有90个项目处于推进之中。下面通过对“拓展市场机会型研究开发项目”的介绍，分析NEDO开展项目的运作方式。

“拓展市场机会型研究开发——尝试性购买”是NEDO在2001～2009年在日本佐贺县实施的针对中小企业优秀研发成果进行技术转化的支持制度。这一制度旨在根据技术转化成果的利用者和个体技术的特性，引进多样性制度，促进新技术转化、利用及普及；夯实新技术的评价体系；通过综合性的评价招标方式进行采购，促进公共部门对新技术的购买和应用。这样一来，民间优秀新技术在政府公共事务中就有了实际的应用环境。

具体来说，基于这一项目，NEDO针对佐贺县内多个中小企业开发的产品进行实验性采购。使用后，对该产品的效用进行评估，为后续大量采购奠定了基础。这一做法旨在为中小企业科技成果转化创造市场机会，扩大销售可能。从2007年2月开始，日本37个道县统一行动，联合地方自治体，对该案例进行支援，创建全国性组织——实验性购买全国网络。该机构利用邮件推广和网站宣传的方式，对对象产品进行宣传，同时实施全国巡回式商业谈判会。[①]

这个案例是NEDO促进科技成果向市场转化中，对销售终端进行支援的一个案例。任何的成果转化在向市场推进的过程中，销售渠道以及初期的市场开拓都是科技成果能否迅速进行转化，快速建立及促进相关市场发展的重要瓶颈。在市场推广及应用层面，中小企业由于其规模和技术等因素的制约，往往在这个阶段遭遇成果转化的死亡之谷。NEDO通过其自身的职能，将政府及各地方自治体的采购进行网格化串联，使得新技术产品一进入市场便有机会直接接到大量订单，为此后的市场推广奠定重要的基础，帮助技术成果在向市场应用转化过程中，扫清障碍并降低进入市场门槛。

---

① 《成功案例介绍》，NEDO网站，https://www.nedo.go.jp/shortcut_result.html，2020年3月14日。

二、韩国环境技术转化体系中的支持机制

韩国对国内环境技术转化提供了较为全面的支持。大致分为三个方面。第一，环境政策资金贷款支持项目。针对环境技术及产业发展，面向符合申请条件的企业，提供环境专项金融贷款支持。第二，中小环境企业商业化支持项目。为促进拥有优秀环境技术的中小环境企业的技术成果转化，实现稳定、有效的市场进入战略，KEITI 为符合标准的中小型环境企业提供技术指导、验证评估、市场营销、招商引资等技术转化全过程支持。第三，环境产业研究综合体服务。该综合体位于仁川，研发、试验及相关配套实施完备，为拥有市场潜力的环境技术持有企业提供技术商业化环境、风险投资引入、促进海外扩张等服务，并最终为韩国环境企业提供从技术开发到转化的一站式解决方案。

1. 环境政策资金贷款支持项目

这一环境政策资金以扶持中小环境企业为目的，向中小环境企业和一般中小、骨干企业提供长期、低息贷款支持。环境政策资金贷款支持项目由环境部的环境产业技术科，资源再利用科等事业相关部门主管，以《韩国环境产业技术院法》《环境政策基本法》《环境技术及环境产业支援法》《关于促进资源节约和再利用的法律》《化学物质管理法》《大气环境保护法》等法律法规为依据开展支持工作。贷款项目分为通过金融机构贷款协议的二次保障贷款和转贷方式的财政贷款。

二次保障贷款项目分为环境产业培育资金和环境改善资金。环境产业培育资金根据《环境技术与环境产业扶持法》第十三条第 4 款及《韩国环境产业技术院法》第六条第一款第十四项，为支持培育韩国环境产业并促进其利用海外资金。主要用于培育中小环境企业，对企业运营所需的人力费、原料购入费、设施、设备的安装、制作等方面进行支持，从 2009 年开始实行；环境改善资金根据《环境政策基本法》第五十六条和《化学物质管理法》第四条第二款，为支持企业设置环境污染防治设施以及改善化学

物质处置设施等的资金，旨在改善环境质量，为防治普通中小、骨干企业污染及有害化学物质提供资金，从1984年开始实行。

财政贷款包括循环利用产业培育资金和天然气供应设施安装资金。循环利用产业培育资金根据《资源节约和促进循环利用法》第三十一条第一款，为发展循环利用产业，对中小循环利用企业提供资金支持，从1994年开始面向循环利用企业提供特殊贷款，以支持循环利用产业；面向天然气供应设施安装资金则开始于2000年，根据《环境政策基本法》第四十七条、第五十六条和《大气环境保护法》第五十八条，为向使用天然气作为燃料的汽车提供天然气的设施安装资金，为需要此项服务的企业提供资金，如表5－11所示。

表5－11　韩国环境政策资金支持领域及贷款方式　单位：韩元

<table>
<tr><th>方式</th><th>类别</th><th colspan="2">支持领域</th><th>额度</th><th>支持对象和用途</th></tr>
<tr><td rowspan="6">二次保障贷款</td><td rowspan="5">环境产业培育资金</td><td rowspan="2">设施</td><td>设备安装</td><td>30亿</td><td rowspan="5">• 环境产业体的设备、装置，设备的制造、采购、安装及建筑费等
• 环境产业运营所需的人工费、原料采购费等运营费用</td></tr>
<tr><td>开发技术事业化</td><td>10亿</td></tr>
<tr><td rowspan="3">运营</td><td>发展基础</td><td>5亿</td></tr>
<tr><td>海外进入</td><td>5亿</td></tr>
<tr><td>流通销售</td><td>2亿</td></tr>
<tr><td>环境改善资金</td><td>设施</td><td>污染防治及有害化学物质处置设施</td><td>50亿</td><td>• 防止和预防污染的设备
• 制造，保管，储存，运输或使用有害化学物质的设施或设备（获得有害化学物质营业许可者）</td></tr>
<tr><td rowspan="4">财政贷款</td><td rowspan="3">循环利用产业培育资金</td><td rowspan="2">设施</td><td>设备安装</td><td>25亿</td><td rowspan="3">• 为循环利用工业企业的再利用设备、装置、设备的制造、购买、安装和建筑费等
• 经营循环利用企业所需的人工费、原料采购费等运营费</td></tr>
<tr><td>开发技术事业化</td><td>10亿</td></tr>
<tr><td>运营</td><td>发展基础</td><td>5亿</td></tr>
<tr><td>天然气供应设施设置资金</td><td>设施</td><td>天然气供应设施</td><td>30亿</td><td>• 天然气供应设施及其配套设施</td></tr>
</table>

资料来源：韩国环境产业技术院，贷款管理系统主页（http：//loan. keiti. re. kr）。[1]

① 지원조건및대상，KEITI网站，http：//www. keiti. re. kr/site/keiti/02/10202050000002018121004. jsp，访问日期：2019年12月21日。

从表 5－12 可以看出，随着韩国政府预算及相关政策的变化，环境政策资金贷款发放规模自 2013 年起呈现逐年递增的态势，2009～2017 年的 9 年间，年均增幅约 7%。近年来，循环利用产业培育资金占据环境政策资金贷款预算的最大份额，在 2013 年以后持续增加的同时，天然气供应设施安装资金部分由于天然气供应设施需求的减少，贷款支持的需求随之下降，引致该方面预算大幅减少。

表 5－12　韩国环境政策资金支持规模（2009～2017 年）　单位：亿韩元

项目类别	支持规模								
	2009 年	2010 年	2011 年	2012 年	2013 年	2014 年	2015 年	2016 年	2017 年
合计	1500	1357	1300	1300	1454	1945	2195	2160	2453
环境产业培育	100	100	100	100	140	455	455	455	455
环境改善	600	457	400	400	434	620	620	620	620
循环利用产业培育	650	650	650	650	730	750	1036	1036	1329
天然气供应设施安装	150	150	150	150	150	120	84	49	49

资料来源：통계，KEITI 网站，http：//www. keiti. re. kr/site/keiti/03/10304000000002018092809. jsp，访问日期：2019 年 12 月 21 日。

2. 中小环境企业商业化支持项目

在韩国，KEITI 在韩国环保技术转化体系中执行的重要职能是向中小环境技术企业提供支援。根据韩国《环境技术与环境产业支援法》第六条及同法施行令第 17 条，该项目通过促进拥有优秀环境技术的中小环境企业的技术成果转化，实现稳定、有效的市场进入战略。为实现这一目标，KEITI 在基础构筑方面，在技术商业化阶段为中小企业提供个性诊断及成长指导（咨询）支持，即为技术运营、技术升级等提供专业咨询以保障技术项目转化拥有良好的基础建设支持；KEITI 在促进发展方面，为中小企业改善试制产品制造工艺，性能评价，试用验证，宣传营销等技术商业化所需资金提供支持，即为有效商业化（技术转化）提供政府、民间配套资金以促进技术项目转化开发工作；此外，KEITI 还负责吸引投资，加强教育、咨询等招商引资力度，举办支援投资说明会，海外路演等活动吸引国内外民间投资，发掘投资者，支持国内和境外的技术项目转化招商引资活动，如表 5－13 所示。

表 5－13　　韩国中小环境企业商业化支持领域及资金规模

<table>
<tr><th colspan="2">类别</th><th>支持规模</th><th>支持对象</th><th>支持内容</th><th colspan="3">项目费用构成（%）</th></tr>
<tr><td colspan="2" rowspan="2">基础建设
（约 13 家企业）</td><td rowspan="2">政府支持最高 3000 万韩元</td><td rowspan="2">• 具有 2 年以上经验的中小型环境公司；
• 拥有环保技术（产品）的情况</td><td rowspan="2">• 为克服技术发展各阶段所需的缺口，提供量身定做型诊断和成长指导</td><td>政府</td><td>现金</td><td>总项目费 90% 以下</td></tr>
<tr><td>民间</td><td>现金</td><td>总项目费 10% 以上</td></tr>
<tr><td rowspan="3">促进发展
（约 20 家企业）</td><td>成长型</td><td rowspan="3">政府支持最高 2 亿韩元</td><td>• 行业经验 2 年以上的中小环境企业；
• 未拥有针对商业化对象技术（最近 5 年内开发）的试制品的情况</td><td>• 试制与性能评价，认证与验证，宣传与营销等事业所需资金</td><td>政府</td><td>现金</td><td>总项目费 70% 以下</td></tr>
<tr><td rowspan="2">扩张型</td><td rowspan="2">• 行业经验 2 年以上的中小环境企业；
• 需要对事业化对象技术（最近 5 年内开发）的试制品进行改善时</td><td rowspan="2">• 试制品改善及性能评价，认证验证，宣传营销等事业所需资金</td><td rowspan="2">民间</td><td>现金</td><td>总项目费 15% 以上</td></tr>
<tr><td>实物（人工费）</td><td>总项目费 15% 以下</td></tr>
<tr><td colspan="2">招商引资
（约 40 家企业）</td><td>国内外民间招商引资活动</td><td>• 中小型环境公司</td><td>• 投资能力强化培训，投资深化咨询，国内外引资说明会（洽谈会），推介会，海外投资路演等。</td><td colspan="2">政府
（间接支持）</td><td>100%</td></tr>
</table>

资料来源：중소환경기업사업화지원사업，KEITI 网站，https：//support. keiti. re. kr，访问日期：2019 年 12 月 21 日。

中小环境企业商业化支持体系建立了援助咨询机构、评估机构、协调机构援助咨询机构。援助咨询机构负责项目计划书编制，签约，项目执行及管理、援助企业费用缴纳、项目中期及最终报告审查、项目费用使用计划、执行及监管等；评估机构，为保证对支援企业的有效筛选及评定，援助项目进度管理及最终评价的公正性和专业性，选出学术界，产业界，研究机构，公共机关等符合标准的委员，组成评估委员会；协调机构，当援助企业及咨询机构存在异议，专门机构的负责人参照评价委员会标准选举各行业相应委员组成协调委员会进行调查。这些机构的设置保障了中小企业在成果转化各阶段均有章可循（见表5－14）。

表5－14　　韩国中小环境企业商业化支持体系的主要运行机构

专门负责机构	“专门机构”是指受环境部长官委托，负责运营和管理事业的机构，即KEITI。“专职机构”是支持中小环境企业商业化援助项目有效运作和管理的机构
援助咨询机构	如项目计划书编制，签约，项目执行及管理，援助企业费用缴纳，项目中期及最终报告审查，项目费用使用计划、执行及监管等
评估机构	为保证对支援企业的有效筛选及评定，援助项目进度管理及最终评价的公正性和专业性，选出学术界，产业界，研究机构，公共机关等符合标准的委员，组成评估委员会
协调机构	如对援助企业及咨询机构存在异议，专门机构的负责人参照评价委员会标准选举各行业相应委员组成协调委员会进行运作
评价	完备精简、权责清晰、有序高效

资料来源：중소환경기업사업화지원사업，KEITI网站，https：//support. keiti. re. kr，访问日期，2019年12月21日。

KEITI的一项重要的职能就是持续进行行业等相关机构的需求调查，以及规划并完善中长期环境技术及产业推进路线，挖掘项目领域和资助内容；该项支持计划对申请者的资格条件做出了有关环境产业的经营领域和中小企业规模的严格限定；而且KEITI有权限制出现问题的申请机构进行相应年度项目参与，如申请援助企业出现破产清算、欠税、债务违约、停止经营、违法违规等情况（见表5－15）。

表 5 – 15　　韩国中小环境企业商业化支持体系的项目规划、公示、申请及限制

规划	持续进行行业等相关机构的需求调查，以及规划并完善中长期环境技术及产业推进路线，挖掘项目领域和资助内容等
公示	为保证援助的公开透明及参与的广泛度，为选定受援助企业及咨询机构，专门机构负责人应将包括关键信息及事项在内的商业计划公示 30 天以上
申请	除对希望受援助环境企业的申请材料及提交形式作出严格规定外，对于申请者的资格条件也做出了环境产业的经营领域和中小企业规模的严格限定
限制	专门机构负责人拥有权限对出现问题的申请机构进行相应年度项目参与限制，如申请援助企业出现破产清算、欠税、债务违约、停止经营、违法违规等情况

资料来源：중소환경기업사업화지원사업，KEITI 网站，https：//support. keiti. re. kr，访问日期，2019 年 12 月 21 日。

KEITI 相关项目负责人在必要时可以随时检查当期项目计划推进现状，推进效果，项目费用的管理状况等事项，根据项目中期报告和现场检查结构判断是否终止项目并执行相应惩治措施。KEITI 相关项目负责人根据最终报告评估项目结果，并依据相应分数评定项目的成果：通过评定则予以结算，否则予以惩处。“重新”评定则需要于 15 日内修改补充后再次提交。项目的执行过程中产生的有形及无形成果，按照 KEITI 环境技术转化政策的规定，属于受援企业所有，但项目完成前不得转让（见表 5 – 16）。

表 5 – 16　　韩国中小环境企业商业化支持体系的项目进度管理、结果报告、评估、措施及归属

进度管理	相关负责人在必要时可以随时检查当期项目计划推进现状，推进效果，项目费用的管理状况等事项。根据项目中期报告和现场检查结构判断是否终止项目并执行相应惩治措施
结果报告	项目最终报告需在合同期限结束之日前 10 天（否则失败）向专门机构负责人提交，包括：工作概要；执行工作的内容和结果；执行工作所产生的效果；实现目标的程度以及对相关领域的贡献；项目成果的利用计划等

续表

评估及措施	专门机构负责人根据最终报告评估项目结果，并依据相应分数决定项目的“成功（60 以上）”“失败”“重新提交”。成功—结算；失败—惩处；重新—15 日内修改补充
归属	项目的执行过程中产生的有形及无形成果，按照资助协议的规定，属于受援企业所有，但项目完成前不得转让

3. 韩国环境产业研究综合体

韩国环境产业研究综合体位于仁川，2009 年 7 月韩国绿色增长委员会的绿色增长“五年规划”被首次提出，经过 10 年的持续建设，研发、试验及相关配套设施已经较为完备，运营业绩较为显著。为拥有市场潜力的环境技术持有企业提供技术商业化环境、风险投资引入、促进海外扩张等服务，并最终为韩国环境企业构建从技术开发到转化的一站式解决方案。

环境企业在技术开发和事业化的过程中，由于缺少经验和资金而经常面临失败的局面，根据韩国环境产业统计数据显示，94% 的环境企业都存在为保证运营业绩的“实证设施（Test-bed）”要求，在这种情况下，需要构建统一的支持体系。① 韩国的环保产业综合研究体从环境技术开发到模型实验、试制品制作、现场应用实证实验、海外市场开拓支持等提供全过程支持，创造环境工作岗位，进一步发掘环境产业。该综合体具备两个基本功能：（1）分阶段为企业提供最佳技术开发环境；（2）为把环境产业培育成韩国新增长动力事业奠定基础。② 根据 2013 年 1 月的环境产业研究综合体“基本思路和推进计划”，研究园区建成后 15 年间，直接和间接经济效应达到 39330 亿元韩元，提供新增就业岗位 9388 个。③

环境产业研究综合体对申请入驻对象有明确的条件要求，符合技术水平、发展预期等评价标准的申请者，允许入驻并接受“量身定制”式的支

① 환경산업연구단지，KEITI 网站，http：//www.keiti.re.kr/site/keiti/02/10202050000002018121004.jsp，访问日期：2019 年 12 月 21 日。

②③ 환경산업연구단지，KEITI 网站，http：//www.keiti.re.kr/site/keiti/02/10202040000002018092810.jsp，访问日期：2019 年 12 月 21 日。

持。入驻对象主要分为一般企业和创业企业两类，环境产业研究综合体分别提供不同的办公、试验条件以及入驻期限。

环境产业研究综合体为入驻的环境企业提供全链条的发展支持，为企业在研究开发阶段、技术转化/商业化阶段、进军海外阶段，以及创业风险投资方面提供支持，具体内容见表5－17。

表5－17　韩国环境产业研究综合体的四阶段业务支持体系

支持阶段	支持行为	具体内容
研究开发阶段	支持建立专利战略（IP－R&D）	事业目的：制定以知识产权为中心的技术获取战略，抢占企业核心源头专利并加强企业竞争力 推进体系：韩国专利战略开发院利用IP－R&D项目，支持研究园区入驻企业抢占核心、源头专利 （1）KEITI和韩国专利战略开发院之间在2017年11月签订了业务协议 支持内容：由环境产业研究综合体向项目申请并被选定的入驻企业提供资金支持 （2）每件支持上限1700万韩元
	环境R&D咨询及联系支持	中长期产业技术开发： ecosmart自来水系统、下、废水高度处理、环保汽车、实用资源再利用、Non－CO_2温室气体减排、测量绿色排放、废料能源化等 短期商业化/源技术开发：环境产业先进化、具有潜力的绿色环保技术、鸟类检测和清除利用技术等 公共技术开发：生活共感环境健康、应对气候变化、化学事故、威胁生物多样性外来植物管理等 土壤地下水技术开发：土壤地下水污染防治、二氧化碳储藏环境管理等
	开发技术的国内外知识产权获取及维护	业务目的：为获得国内外知识产权提供咨询和支援，以确保企业知识产权 推进体系：支持仁川知识产权中心开展IP转让及IP权利化支持工作，确保入驻园区的企业获得知识产权（专利权，实用新型权，商标权等） 支持程序：仁川知识财产中心业务支持程序
	支持建立与环境基础设施相关联的研究设施	可以对实证规模进行的研究和实验，支持与仁川市环境基础设施进行连接以验证开发技术 包括首都圈垃圾填埋场及仁川市的污水处理厂，净水厂，焚烧厂等

续表

支持阶段	支持行为	具体内容
研究开发阶段	园区试验水源供应	通过对园区内实验水源（自来水、污水、海水）的供应来支持水领域技术研究
技术转化/商业化阶段	国内外环境认证验证咨询及联络支持	环境标志认证：在同一用途的产品中，对产品全过程各阶段节能降耗，能最小化污染物产生的产品进行环境标志认证，这是一种国家公认制度 (1) 认证优点：公共机关义务购买，认证产品宣传，采购部门支持的优秀产品登记 新技术认证及技术验证：一项挖掘和推广提高环境自净能力，抑制和消除环境损害因素的技术的制度 (2) 认证优点：优先利用公共环境基础设施新技术，在技术验证时对现场评估设施进行施工实绩认证 环境成绩标志认证：指对产品和服务的原料开采，生产，运输，流通，使用，废弃等全过程的环境影响进行计量表示，以向消费者提供环境影响信息，潜在地引导市场，持续改善环境的制度 (3) 认证优点：为绿色企业指定制度及中小环境企业事业性支援事业加分 绿色认证：绿色技术认证、绿色技术产品认证、绿色产业认证、绿色专业企业认证 (4) 认证优点：贷款支持，销路及营销支持，技术商业化基础建设，促进商业化系统建设 绿色建筑认证：对建筑物选址、材料选择、施工、维护、废弃等建筑全生（Life Cycle）环境性能的认证制度 认证优点：环境产业培育项目的优先金融支持，绿色建材公共机关认可的绿色采购业绩
	环境技术性能验证咨询及联系支持	通过提供适用于环境技术出口国的技术性能数据以及通过第三方的性能验证提供客观可靠的信息，支持海外扩张
	综合咨询中心运营	针对入驻企业的各成长阶段实施量身定做型支援计划 入驻日常所需事项（设施使用，使用费等）通知及接收 为顺利解决企业经营过程中遇到的困难，充分利用企业经营（税务，法务等），技术开发（环境技术及相关领域）各领域专家组，提供咨询服务

续表

支持阶段	支持行为	具体内容
技术转化/商业化阶段	支持保护公司的核心技术资料	业务目的：企业核心技术资料（技术上的信息和经营上的信息）存放在技术寄存中心，用于预防内部人员泄露技术，及在纠纷发生时证明企业的技术资料开发事实 利用大中小企业农渔业合作财团（技术资料导入机构），支持入驻企业存放技术数据 （1）韩国环境产业技术院 2018 年和大、中、小企业农渔业合作财团之间将签订业务协议 技术资料存放手续费支持 （2）向每家企业最多提供 3 笔 90 万元额度的技术资料购置费用补贴
进军海外阶段	支持参与海外环境工程	为扩大入驻企业的海外事业订单机会并开拓销路，与技术院的“海外环境项目可行性调查支援项目”挂钩 （1）80 万～100 万韩元/企业，每年 15 家企业共支援 12 亿韩元（以 15 年为标准） 同技术院与出口对象国共同开展的“国际共同本土化项目”挂钩，帮助入驻企业将所拥有的技术当地化 （2）150 万韩元左右/企业，以 15 年为标准，14 家企业总共支援 16 亿韩元左右 与韩国环境产业协会的“绿色出口 100 项目”挂钩，该项目选择并培育具有出口增长潜力的中小企业作为出口导向型公司 （3）2017 年下半年与环境产业协会就支援对象及支援方案签订了 MOU
	海外进入咨询支持	为解决企业进军海外时发生的各种困难，支持与内外部专家咨询联系
	海外营销支持	利用在中国、越南等 5 个国家运营的海外环境合作中心等国际网络，提供企业必要的信息 （1）提供当地企业信息，主要订货方核心人员信息，定制型市场信息等，并建立人际网络联系 通过技术推销会、海外市场开拓团、与发包方 1∶1 对调、国际环境展览会组成特别展览馆、展览馆国际交流等提供营销机会 （2）与中国中韩盐城产业园等签订 MOU，共同利用展馆，打造成功技术的宣传，营销和技术合作，交流平台 为介绍开发技术及海外营销提供相应语言翻译支持 （3）（初期）与翻译专门机构签订专责合同，近年按需在主要国家招聘翻译

续表

支持阶段	支持行为	具体内容
创业风险投资支持	环境风险中心的设置和运营	在环境产业研究综合体内设立环境风险中心，发掘和培育具有优秀创意和环境技术的初期创业、风险企业 发掘优秀的（预备）创业者，提供集成化的风险企业支持项目
	对初期创业企业的创业支持	发掘具有较高业务潜力、竞争力和商业模式差异化潜力高的初期创业企业，进行指导、创意验证和开发、市场进入资金支持及与后续支持项目挂钩

资料来源：환경산업연구단지，KEITI 网站，http：//www. keiti. re. kr/site/keiti/02/10202040000002018092810. jsp，访问日期：2019 年 12 月 21 日。

第六节
中国环保技术转化体系构建

近年来，中国越来越强调将科技创新作为强国战略。党的十九大报告明确指出，创新是引领发展的第一动力，是建设现代化经济体系的战略支撑。在这一国家发展战略的指引下，中国科研资金总量逐年攀升，在 GDP 中的占比也越来越大，这显示出中国加快科技创新的决心。科技成果转化是将科技成果应用于市场，是实现从科学到技术，从技术到经济“并驾齐驱”支撑高质量发展的关键环节。然而，科技成果不会自动转化到市场，科技成果也不会自动为市场服务，当然也不会完全满足市场应用的需求。从科学研究到技术成果再到市场应用需要一个完善的转化体系，需从研究方向把控、技术成果评估、供给侧和需求侧对接以及技术成果转化后期追踪等方面实施全过程管理，将科技成果转化所需的全部要素进行协调整合。科技成果转化是一个复杂而系统的工程，不能单一用转化率作为评价转化成效的标准，需要综合评价。然而中国促进科技成果转化的制度体系还不完善。因此，构建一个完善的，有利于而不是阻碍科技成果转化的制度体系是关键。

从日韩的环保技术转化体系可以看出，能够高效运行的环保技术成果转化体系需要有完备的政策法律体系、运行良好的中介服务平台、客观的技术验证体系、全面的信息推广机制以及必不可少的对中小企业的技术支持机制。结合中国目前的环保技术转化现状，可以从以下几方面推进环保技术成果转化。

一、进一步完善我国环保技术转化的相关政策及法律体系

环保技术转化需要有完备的法律支撑体系，从立法层面明确责任，引导需求，激励环保技术研发，扫清技术转化障碍，推广环保技术应用，营造环境技术需求的大环境。法律能够更加完善的引导科技成果转化的过程，保护技术交易市场的公平，平衡研发资金的投入，保证各主体之间的收益不受损害。日韩的环保科技成果转化形成了以各级不同法律为支撑的法律体系，从法律地位和效力上说为科技成果转化开辟了道路，为后续的科技成果研发和转化落地搭建了稳固的体系框架。而中国的科技成果转化的政策法规中，只有新《转化法》是法律，其他的均为部门规章而非法律，这使科技成果转化在每一步都缺乏有力的法律支撑，极大影响了科技成果转化的积极性。

在中国现有的政策法律体系下，由于新的《转化法》的出台，科技成果转化出现了一些新的变化，产生了良好的引导作用。第一，新的《转化法》使高校和科研院所拥有科技成果转化的自主权和处置权，取消了审批程序，极大地鼓励了高等院校和科研院所进行科技创新的动力；第二，新的《转化法》实施后，国务院、科技部、银保监会等多个部门均出台政策，鼓励科技和金融相结合。国家不但增加科技成果研发的资金投入力度，还注重引导社会资金的注入；第三，新的《转化法》关注科技成果与产业界不能有效衔接的问题，提出建立科技报告制度和科技成果信息系统，并向社会公布。此外，在新《转化法》的指引下，政府重视中介机构

的建设，推动知识产权交易市场建设，知识产权信息共享平台建设，培育了一批专业化的评估人员和机构；第四，鼓励科研人员的交流，鼓励科研人员服务企业，加大科技人才培养力度。

然而，在科技成果转化法律责任与制度建设方面，新的《转化法》以及其后政府出台的相关政策表述都比较少。有学者考察了从 2009 年到 2016 年中国环保政策表述，发现这一政策维度在 153 项政策文本中只出现了 16 次，且表述内容比较模糊，没有明确具体责任划分。① 由于缺乏对高校和企业各自需要承担的风险进行明确的界定，这使双方签订合同时可能会处于被动地位，导致高校获益较少。② 在科技成果转化的法律体系建设中，明确科技成果转化过程中，高校、科研机构、企业、管理机构、研发人员等相关环节的法律责任，是首要环节。其中，科研单位领导的责任问题应首先明确，否则由于法律的不明确会导致无论是科研院所还是科研人员的积极性受挫。

除明确的法律责任外，高校科技成果的定价机制以及科技成果转化的激励机制同样缺乏法律法规支撑。在现有的法律法规中科技成果定价是个政策空白，科技成果作为一种特殊的商品，由于其诸多特点，同时技术含量高，如何确定价值在学术界存在争议。尽管有些高校和科研机构已经进行了政策尝试，但仍然没有形成统一的标准和制度；在激励机制建设方面，现有的政策主要集中在对科研人员的激励方面，比如明确了高校和研究机构对科技成果的归属权和处置权，解套企事业单位委托课题的科研经费使用办法，这极大地提高了科研人员的积极性。然而，目前的政策法规还缺乏对科技成果利益分配及奖酬分配的规定，在税收政策上还缺乏对科研人员的倾斜。然而，企业作为科技成果的需求方，承担着科技成果转化的风险，目前缺乏政策法规给予激励。这方面的政策法律应予

---

① 王永杰、张善从：《2009～2016 年：中国科技成果转化政策文本的定量分析》，载于《科技管理研究》2019 年第 2 期，第 42 页。

② 周菡：《高校科技成果转化法律制度的研究》，载于《法制与社会》2017 年第 8 期，第 48 页。

以加强。

总之，从中国目前对环境技术转化体系的建设以及环保产业、循环经济的理解和探索实践来看，进一步完善环保技术转化法律体系，促进循环经济发展，实现绿色经济的直接目的是改变“高消耗、高污染、低效益”的传统经济增长方式，走新型工业化道路，解决复合型环境污染问题，保障全面建设小康社会目标顺利实施的根本保障。日、韩环保技术转化体系建设以及发展环保产业的共同经验是建立完善的环境保护法律、政策体系，包括环境技术转化方面的专门法。通过借鉴两国的经验，制定符合我国国情的环保法律体系，尤其是建立并完善针对环保技术转化的专门法律法规法条，制定鼓励支持发展环保技术转化的财政、投资、税收、价格等相关经济政策，用政策引导、市场运作发展环保和技术转化体系；制定和完善环保技术转化实施过程中的监督、管理机制和激励、处罚机制。

二、完善环保技术的验证和评估制度体系

导致科技成果转化失败的问题大多出现在试验发展阶段。2016 年，中国科技成果转化的技术中介服务与技术培训共投入 468. 3 亿元，仅占整体 R&D 的 4. 1%，而这两个环节是保障企业在技术交易中优势地位的重要措施。这说明在技术交易中，企业缺乏对于科技成果转化的长远性投资，过于追求“短平快”的投入与产出模式，缺少评估机制会导致在技术交易过程中的信息不对称，从而导致科技成果转化失败。[①] 因此，客观公正的技术验证有利于环境技术市场推广。在验证结果客观公正的前提下，环境技术验证项目的实施才能为基于此技术的新产品、新装备的市场推广提供系统的第三方依据，才能为技术方、建设方节约大量的测试、考察、沟通成本。因此，建立严格的环境技术验证制度，用环境技术验证评估引导并提

① 赖超禹、郝然：《我国科技成果转化机制研究》，载于《长春理工大学学报》2019 年 3 月，第 133 页。

升环境技术市场活性，能够提高环境投资成效来促进环保技术转化体系的良性发展。

环境技术评估分为两种，一是现有技术评估，二是创新技术评估。中国对现有技术评估比较早就投入了大量的精力，已经制定了一套较为完整的可行性技术方案。目前中国蚕蛹的环境技术评估基本属于最佳可行技术的评估，但是由于一些企业没有积极配合，导致了真实可靠数据的严重缺失，影响了最佳可行技术评估的准确性。

环境技术验证评估是20世纪90年代以来在美国、加拿大、日本、韩国等国家先后创建并实施的新型环境技术评估制度。ETV主要针对创新技术评估。ETV制度最早是美国为实现环境技术的商业化推广而提出的。随后，加拿大借鉴美国在ETV制度上的运作经验，也建立了相应的环境技术验证体系。2008年，美国、加拿大等国联合设立了ETV国际工作小组（International Working Group，IWG－ETV），致力于推进ETV国际标准化，建立ETV国际互认。目前全球ETV验证项目数量正以28.8%的年增率递增。韩国过去10年间环境技术验证已累计为韩国环保企业增加直接经济收入约30亿美元，带动其他相关产值约62亿美元，ETV对环保产业的创新发展作用明显。①

中国于20世纪末期与加拿大共同合作，由加拿大机构提供资金帮助，建立ETV管理机构，这也是中国ETV制度的开端。② 从ETV体系建设来看，完善的体系包括制度体系、运行机制、技术体系和平台机构建设等四个方面。近年来，中国在ETV平台和机构建设方面取得了积极的进展。自2002年至今，中国积极发展ETV制度，并充分借鉴了加拿大在ETV制度方面的运作经验来对我国现有技术评估模式进行改革，逐渐形成了相对独立的第三方评价制度；2019年中国生态环境科技成果转化综合平台启动，

---

① 王金梅、王睿等：《试论环境技术验证评价制度的作用和特点》，载于《中国环保产业》2018年第12期，第31～34页。

② 罗秋容、黄世裕：《基于ETV制度探究我国环境技术管理体系的建设进程》，载于《环境管理》2017年第9期，第203页。

这一平台建立健全了技术评估体系，规范了技术成果转化市场秩序，同时引入金融投资功能，为生态环境治理和技术二次开发与产业孵化对接融资服务。这一平台由生态环境部主管，生态环境发展研究中心主办，是目前唯一由政府主办的环保技术服务平台。平台直接面向各级地方政府及其生态环境保护相关工作部门，为污染治理和生态修复企业提供技术服务，是环境管理者的工作平台，同时，也是直接推动生态环境科技成果转化的工作平台，服务于从事环保产业发展的科技机构和企业。平台拥有可靠的技术信息，依托提供专业的专家团队咨询服务。这一平台建设刚刚开始，第一期的主要功能包括查询、需求上传和技术推荐，其他功能包括技术展示、生态环境治理典型案例、环境政策法规及标准规范发布，以及生态环境治理技术或项目需求信息发布。一期平台主要执行基本信息查询和信息发布等基本功能。二期将扩充技术成果信息，提供智能化解决方案以及引入金融投资功能，提供生态环境治理的技术二次开发和产业孵化对接融资服务。

尽管近些年来中国在技术体系和平台建设方面确定了重大进展，然而中国的环保技术管理体系还是呈现碎片化，还没有建立起有效的制度管理体系，还缺乏有效的技术管理手段，也缺乏有效的法律保障，这使得环境技术验证评估工作缺乏顶层设计。ETV 建设方面要在管理制度建设和管理水平提升上下功夫。此外，在环境技术验证体系中要注重 ETV 和最佳可行技术之间的平衡和协调，使 ETV 作为环保技术前提推广示范工作的基础，对若干同类环境技术进行筛选和优先次序区分，确定其中的最佳可行技术而展开评估。在这一过程中，建立统一的标准和合理的验证评估指标是必备条件，与国际接轨的环境技术评价体系与制度，有助于我国环保技术和产业在参与国际竞争、增加国际话语权的同时，优化提升环保技术转化体系并有效延展我国环境产业链条。开展客观公正的环境技术验证评价工作，对推进我国环保产业“走出去”具有现实意义。

三、进一步完善环保技术转让及信息化推广机制

目前，中国的环保技术转移体系中还缺乏一个如日本 NEDO 和韩国 KEITI 功能的环保技术转移的中介协调结构，以推广环境技术，促进科研与市场的对接。从日韩的经验来看，这一机构应与政府保持紧密联系，可以是政府的下设机构，也可以是独立的社会团体，但要担负起顶层规划到实施规划的衔接和协调。

首先，积极开发“定制型”环境技术。在市场经济体制下，任何环境最终产品的生产首先应考虑的是市场的需求。多年来，环境技术研发一直保持“科研—技术—市场”的开发模式。但是，有些环境技术未必就是企业发展所需要的，导致大量技术成果无法实现产业化。因此，我国应该积极开发“定制型”环境技术，实现研发模式向“市场—技术—研发”转变，使环境技术成果具有更好的“可转化性”。确立以市场为主线的环境技术开发模式，提高环境技术成果与企业对接的效率，促进科技优势力量和技术转移主体的有机衔接，从而极大地缩短环境技术转移与产业化周期。

其次，建立并完善统一环境技术交易中介系统，完善环境技术转移服务体系。我国技术转移机构种类繁多、规模小，机构间缺乏交流合作与信息共享，政府、高校和企业间没有统一的技术转移信息服务平台，市场效率较低。我国技术转移机构多为公益机构，人力、物力、财力存在一定的不足，市场开拓能力有限，服务能力有待提高。我国应该借鉴日韩经验，通过制定收费标准、提供环境技术转移补贴等方式，保障环境技术转移服务机构运营资金的持续供给；建立并完善统一的环境技术交易中介系统，提高数据库的质量，加强同民间技术交易中介机构的信息共享；给予非营利技术交易中介机构一定的优惠，加强政府和民间技术交易中介机构的信息交流与共享，开发更多技术交易服务渠道，使环境企业能够更容易地获取技术信息。此外结合行业特点和区域经济发展需求，适时发展专业化的

技术转移中心也是环保技术转移的必要措施。

最后，创新环保技术转移和商业化的方式。技术交易市场是我国环境技术转移的主要渠道。技术作为商品在市场中以流通交易的方式完成转移和商业化比较困难。实践表明，产学研合作的技术创新机制以市场需求为导向，以实现产业化为目标，能够缩短技术在市场中的流通过程，提高技术转移和产业化效率。因此，我们应进一步发挥产学研合作机制，建立有中国特色的环保技术转移与产业化体系。

四、进一步完善环境技术转化体系的支持机制

首先，我国应加快发展环境技术金融市场，厘清金融扶持边界，完善政府金融扶持体系，引导民间资本向环境技术转移并向产业化领域聚集，特别是加强对环境技术转化初始阶段的扶持，推动环境技术转移与产业化事业蓬勃发展。我国应强化民间金融与政府财政政策性手段的有机配合，建立顺畅的政府财政性资金退出机制。政府财政投入不应以营利为目的，应起到一定的分散风险作用，尤其是在环境技术创新发生期要起到战略引导和适时“陪跑”作用。

其次，建立并完善支持机制组织构架，提升支持机制绩效。在对中小环境技术企业的支持过程中，政企间中间管理机构应该形成严密的功能组织结构，如咨询机构、评估机构、协调机构等，遵循专业化、精炼化、高效化的建设原则。对于环境技术研发及转化的规划与方向引导、技术转化项目的规则框架制定等方面，政企间中间机构应该承担起关键作用，比如明确环境技术转化项目的支持条件与限制要求。环境技术转化项目经费管理应明确，政府出资比例、经费计提标准及使用要求，在结算等方面，应健全并形成长效机制。

再次，建立中小环境企业技术研发转化专项支持计划。指定专门负责管理机构执行支持计划，同时通过制定专门法规严格规范管理执行机构的权责与绩效，确保责任到人，款项到位；对于申请专项支持的中小环境企

业，实行选拔机制，优中选优，对优秀环境技术持有企业以及商业潜力良好企业实施量身定制型跟踪支持，保障环保产业技术创新及研发活力，提升资金使用效率，提高我国环境技术转化成功率。

最后，建设并完善环境技术专业化孵化园区，形成设施完备、氛围舒适、从环境创业企业技术研发到技术商业化营销推广、招商引资的全链条一站式环境企业培育基地；实行入园选拔机制，对优秀环境技术和优质环境企业进行精准扶持，园区管理机构对入驻企业实施精细化管理，个别企业由专人负责，确保打造代表性品牌，吸引环境企业入驻形成集聚效应。

小结

在东北亚地区，中日韩作为地区主要大国在环境治理方面的合作始终推动着地区整体治理状况的改善，环境治理成效要依靠各国环保技术水平的不断提升，技术成果的持续有效转化。中日韩在环保技术领域的阶梯发展的特点为中日韩在地区内的技术合作和技术转化提供了良好的合作基础，然而，缺乏完善的制度框架和合作渠道使中日韩的技术合作潜力无法充分的发挥出来，环保技术合作也不能有效地助力地区治理合作效率的提升。

打通中日韩间环保技术转化的渠道，促进先进的环保技术在地区内的流通是提高中日韩环保技术合作的重要内容。中国的环保技术从研究到转化缺乏有效的制度体系，需要将日本和韩国的先进管理经验引入中国，促进相关知识在地区内的流动和传播，提升中国的环保技术转化水平。

可以看出，日本和韩国在环保技术转化方面，从法律体系到支持机制，从中介服务到后期追踪都形成了一整套完整的制度体系，这对中国完善环保技术转化体系提供了有针对性的借鉴。中国环保技术水平的提升是推动中日韩环境合作的前提和基础，也是确保中国合作优势的根本保障。中日韩应在现有的环境治理合作框架下探讨如何建立地区内环保技术转化的合作框架，促进环保技术在地区范围内的研发合作与转化应用。

高校与科研院所的合作能够使环境技术知识在区域范围内传播，促进环境治理理念在区域范围内的共享，为形成地区环境共同体提供知识方面的助力；在地区范围内搭建环保技术转化合作机制将研究重点和企业需求相结合，促进中日韩联合研究，扩大企业选择空间，提高技术成果转化的效率。然而，区域范围内的技术转化合作需要中日韩具有相对应的管理机构，相对完善的环保技术转化体系以及具有良好沟通能力的管理人员，这需要中日韩不断加强沟通与合作，需要时间去完善。

目前，我国的环保技术研发水平随着整体研究力量的加深不断得到强化，但是技术转化水平偏低制约了环保技术整体发展状况，也在一定程度上制约了中日韩地区范围内的环保技术转化合作，日韩的经验不但为我国完善和发展环保技术转化体系提供借鉴，也为同日韩展开相关合作提供可能的路径。

结语

总而言之，东北亚地区的环境治理历经了30年的探索，荆棘丛丛，坎坷不断。学者们对这一地区的环境治理从最初对标欧盟模式，到理性思考东亚模式，最后发现，区域环境治理的研究关键不在治理而在区域。东北亚地区的特性让治理理论从概念界定到评价标准，从路径构建到效果评估都产生了颠覆性的变革，这使研究东北亚地区的环境治理除了有助于加深地区合作程度和提升环境治理水平，还有利于丰富全球治理理论的内涵。反思东北亚地区环境治理进程，缺乏共识和共同价值使地区环境治理的动力始终停留在发展需求层面，这使得地区环境治理始终是各国实现自身需求的平台，而非崇高理想的追求。尽管，政治本身就不崇高，但环境领域的特殊性总能够激起各国超越国界的激昂，在东北亚地区，这种激昂很容易被现实浇灭。因此，各国对于区域环境治理的投入都显得顾虑重重。

在这种背景下，地区环境治理的体系缺乏秩序，机制之间要么缺乏协调，要么相互竞争，这使本就有限的资源在重复任务中被浪费，经费不足是所有机制普遍面临的问题；非国家行为体在东北亚地区也没能发挥理论上的作用，在国家强势存在的地区，非国家行为体的行动空间有限，没有形成政治力量；东北亚地区的环境治理在缺乏地区主义框架、缺乏统一协调的环境治理体系、缺乏共同价值的情况下，也无法形成治理的统一标准，更难以基于法律约束力形成地区环境协定。由于缺乏对各国有法律约束力的协定，这使非约束性合作成为地区环境机制的共同选择。东北亚地区颠覆了西方学者对地区环境治理的预设，但不可否认的是，东北亚地区环境治理在30年的实践中还是取得了卓越成效。

第一，中日韩环境部长会议（TEMM）的制度进展。TEMM作为东北亚地区级别最高的地区合作机制，相比其他地区环境安排具有决策上的权威性，因而合作效率最高，财政来源也较为稳定。最为关键的是，TEMM的站位决定着这一制度的格局，这使TEMM从一开始就注意同其他合作机制的协调与合作，发挥调动区域内其他合作机制的作用，以培育共同价值为己任。TEMM的合作方式较为弹性，也很民主，这确保了其合作领域必定是不同时期成员国所共同关心的问题，这使TEMM的优先合作领域与时俱进，维持了制度的灵活性。TEMM的制度黏性依靠三国环境部21年来建立起来的信任和共同认知，共同价值正在TEMM的框架下形成，TEMM越来越担负起地区环境治理领导机制的重任。此外，政策协调迹象的出现使TEMM的制度呈现不断进化的趋势。

第二，约束性治理的显现。尽管东北亚地区的合作机制都是开放的、无门槛的，合作途径也是松散的、无约束的，但在30年的合作历程中，东北亚地区还是形成了一些有约束性治理迹象的合作安排。在北九州清洁环境项目中，城市作为合作主体呈现出了巨大的合作创造力，市长们以城市之名定下减排指标，并接受项目审核，而且大多都提前完成了目标。这种自我约束使履行承诺的方式更具积极性；TEMM在危险化学品管理和固体废弃物越界转移问题上遵照全球统一标准，在地区统一标准和环境协定缺失的情况下，强化全球标准在地区范围内的执行帮助了各国政策法律的升级和治理水平的提升。东北亚地区环境治理的约束力不是来自法律的权威，而是来自自下而上的内在驱动。

第三，地区环境状况整体向好。经过30年的合作实践，尽管东北亚地区的环境状况依然不容乐观，但地区大气污染状况整体趋好，尤其是中国的污染治理成效显著，为地区整体情况带来利好。东北亚地区的地区环境治理的作用主要通过提升各国环境治理水平实现，作为全球治理和国家治理的衔接，东北亚地区发挥了良好的作用。

未来，东北亚地区的环境治理应向何处去？一方面，各国仍然需要在形成地区共同治理标准以及形成地区共同环境协定方向继续努力，这种努力不仅是对中日韩三国环境治理的压力，更是对地区其他国家污染行为的约束。东北亚地区应警惕新的污染排放大国的出现；另一方面，东北亚地区的环境治理还应探索在环保产业合作和环保技术合作方面的潜力，努力将环境治理融入地区各国未来发展战略之中。

环保产业作为新兴的产业类型近些年得到了世界各国的普遍关注，中日韩三国在环保产业发展方面处于不同的发展阶段，处于国际环保市场格局的不同位置，因而对环保产业发展的需求各不相同，这种不同恰恰创造了三国合作的机遇。中国不断扩大的环保市场，政府不断强化的环境保护决心以及环保产业的快速发展使中国存在着强烈的合作需求，这种需求包括对资金、技术、经验、信息等环保产业发展全方位的信息。日韩两国环保产业都受限于狭窄的本国市场，都将环保产业海外合作作为重要的国家战略进行推进，这使中国市场对日韩产生了巨大的吸引力。此外，中国绿色“一带一路”建设以及日韩与东盟国家的长期合作都使三国合作能够超越本地区范畴，在“中日韩 + ×”的框架下，通过引入域外因素激发合作动力和潜力。中日韩在环保产业框架下的合作有利于三国为本地区乃至全球提供优良的环保产品，提升地区整体环境治理能力，改善环境状况。

环保产业发展最终依靠的是环保技术的创新，而环保技术成果转化是实现环保技术从研发到使用的重要中间环节，是各国环境技术管理的重要组成部分。中日韩在这一领域的合作既可以局限在各个国家范畴内，又可以尝试打通技术转化的边界壁垒，尝试环保技术成果在三国范围内实现转化，提高技术成果应用范围合作。这种合作尝试的前提是三国共识的建立以及三国具有相似的成果转化体系，具备相当的技术管理能力。尽管目前还不能实现，但这种设想可以作为三国努力的方向。对于中国来说，借鉴日韩的经验，完善环境技术管理的相关法律体系，推进环境技术验证评估制度体系建设、构建环保技术信息推广机制以及建立环保技术的专项支持机制，是完善当前环境技术管理体系，提升管理水平的关键。中国环保产业的发展归根到底要依靠原创环保技术的突破。

东北亚地区的特点尽管对区域环境治理形成了从理论到实践的挑战，但存在即为合理，东北亚地区环境治理要在尊重现有特性的基础上寻找务实推进的路径。希望更多的学者关注东北亚地区的环境治理，加快这一领域研究的更新速度，加大理论研究的力度，为合作实践提供有力的政策指引。

参考文献

[1] 常杪、杨亮等:《日本环保产业发展的特点及启示》,载于《中国环保产业》2016年第1期。

[2] 常杪、杨亮、孟卓琰、王世汶:《中国环保科技创新的推进机制与模式初探》,载于《中国发展》2016年第16卷第6期。

[3] 丛日云:《全球治理、联合国改革与中国政治发展》,载于《浙江学刊》2005年第5期。

[4] 《第十三届中日节能环保综合论坛在东京举行》,载于《人民日报》2019年12月9日16版。

[5] 丁红卫:《中日两国的节能环保合作——以“中日节能环保综合论坛”为例》,日本经济蓝皮书。

[6] 东北亚环境管理联合研究项目组:《东北亚环境合作》,中国环境科学出版社2009年版。

[7] 范纯:《韩国环境保护法律机制研究》,载于《亚非纵横》2010年第5期。

[8] 冯楠、朴英爱:《中日韩环境产品的贸易特点分析》,载于《现代日本经济》2015年第3期。

[9] 郭锐:《国际机制视角下的东北亚环境合作》,载于《中国人口·资源与环境》2011年第8期。

[10] 孔凡伟:《全球治理中的联合国》,载于《新视野》2007年第4期。

[11] 赖超禹、郝然:《我国科技成果转化机制研究》,载于《长春理

工大学学报》2019 年 3 月。

[12] 李红、覃巧玲：《基于网络视角的东盟地缘中心性战略环境分析》，载于《世界经济与政治论坛》2016 年第 2 期。

[13] 李林子、傅泽强、封强：《基于专利视角的中国大气环保产业技术创新能力研究》，载于《环境工程技术学报》2020 年第 1 期。

[14] 李林子、傅泽强、李雯香：《基于创新价值链的我国环保产业技术创新效率评价》，载于《科技管理研究》2019 年第 13 期。

[15] 李玲玲、邱慧萍等：《中日环境合作的历史与未来方向》，载于《国际研究参考》2017 年第 5 期。

[16] 李晓乐、张季风：《中日节能环保合作机制的演变与课题》，社科文献出版社皮书数据库。

[17] 李雪松：《东北亚区域环境跨界污染的合作治理研究》，吉林大学博士学位论文，2014 年。

[18] 梁云祥、张家玮、吴焕琼：《东北亚海洋环境公共产品的供给——理论、现状与未来》，载于《日本问题研究》2019 年第 5 期。

[19] 刘磊：《供给侧改革视域下我国科技成果转化政策体系建设》，载于《全球科技经济瞭望》2016 年第 31 卷第 8 期。

[20] 刘文仲、杜晓雪、汤天丽等：《我国环境技术转移模式与运行保障机制研究》，载于《中国环保产业》2012 年第 4 期。

[21] 罗秋容、黄世裕：《基于 ETV 制度探究我国环境技术管理体系的建设进程》，载于《环境管理》2017 年第 9 期。

[22] 牛玲娟等：《中日韩政府环境教育合作回顾与展望》，载于《环境保护》2011 年第 23 期。

[23] 朴多珍：《韩国环保产业发展及国际竞争力分析》，武汉大学硕士学位论文，2015 年。

[24] 钱志权、杨来科：《东亚地区的经济增长、开放与碳排放效率》，载于《世界经济与政治论坛》2015 年第 3 期。

[25] 秦亚青：《国际政治的关系理论》，载于《世界经济与政治》

2015 年第 2 期。

［26］商务部绿色贸易发展研究中心：《中国绿色贸易发展报告（2017）》，中国商务出版社 2017 年版。

［27］尚宏博：《东北亚环境合作机制回顾与分析》，载于《中国环境管理》2010 年第 5 期。

［28］石晨霞：《区域治理视角下的东北亚气候变化治理》，载于《社会科学》2015 年第 4 期。

［29］石晨霞：《全球治理机制的发展与中国的参与》，载于《太平洋学报》2014 年第 1 期。

［30］孙秀艳：《创新这样引领环保产业》，载于《人民日报》2019 年 6 月 19 日，第 10 版。

［31］王金梅、王睿等：《试论环境技术验证评价制度的作用和特点》，载于《中国环保产业》2018 年第 12 期。

［32］王少善：《日本对华经济合作的新动向》，载于《日本新华侨报》2010 年 8 月 22 日。

［33］王晓东：《中韩化学品管理立法比较》，载于《理论界》2009 年第 2 期。

［34］王永杰、张善从：《2009～2016 年：中国科技成果转化政策文本的定量分析》，载于《科技管理研究》2019 年第 2 期。

［35］王玉芹、王娜：《大连与北九州环境合作的经验与启示》，载于《经济纵横》2009 年第 2 期。

［36］王志芳、张海滨：《新常态下中国在东北亚大气污染环境合作中的策略选择》，载于《东北亚论坛》2015 年第 5 期。

［37］王治民：《环保科技成果转化的政策思考》，载于《中国人口·资源与环境》2014 年第 5 期。

［38］徐凯：《近年来中国环境非政府组织研究：进展、问题与前景》，载于《当代世界社会主义问题》2007 年第 1 期。

［39］薛婕：《我国环保产业的技术创新能力分析》，载于《中国工程

科学》2016 年第 4 期。

[40] 薛晓芃：《网络、城市与东亚区域环境治理：以北九州清洁环境倡议为例》，载于《现代国际关系》2017 年第 6 期。

[41] 颜莹莹：《中日韩环境教育研讨会透出哪些信息?》，载于《环境教育》2016 年第 11 期。

[42] 杨丽、付伟：《国外环保产业的发展概况及启示》，载于《中国环保产业》2018 年第 10 期。

[43] 杨义凤、邓国胜：《中国慈善组织国际化的策略》，载于《行政管理改革》2016 年第 7 期。

[44] 余潇枫：《共享安全：非传统安全研究的中国视域》，载于《国际安全研究》2014 年第 1 期。

[45] 元东郁：《东北亚环境合作的现状和方向》，北京大学国际关系学院博士论文，2002 年。

[46] 袁沙、郭芳翠：《全球海洋治理：主体合作的进化》，载于《世界经济与政治论坛》2018 年第 1 期。

[47] 张云：《国际关系中的区域治理：理论建构与比较分析》，载于《中国社会科学》2019 年第 7 期。

[48] 郑华：《话语分析与国际关系研究》，载于《现代国际关系》2005 年第 4 期。

[49] 中国标准化研究院、全国氢能标准化技术委员会：《中国氢能产业基础设施发展蓝皮书》，中国质检出版社、中国标准出版社 2016 年版。

[50] 中国科技成果管理委员会、国家科技评估中心、中国科学技术信息研究所著：《中国科技成果转化 2018 年度报告（高等院校与科研院所篇）报告》，科学技术文献出版社 2019 年版。

[51] 周菡：《高校科技成果转化法律制度的研究》，载于《法制与社会》2017 年第 8 期。

[52] 류인호，대학기술이전전담조직（TLO）활동이기술사업화성과에미치는영향요인연구 [D]. 충남대학교，2018 년.

[53] 이희원, 대학연구성과물의기술이전사업화활성화방안에대한연구 [D]. 성균관대학교, 2018 년.

[54] A. Acharya and I. Johnson, eds. *Crafting Cooperation: Regional International Institutions in Comparative Perspective*. Cambridge: Cambridge University Press, 2007.

[55] B. Guy Peters and Jon Pierce. "*Multi-level Governance and Democracy: A Faustian Bargain?*" in Bache and Mattew V. Flinder, ed., Multi-Level Governance. Oxford: Oxford University, 2004.

[56] Borgatti, S. P. and Foster, P. C. "The Network Paradigm in Organizational Research: A Review and Typology". *Journal of Management*, Vol. 29, No. 6, 2003.

[57] Chan-woo Kim, "Northeast Asian Environmental Cooperation: From a TEMM's Perspective", *Korean Review of International Studies*, Vol. 12.

[58] D. Hunter, J. Salzman, et al. *International Environmental Law and Policy*. New York: Foundation Press, 2002.

[59] Erik Nielsen, "*Improving Environmental Governance through Soft Law: Lessons Learned from the Bali Declaration on Forest Law and Governance in Asia*", Papers on International Environmental Negotiation, Vol. 13, 2004.

[60] Esook Yoon. "Cooperation for Transboundary Pollution in Northeast Asia: Non-binding Agreements and Regional Countries' Policy Interests". Pacific Focus, Vol. XXII, No. 2, 2007.

[61] Esook Yoon. "South Korean Environmental Foreign Policy". *Asia-Pacific Review*. Vol. 13, No. 2, 2006.

[62] *Foot Prints of TEMM - Historical Development of the Environmental Cooperation among Korean*, China and Japan from 1999-2010.

[63] Hideaki Shiroyama. "*Environmental Cooperation in East Asia: Comparison with the European Region and the Effective of Environmental Aid*", in T. Terao and K. Otsuka, eds., Development of Environmental Policy in Japan

and Asian Countries. New York: Institute of Developing Economies, 2007.

[64] Hidetaka Yoshimatsu. "*Regional Cooperation in Northeast Asia: Searching for the Mode of Governance*". International Relations of Asia Pacific, Vol. 10, No. 2, 2010.

[65] Hidetaka Yoshimatsu. "Understanding Regulatory Governance in Northeast Asia: Environmental and Technological Cooperation among China, Japan and Korea", *Asian Journal of Political Science*, Vol. 3, No. 18, 2010.

[66] Hyuk – Rae Kim. "*Globalization, NGOs, and Environmental Governance in Northeast Asia*", Korea Observer, Vol. 38, No. 2, 2007.

[67] InKong Kim, "*Environemntal Cooperation of Northeast Asia: Transboundary Air Pollution*", International Relations of the Asia – Pacific, Vol. 7, 2007.

[68] Jacobsson, Kerstin, "*Between the Deliberation and Discipline: Soft Governance in EU Employment Policy*", in Ulrika Mörth ed., Soft Law in Governance and Regulation – An Interdisciplinary Analysis, Cheltenham: Edward Elgar.

[69] John L. Petersen. "*Entering the 21st Century*", in Charles W. Kegeley and Jr. Eugene R. Wittkopf, The Global Agenda: Issues and Perspectives. Beijing: Peking University Press, 2003.

[70] Keast, R., Mandell, M., Brown, K. and Woolcock, G. "Network Structures: Working Differently and Changing Expectations". *Public Administration Review*, Vol. 64, No. 3, 2005.

[71] Kuusipalo Marianne, "Environmental Diplomacy: Negotiating More Effective Global Agreements", *Journal of Cleaner Production*, Vol. 4, No. 104, 2015.

[72] Landorraine Ellliott, "*ASEAN and Environmental Governance: Rethinking Networked Regionalism in Southeast Asia*", Procedia Social and Behavior Science, No. 14, 2011.

[73] Laura B. Campbell, "*The Political Economy of Environmental Regionalism in Asia*", in T. J. Pempel, ed., Remapping East Asia: The Construction of a Region, NY: Cornell University Press, 2005.

[74] Lee Shin – Wha. "*Environmental Regime-building in NEA: Korea's Pursuit of Leadership*", in Charles K Armstrong, et al., eds., Korea at the Center: Dynamics of Regionalism in Northeast Asia, Amonk, NY, USA: M. E. Sharpe, Inc., 2006.

[75] Ley Hwee Yeo. "Institutional Regionalism Versus Networked Regionalism: Europe and Asia Compared". *International Politics*, Vol. 47, No. 3/4, 2010.

[76] Lorraine Elliott. "*East Asia and Sub – Regional Diversity: Initiatives, Institutions and Identity*". Lorraine Elliott, ed., Comparative Environmental Regionalism. London: Routledge, 2011.

[77] Manuel Castells. *Communication Power*. New York: Oxford University Press, 2009, P. 50.

[78] Manuel Castells. "Materials for an Exploratory Theory of the Network Society", *British Journal of Sociology*, Vol. 51, 2000.

[79] Manuel Castell. *The Information Age: Economy, Society and Culture*. Volume II: The Power of Identity. 2nd ed. Malden, Oxford, Victoria: Blackwell Publishing, 2004.

[80] Marcussen, Martin, "*OECD Governance through Soft Law*", in Ulrika Mörth ed., Soft Law in Governance and Regulation – An Interdisciplinary Analysis, Cheltenham: Edward Elgar, 2004.

[81] Markus Jachtenfuchs, "*Subsidiarity in Global Governance*", 79 Law and Contemporary Problems, Vol. 79, No. 2, 2016.

[82] Mattew A. Shapiro and Keenan Gottschall. "Northeast Asian Environmentalism: Policies as a Function of ENGO". *Asian Politics & Policy*, Vol. 3, No. 4, 2011.

[83] Michael A. Berry and Dennis A. Rondinelli. "*Proactive Corporate Environmental Management: A New Industrial Revolution*". The Academy of Management Executive, Vol. 12, 1998.

[84] Miranda A. Schreurs. "*Civil Society, International Relations and the Promotion of Environmental Cooperation in East Asia*". Korea Observer, Vol. 36, No. 1, Spring 2005.

[85] Miranda A. Schreurs. "*Regional Security and Cooperation in the Protection of Marine Environments in Northeast Asia*", in In – Taek Hyun and Miranda A. Schreurs, eds., The Environmental Dimension of Asian Security, Washington.

[86] Miyazaki, Asami, "*Judiciousness of Networks in Environmental Governance?: A Case Study of the Acid Deposition Monitoring Network in East Asia (EANET)*". Czechoslov. J. Phys. 55 (2005).

[87] M. Mandell, "Intergovernmental Management in Interorganization Networks: A Revised Perspective", *International Journal of Pacific Administration*, 11 (4), 1994.

[88] P. J. Katzenstein. "*Regionalism in Comparative Perspective*". Cooperation and Conflict, Vol. 31, No. 2, 1996.

[89] Rachel Parker. "Networked Governance or Just Networks? Local Governance of the Knowledge Economy in Limerick (Ireland) and arlskrona (Sweden)", Political Studies, Vol. 55, 2007.

[90] Richard B. Bilder, "*Beyond Compliance: Helping Nations Cooperate*", in Dinah Shelton, ed., Commitment and Compliance: The Role of Non – Binding Norms in the International Legal System, Oxford: Oxford University Press, 2000.

[91] Sangbum Shin. "East Asian Environmental Co-operation: Central Pessimism, Local Optimism", *Pacific Affairs*, Vol. 80, No. 1, Spring, 2007.

[92] Sangmin Nam, "*Ecological Interdependence and Environmental Gov-*

ernance in Northeast Asia: Politics vs. Cooperation", in Paul G. Harris ed., International Environmental Cooperation: Politics and Diplomacy in Pacific Asia, Boulder, CO: University Press of Colorado, 2002.

[93] Scott, W. Richard. *Organizations: Rational, Natural, and Open Systems.* Prentice – Hall, Inc., 1997.

[94] Snyder, Francis, "*Soft Law and Institutional Practice in the European Community*", in Steve Martin ed., The Construction of Europe: Essays in Honour of Emile Noel, Kluwer Academic Publishers, 1994.

[95] Sofie Bouteligier, *Cities, Networks and Global Environmental Governance*, New York: Routledge, 2013.

[96] Suh – Yong Chung. "*Strengthening Regional Governance to Protect the Marine Environment in Northeast Asia: From a Fragmented to An Integrated Approach*". Marine Policy, Vol. 34, No. 3.

[97] Takahashi, W. "*Problems of Environmental Cooperation in Northeast Asia*", in P. Harris, ed., International Environmental Cooperation: Politics and Diplomacy in Pacific Asia. Colorado: University Press of Colorado, 2010.

[98] The Commission on Global Governance. Our Global Neighborhood: the Report of the Commission on Global Governance, New York: Oxford University Press, 1995, pp. 55 – 58.

[99] Ulrika Mörth, "*Soft Law and New Modes of EU Governance – A Democratic Problem?*".

[100] Walter Matti and Ngaire Woods, eds. *The Politics of Global Regulation.* Princeton: Princeton University Press, 2009.

[101] Wilkening, K. E. *Acid Rain Science and Politics in Japan: A History of Knowledge and Action toward Sustainability.* Cambridge: MIT Press, 2004.

[102] Woosuk Jung, "Environmental Challenges and Cooperation in Northeast Asia", *Focus Asia Perspective and Analysis*, No. 16, March 2016.

[103] Yasumasa Komori. "Evaluating Regional Environmental Governance in Northeast Asia, Asian Affairs". *An American Review*, Vol. 37, No. 1, 2010.

[104] Zafar Adeel, ed., *East Asian Experience in Environmental Governance: Response in a Rapidly Developing Region*, Tokyo: United Nations University Press, 2003.